Vorlesungen über Anorganische Chemie
Von Margot Becke-Goehring

Komplexchemie

Von

Margot Becke-Goehring · Harald Hoffmann

Teilweise mitbearbeitet von

Karl-Christian Buschbeck

Mit 104 Abbildungen

Springer-Verlag Berlin Heidelberg GmbH

Dr. sc. nat. Margot Becke-Goehring, o. Professor an der Universität Heidelberg, Direktorin des Gmelin-Instituts für Anorganische Chemie und Grenzgebiete in der Max-Planck-Gesellschaft zur Förderung der Wissenschaften, Frankfurt

Dr. rer. nat. Harald Hoffmann, wiss. Assistent am Gmelin-Institut, Frankfurt

Dr. rer. nat. Karl-Christian Buschbeck, Leiter der wissenschaftlichen Redaktion von Gmelins Handbuch der Anorganischen Chemie, Gmelin-Institut, Frankfurt

Das Sach- und Autorenverzeichnis wurde von Dipl.-Chem. Udo Bieller und Dipl.-Chem. Hartfried Vollmer bearbeitet

ISBN 978-3-540-04873-2   ISBN 978-3-642-87215-0 (eBook)
DOI 10.1007/978-3-642-87215-0

Vorwort

Das vorliegende Buch geht auf eine Vorlesung zurück, die ich mehrere Male an der Universität Heidelberg gehalten habe. Durch diese Vorlesung sollten Chemiestudenten in ein faszinierendes Teilgebiet der anorganischen Chemie eingeführt werden und dazu angeregt werden, auf diesem Gebiet weiterzustudieren, weitere Kenntnisse zu erwerben und später vielleicht wissenschaftlich zu arbeiten. Auch das vorliegende Buch will dies erreichen; deshalb werden in ihm die Probleme der Komplexchemie aufgezeigt, auch wenn sie nicht erschöpfend behandelt werden können. Die Theorien werden angedeutet: die Verwendung der Verbindungen wird jeweils nur gestreift. Das Buch soll einführen und hinführen auf andere Darstellungen der Komplexchemie. Es soll dem jungen Wissenschaftler einen Weg zeigen, auf dem er selbst weiter fortschreiten sollte.

Es ist mir eine besondere Freude, meinen akademischen Lehrern zu danken, von denen ich selbst ausgezeichnete Vorlesungen über Komplexchemie gehört habe, Herrn Professor Dr. Rudolf Scholder und Herrn Professor Dr. Hellmuth Stamm. Dank schulde ich auch meinen Schülern, die mich bei meiner Vorlesungstätigkeit durch Anregungen und durch Kritik unterstützt haben, besonders Herrn Professor Dr. E. Fluck, Herrn Professor Dr. Johannes Weiß und Herrn Dr. Adolf Slawisch sowie auch Herrn Dr. W. Gehrmann und Herrn Dr. Dieter Jung. Großen Dank schließlich schulde ich meinem lieben Mann, Dr. Friedrich Becke, durch dessen dauernde kritische Teilnahme meine wissenschaftliche Arbeit einzigartig gefördert wird.

Margot Becke

Frankfurt, April 1970

Inhalt

1. Einleitung

1.1. Der Begriff Komplex-Verbindung

Es gibt mehr als eine Million chemische Verbindungen mit einer Vielzahl von Eigenschaften und unzähligen Besonderheiten bezüglich der Struktur, der Bindungsart und der Wirkung auf andere chemische Stoffe, auf Pflanzen und Tiere.

Will man diese Vielfalt zunächst beschreiben und sodann begreifen, so muß man nach ordnenden Prinzipien suchen, die es gestatten, die Verbindungen gruppenweise nach gemeinsamen Gesichtspunkten zu betrachten. Man muß versuchen, das Gemeinsame bestimmter Stoffklassen zu erkennen, um daraus dann Modelle zu entwickeln, die geeignet sind, Einsichten in die Zusammenhänge zwischen den Stoffklassen der Chemie zu vermitteln.

Seit den grundlegenden Arbeiten von Alfred Werner [1], die um die Jahrhundertwende erschienen, ist es in der anorganischen Chemie üblich geworden, die chemischen Verbindungen in Verbindungen „erster Ordnung" und in Verbindungen „höherer Ordnung" einzuteilen. Unter Verbindungen erster Ordnung hat man normale einfache chemische Stoffe, wie z.B. $AgCl$, HCl, NH_3, $Fe(CN)_2$, KCN, H_2O oder SO_3 zu verstehen. Verbindungen höherer Ordnung sind solche, die formal durch stöchiometrische Vereinigung bereits abgesättigter, selbständig und unabhängig voneinander existenzfähiger Moleküle und Ionen entstehen. Dazu gehören z.B. Stoffe mit der Zusammensetzung $AgCl \cdot HCl$, $AgCl \cdot 2NH_3$, $Fe(CN)_2 \cdot 4KCN$, $NH_4Al(SO_4)_2 \cdot 12H_2O$, $NH_3 \cdot HCl$, $SO_3 \cdot H_2O$ usw.

Es gibt eine ganze Reihe solcher Verbindungen höherer Ordnung, die auch in Lösungen oder im Gaszustand nicht oder wenigstens nicht vollständig in ihre Komponenten zerfallen. Man kann dies dann daran erkennen, daß die spezifischen Reaktionen dieser Komponenten nicht mehr quantitativ gegeben werden, oder daß sie ganz ausbleiben. Im Laufe der Zeit hat man es bequem gefunden, Verbindungen, für die *diese* Kriterien gelten, als *Komplex-Verbindungen* zu bezeichnen.

Wie man sieht, ist der Begriff „Komplex-Verbindung" nur mangelhaft definiert. Die Grenze zwischen gewöhnlichen und komplexen Verbindungen bleibt verwischt, der Begriff ist in wenig glücklicher Weise mit der Stabilität der Verbindung in einem Medium verbunden. Es muß auch erwähnt werden, daß sich neben der hier verwendeten Definition des Begriffs der Komplex-Verbindung in der Literatur noch andere finden [2], die aber ebenfalls nicht völlig befriedigend sind.

Gelegentlich kann man Substanzen beobachten, die ein Kristallgitter aufbauen mit Bestandteilen, die in einem stöchiometrischen Verhältnis zueinander stehen und die der Stöchiometrie nach durchaus zu den Verbindungen höherer Ordnung zählen. Das Gitter dieser Verbindungen kann stabiler sein als das der einzelnen Bausteine für sich. Es kann nun der Fall eintreten, daß sich beim Auflösen eines solchen Kristalls die Bausteine voneinander trennen, daß beim Auflösen also die Verbindung höherer Ordnung zu bestehen aufhört. Es kann aber auch vorkommen, daß beim Auflösen kein vollständiger Zerfall in die Komponenten stattfindet, sondern größere Bausteine, z. B. Ionen — komplexe Ionen — erhalten bleiben. Im zuerst erwähnten Fall spricht man von einer „Gitterverbindung", im zweiten Fall von einer „Komplex-Verbindung".

Ein klassisches Beispiel für eine typische „Gitterverbindung" aus Metall- und Sulfat-Ionen und eine typische „Komplex-Verbindung" zwischen Metall und Sulfat sei im folgenden gegeben:

Man weiß seit langem, daß die Alaune, z. B. $NH_4Al(SO_4)_2 \cdot 12H_2O$, eine Kristallstruktur besitzen, die zeigt, daß im Kristallgitter Alkalimetall- bzw. Ammonium-Ionen, $[Al(H_2O)_6]^{3+}$-Ionen und SO_4^{2-}-Ionen vorhanden sind. Wenn man einen Alaun auflöst, so kann man die spezifischen Reaktionen dieser Ionen beobachten. Insbesondere lassen sich durch Zugabe von Bariumchlorid-Lösung sofort die Sulfat-Ionen als $BaSO_4$ ausfällen.

Der Formel nach ist die rote Substanz $CsRh(SO_4)_2 \cdot 4H_2O$ einem Alaun sehr ähnlich. Nur der Wassergehalt ist anders als bei dem Alaun. Löst man diese rote Substanz in Wasser auf, so kann man mit Bariumchlorid-Lösung keine sofortige Fällung von $BaSO_4$ erzielen. In einer solchen Lösung sind also keine Sulfat-Ionen vorhanden, sondern das komplexe Anion $[Rh(SO_4)_2]^-$. Die rote Substanz $Cs[Rh(SO_4)_2] \cdot 4H_2O$ ist also unserer Definition nach eine Komplex-Verbindung. Der braune Rhodiumalaun $CsRh(SO_4)_2 \cdot 12H_2O$ ist dagegen ebenso wie der oben erwähnte Ammonium-

aluminiumalaun eine Gitterverbindung, oder, wie man früher gesagt
hat, ein „Doppelsalz". Tatsächlich ist er ein Aquokomplex, aber
kein Sulfatokomplex; der Aquokomplex ist Komponente der
„Gitterverbindung".

Nicht immer lassen sich Gitterverbindungen und Komplexsalze
so klar unterscheiden. Die Übergänge sind in zahlreichen Fällen
fließend.

Trotz den Schwierigkeiten, die dem Versuch einer Definition,
was eine Komplex-Verbindung eigentlich ist, entgegenstehen, soll
diese Gruppe von Verbindungen im folgenden unter gemeinsamen
Gesichstpunkten behandelt werden.

Literatur

1. Werner, Alfred: Neuere Anschauungen auf dem Gebiete der anorganischen Chemie. Braunschweig: F. Vieweg & Sohn 1905.
2. Grinberg, A. A.: An introduction to the chemistry of complex compounds. Oxford-
   London-Paris: Pergamon Press 1962.

1.2. Geschichtliches

Komplex-Verbindungen sind schon sehr lange bekannt. Eine
der ältesten Komplex-Verbindungen dürfte wohl das Berlinerblau
sein, das 1704 von Diesbach zufällig entdeckt wurde. Diesbach
hatte eine Eisenvitriol enthaltende Lösung mit Kalilauge versetzt,
und zwar mit einer Kalilauge, die vorher mit organischen, stickstoff-
haltigen Stoffen erhitzt worden war [1]. Es zeigte sich, daß diese
Lösung blau wurde.

In der Folgezeit wurden dann viele Komplex-Verbindungen —
besonders Kobaltamminkomplexe — hergestellt. Die Chemie dieser
Verbindungen wurde initiiert durch die Arbeiten von B. M. Tassaert
1799 [2] und fortgeführt 1803 durch L. J. Thénard [3]. Um 1850
erhielten diese Kobaltamminkomplexe, obwohl man damals noch
nichts Genaues über die Struktur der Verbindungen wußte, von
E. Fremy [4, 5] Namen, die auf die Farben der Substanzen bezogen
waren. So wurden die gelben Komplexe Luteokobaltiaksalze, die
purpurfarbigen Purpureosalze, die grünen Praseosalze, die roten
Roseosalze und die braunen Fuskobaltiaksalze genannt.

Die Struktur derartiger Komplex-Verbindungen hat in der
Folgezeit viele Rätsel aufgegeben. Dementsprechend fanden diese

Verbindungen in der damaligen Zeit viel Interesse und sie wurden intensiv untersucht. C. W. Blomstrand [6] sagte bereits im Jahre 1869: „Es gibt wohl kaum eine andere Körperklasse, über die so viel geschrieben worden ist, wie über diese metallhaltigen Ammoniake."

Man versuchte mit den Methoden der Valenzlehre, wie sie sich in der organischen Chemie bewährt hatten, Verbindungen wie z.B. $SO_3 \cdot H_2O$, $SO_3 \cdot HCl$, $Cl_2O_7 \cdot H_2O$, $P_2O_5 \cdot 3 H_2O$ zu deuten. Zunächst stellte man sich eine Anlagerung von H_2O bzw. HCl an die Doppelbindung des entsprechenden Oxids vor:

Bei dieser Theorie blieb natürlich die Frage offen, warum im Falle des Cl_2O_7 und im Falle des SO_3 nur je ein Molekül Wasser gebunden werden, während P_2O_5 drei Moleküle Wasser zu binden vermag und OsO_4 kein Hydrat bildet.

Als man ähnliche Strukturen für Komplex-Verbindungen zu formulieren versuchte, kam man zu chemischen Formeln, die uns heute abenteuerlich anmuten [7].

Blomstrand [6] und später Jörgensen [8] stellten z.B. in Anlehnung an die organischen Strukturformeln mit Kohlenstoffketten Konstitutionsformeln mit Ammoniakketten für die Kobaltamminkomplexe auf. Einige Beispiele für Formeln, wie sie damals vermutet wurden, seien im folgenden angeführt [9]:

Komplex	frühere Strukturvorstellung
$CoCl_2 \cdot 6 NH_3$	
$CoCl_3 \cdot 4 NH_3$	

Komplex	frühere Strukturvorstellung
$CoCl_3 \cdot 5\,NH_3$	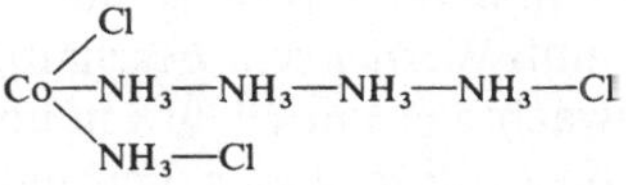 Co mit Cl und $NH_3-NH_3-NH_3-NH_3-Cl$ und NH_3-Cl
$CoCl_3 \cdot 6\,NH_3$	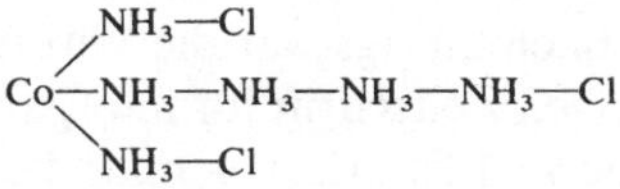 Co mit NH_3-Cl, $NH_3-NH_3-NH_3-NH_3-Cl$ und NH_3-Cl
$PtCl_2 \cdot 4\,NH_3$	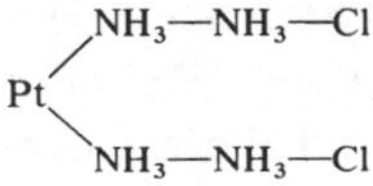 Pt mit NH_3-NH_3-Cl und NH_3-NH_3-Cl
$PtCl_4 \cdot 2\,HCl$	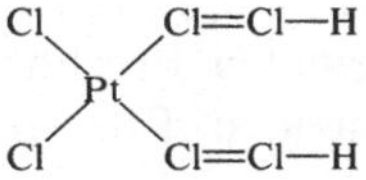 Pt mit Cl, Cl, $Cl{=}Cl-H$ und $Cl{=}Cl-H$
$PtCl_4 \cdot 2\,NH_3$	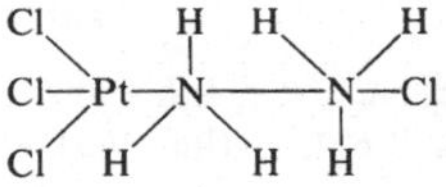 $Cl-Pt-N{-}{-}N-Cl$ mit Cl, Cl und H-Substituenten
$MgSO_4 \cdot 7\,H_2O$	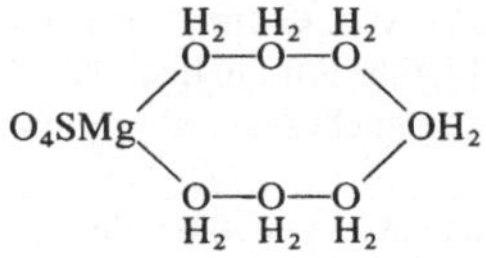 O_4SMg mit Ringsystem aus $O-O-O$ (H_2), OH_2, $O-O-O$ (H_2)

Bei diesen wenig glücklichen Formulierungen blieb es, bis ein
genialer Gedanke Alfred Werners die Wendung brachte. Es ist uns
genau überliefert, wie es dazu kam [10, 11]. Im Sommersemester 1892
las in Zürich der junge, aus dem Elsaß stammende Privatdozent
Alfred Werner eine Vorlesung über Atomtheorie und Valenz. Werner
arbeitete auf dem Gebiet der organischen Chemie, und seine Theorie
der chemischen Bindung war die von Kekulé. Durch die Vorlesung
wurde Werner offenbar bewußt, daß man allgemein über die große
Zahl der anorganischen Stoffe zu wenig wußte. Das galt auch für
ihn selbst. In den langen Sommerferien beschloß Werner, dies zu
ändern und im Wintersemester „Ausgewählte Kapitel der anorganischen Chemie" zu lesen, und er befaßte sich gedanklich nun mit

5

diesem Gebiet. Während dieser Vorlesung fielen ihm die Verbindungen höherer Ordnung auf. Das Problem der Struktur dieser Stoffe muß Werner sehr beschäftigt haben; denn in einer Dezembernacht wachte er um 2 Uhr auf und hatte einen Einfall zur Deutung der Konstitution dieser Verbindungen. Er stand auf und schrieb unter Zuhilfenahme von starkem Kaffee seinen Einfall nieder. Um 5 Uhr nachmittags war die Veröffentlichung fertiggestellt, sie wurde der jungen Zeitschrift für anorganische Chemie zugesandt und 1893 publiziert [12]. „Eine geniale Frechheit" hat ein Kollege [13] die Idee Werners genannt. Tatsächlich hatte Werner zu seiner neuen Theorie noch nicht ein einziges Experiment gemacht, als er sie veröffentlichte. Er hat dies allerdings nachgeholt. Mehr als 8000 neue Substanzen hat Werner hergestellt, um seine Theorie von allen Seiten zu beleuchten und zu untermauern. Jedes Experiment bewies die Richtigkeit der ursprünglichen Vorstellungen. Worum hat es sich bei dieser genialen Frechheit gehandelt? Es gelang die Auffindung des ordnenden Prinzips, das im folgenden Kapitel beschrieben wird.

Literatur

1. Gmelins Handbuch der anorganischen Chemie, 8. Aufl., Band Eisen, System Nr. 59, Teil B, S. 671. Berlin: Verlag Chemie GmbH 1932; dort auch weitere Literatur.
2. Tassaert, B. M.: Ann. Chim. (Paris) **28**, 92 ff. (1799).
3. Thénard, L. J.: Ann. Chim. (Paris) **42**, 210 ff. (1803).
4. Fremy, E.: Liebigs Ann. Chem. **83**, 227 (1852).
5. Rose, F.: Untersuchungen über ammoniakalische Kobaltverbindungen. Heidelberg 1871.
6. Blomstrand, C. W.: Die Chemie der Jetztzeit vom Standpunkte der elektrochemischen Auffassung aus Berzelius Lehre entwickelt, S. 280. Heidelberg: Karl Winters Universitätsbuchhandlung 1869.
7. Werner, Alfred: Chem. Ber. **40**, 15 (1907).
8. Jörgensen, S. M.: J. Prakt. Chem. [2] **39**, 1 (1889).
9. Vgl. Gmelins Handbuch der anorganischen Chemie, 8. Aufl., Band Kobalt, System Nr 58, Teil B, S. 1 ff. Berlin: Verlag Chemie GmbH 1930.
10. Kauffman, G. B.: Alfred Werner, Founder of coordination chemistry. Berlin-Heidelberg-New York: Springer 1966.
11. Becke-Goehring, M.: Heidelberger Jahrbücher 1967, XI. Berlin-Heidelberg-New York: Springer 1967.
12. Werner, Alfred: Z. Anorg. Allgem. Chem. **3**, 267–330 (1893).
13. Kauffman, (1966) S. 30 ff.; vgl. auch Alfred Werner, Commemoration volume. Basel: Verlag Helvetica Chimica Acta 1967.

2. Die phänomenologische Theorie der Komplexe

2.1. Bindung in innerer und äußerer Sphäre

Alfred Werner ging zur Ordnung der Komplex-Verbindungen von rein phänomenologischen Gesichtspunkten aus und fragte zunächst nach dem Bau und nicht nach der Bindungsart. Man kann die Wernerschen Gedankengänge gut verstehen, wenn man sich die Verhältnisse bei den Ammoniak enthaltenden Salzen des dreiwertigen Kobalts ansieht.

Oxydiert man Ammoniak enthaltende wäßrige Lösungen von Kobalt(II)-Verbindungen mit Luftsauerstoff, so erhält man unter anderem eine Verbindung der Zusammensetzung $CoCl_3 \cdot 6\,NH_3$ (Luteokobalt(III)-chlorid). Die Lösung dieses Salzes zeigt folgende Eigenschaften [1]:

a) In der Lösung sind Cl^--Ionen nachweisbar; d.h. mit Ag^+-Ionen tritt eine Fällung von AgCl auf. Bestimmt man das ausgefällte AgCl quantitativ, so bemerkt man, daß sämtliches in der Verbindung $CoCl_3 \cdot 6\,NH_3$ vorhandene Chlor mit Ag^+-Ionen sofort ausfällbar ist:

$$CoCl_3 \cdot 6\,NH_3 + 3\,AgNO_3 \rightarrow 3\,AgCl + Co(NO_3)_3 \cdot 6\,NH_3.$$

b) Behandelt man die Verbindung $CoCl_3 \cdot 6\,NH_3$ mit Alkalihydroxyd in wäßrigem Medium bei Zimmertemperatur, so wird kein Ammoniak entwickelt, und es fällt kein $Co_2O_3 \cdot x\,H_2O$ aus.

c) Behandelt man das Luteo-Salz mit feuchtem Ag_2O, so entsteht eine Base, die mit Säuren (HX) die Verbindungen $CoX_3 \cdot 6\,NH_3$ bildet, mit HCl also z.B. $CoCl_3 \cdot 6\,NH_3$.

d) Behandelt man Luteo-Salz mit heißer Natronlauge, so wird Ammoniak frei, und es entsteht $Co_2O_3 \cdot x\,H_2O$.

e) Mit konzentrierter Schwefelsäure bildet sich aus $CoCl_3 \cdot 6\,NH_3$ die Verbindung $Co_2(SO_4)_3 \cdot 12\,NH_3$.

Diese Eigenschaften führten Werner dazu, zu schließen, daß in der Verbindung offenbar eine Gruppe $[Co(NH_3)_6]^{3+}$ vorliegt. Die Bindungen innerhalb dieser Gruppe müssen besonders fest sein, da

verdünnte Natronlauge in der Kälte das Ammoniak nicht auszu-
treiben vermag. Werner schloß weiter, daß die Cl-Ionen offenbar
nur locker an dieses Kobalthexamminion gebunden sein müssen,
da die Chlorid-Ionen in wäßriger Lösung abdissoziieren und mit
$AgNO_3$-Lösung sofort quantitativ ausfällbar sind. Werner unterschied danach in der Verbindung $[Co(NH_3)_6]Cl_3$ zwei prinzipiell
verschiedene Bindungen, *„Bindungen innerer Sphäre"* und *„Bindungen
äußerer Sphäre"*. Die durch Bindungen innerer Sphäre miteinander
verbundenen Verbindungsteile umschloß Werner mit eckigen Klammern [] und machte dadurch deutlich, daß es sich hier um zusammen-
gehörige Einheiten (Komplexe) handelt.

Im folgenden Schema seien die hier aufgezählten Reaktionen
der Verbindung $CoCl_3 \cdot 6\,NH_3 = [Co(NH_3)_6]Cl_3$ zusammengefaßt:

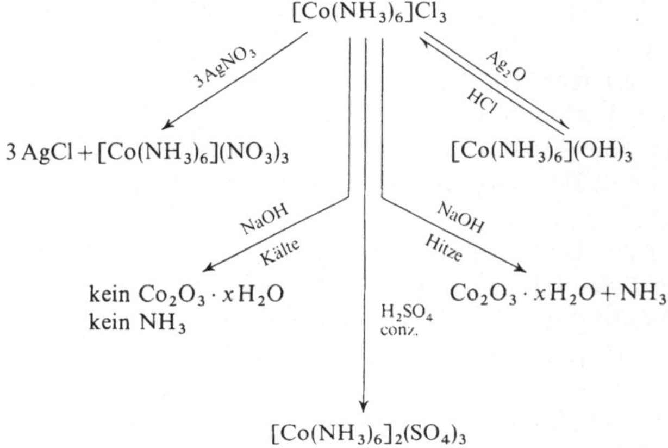

Ein anderes Salz, das bei der Oxydation von ammoniakalischen
Lösungen von Kobalt(II)-Verbindungen entsteht, ist die Verbindung
$CoCl_3 \cdot 5\,NH_3 \cdot H_2O$ (Roseokobalt(III)-chlorid), ein ziegelrotes,
kristallines Pulver. Die Lösung dieses Salzes zeigt folgende Eigenschaften [2]:

a) Alle drei Chlorionen sind mit $AgNO_3$-Lösung sofort ausfällbar.

$$CoCl_3 \cdot 5\,NH_3 \cdot H_2O + 3\,AgNO_3 \rightarrow 3\,AgCl + Co(NO_3)_3 \cdot 5\,NH_3 \cdot H_2O$$

b) Durch Alkalilauge wird bei Zimmertemperatur kein Ammoniak ausgetrieben. Es entsteht kein $Co_2O_3 \cdot x\,H_2O$.

c) Mit feuchtem Ag_2O entsteht eine Base, die mit Säuren (HX)
die Verbindungen $CoX_3 \cdot 5\,NH_3 \cdot H_2O$ bildet.

d) Beim Kochen mit Alkalilauge wird die Verbindung $CoCl_3 \cdot 5NH_3 \cdot H_2O$ zerstört, und es entsteht NH_3 und $Co_2O_3 \cdot xH_2O$.

e) Das in der Verbindung enthaltene Wasser läßt sich durch einfache Trockenoperationen nicht entfernen. Erst beim Erhitzen auf mehr als 100° C verflüchtigt sich das Wasser. Dieser Vorgang verändert aber die Eigenschaften der Verbindung wesentlich. Während bei dem Salz $CoCl_3 \cdot 5NH_3 \cdot H_2O$ alle drei Chlorionen mit $AgNO_3$ in der Kälte als $AgCl$ fällbar waren, kann man in der jetzt erhaltenen wasserfreien Verbindung $CoCl_3 \cdot 5NH_3$ nur noch *zwei* Chlorionen auf diese Weise fällen. Daraus schloß Werner, daß ein Cl-Ion in der Verbindung $CoCl_3 \cdot 5NH_3$ in innerer Sphäre gebunden ist.

f) Mit Schwefelsäure läßt sich die Verbindung $CoCl_3 \cdot 5NH_3 \cdot H_2O$ leicht in das Sulfat $Co_2(SO_4)_3 \cdot 10NH_3 \cdot 5H_2O$ überführen. Dieses Salz wiederum verliert leicht drei Moleküle Wasser beim Trocknen, während die restlichen beiden Wassermoleküle wie das eine Wassermolekül im Chlorid $CoCl_3 \cdot 5NH_3 \cdot H_2O$ nicht ohne besondere Mühe ausgetrieben werden können.

Aus diesem Verhalten kann man schließen, daß sowohl das Chlorid $CoCl_3 \cdot 5NH_3 \cdot H_2O$ wie auch das Sulfat $Co_2(SO_4)_3 \cdot 10NH_3 \cdot 5H_2O$ ein Kation von der Formel $[Co(NH_3)_5H_2O]^{3+}$ besitzen.

Die Reaktionen der Verbindung $CoCl_3 \cdot 5NH_3 \cdot H_2O$ sind in dem folgenden Schema zusammengefaßt:

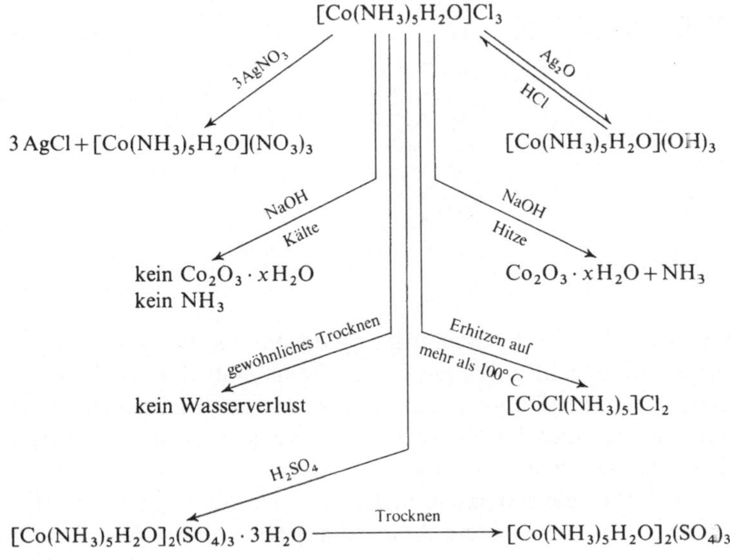

Nach diesen Erkenntnissen lassen sich Kobalt(III)-Komplexe mit wechselndem Ammoniakgehalt darstellen, und aufgrund ihrer chemischen Eigenschaften lassen sie sich formulieren.

Als Beispiel für die Formulierungen nach den Vorstellungen von Werner seien noch chemische Formeln für drei Verbindungen kurz erwähnt:

$$Co(NO_2)_3 \cdot 3\,NH_3 \qquad = [Co(NO_2)_3(NH_3)_3]$$

$$Co(NO_2)_2Cl \cdot 4\,NH_3 \qquad = [Co(NO_2)_2(NH_3)_4]Cl$$

$$Co(NO_2)_3 \cdot 2\,NH_3 \cdot NH_4NO_2 = NH_4[Co(NO_2)_4(NH_3)_2]$$

Ein Beweis für die Richtigkeit dieser Schreibweise ergab sich, als man die molekularen Leitfähigkeiten der Lösungen solcher Komplexe untersuchte. Die molekulare elektrische Leitfähigkeit einer Salzlösung ist bei unendlicher Verdünnung abhängig von der Zahl der Ionen, in die der betreffende Stoff zerfällt.

Für die Verdünnung 1024 (1 Mol Substanz gelöst in 1024 l Wasser) findet man für typisch salzartige Verbindungen folgende molekulare Leitfähigkeiten [3]:

Ionenzahl bei vollständiger Dissoziierung in wäßriger Lösung	Salz	Molekulare Leitfähigkeit $\Lambda_{1024}\ [\Omega^{-1}\,cm^2\,mol^{-1}]$
2	NaCl	118
2	$KClO_3$	127
2	$AgNO_3$	131
3	$BaCl_2$	260
3	$MgBr_2$	235
3	K_2SO_4	273
4	$AlCl_3$	413
4	$CeCl_3$	408

Man sieht, daß die Größenordnung der molekularen Leitfähigkeit von der Ionenzahl abhängig ist. So kann man durch Messen der molekularen Leitfähigkeit einer Substanz bei hinreichender Verdünnung Aussagen darüber machen, in wieviele Ionen sie in wäßriger Lösung zu dissoziieren vermag.

Trägt man die molekularen Leitfähigkeiten Λ von Kobalt(III)-nitriten mit verschiedenem Ammoniakgehalt in Abhängigkeit von diesem Ammoniakgehalt in einem Diagramm auf, so ergibt sich das folgende Bild:

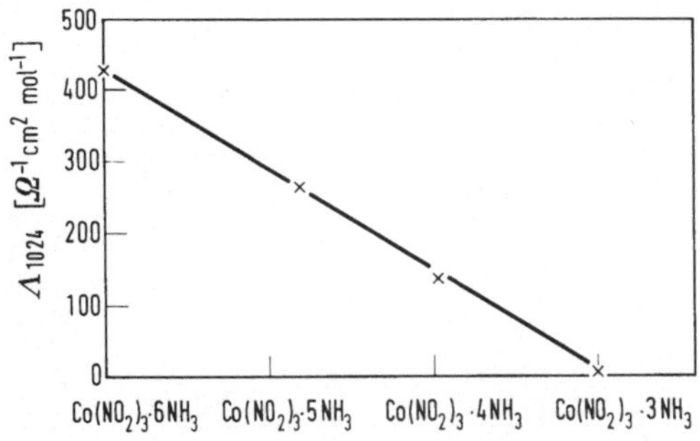

Abb. I,2.1. Leitfähigkeit verschiedener Kobaltamminkomplexe

Vergleicht man diese Abbildung mit der oben wiedergegebenen Tabelle, so sieht man sofort, daß die Verbindung $Co(NO_2)_3 \cdot 6NH_3$ in Lösung offenbar in 4 Ionen zerfällt. Für dieses Salz muß also die Formulierung $[Co(NH_3)_6](NO_2)_3$ zutreffen. Bei der Verbindung, die 5 Moleküle NH_3 enthält, hat man es mit einem Salz zu tun, das in 3 Ionen zu dissoziieren vermag, d. h. eine NO_2-Gruppe muß hier in innerer Sphäre an das Kobalt gebunden sein und die restlichen beiden in äußerer Sphäre. Die für den Komplex zutreffende Formulierung wäre also $[Co(NO_2)(NH_3)_5](NO_2)_2$. Analog ergibt sich für das Salz $Co(NO_2)_3 \cdot 4NH_3$ ein Zerfall in zwei Ionen in wäßriger Lösung. Man muß diese Verbindung offensichtlich als $[Co(NO_2)_2(NH_3)_4]NO_2$ formulieren. Schließlich ist die Verbindung, die 3 Moleküle NH_3 pro Kobaltatom enthält, ein Nicht-Elektrolyt und bildet in wäßriger Lösung keine Ionen. Man hat also die Verbindung $Co(NO_2)_3 \cdot 3NH_3$ als $[Co(NO_2)_3(NH_3)_3]$ zu formulieren.

Eine völlig analoge Abhängigkeit der molekularen Leitfähigkeit von der Anzahl der Ionen, die in praktisch unendlich verdünnten wäßrigen Lösungen auftreten, findet man bei den folgenden Platin(IV)-Komplexen [4], s. Abb. II,2.1.

Aus der Größe der molekularen Leitfähigkeit kann man auch hier ablesen, wo das Chlor gebunden ist, d. h. man kann ablesen, ob es in äußerer oder innerer Sphäre gebunden ist. Dieser Formulierung der erwähnten Platinverbindungen entspricht ihr chemisches Verhalten. Die Anzahl der Chlorionen, die in wäßriger Lösung in der Kälte mit Ag-Ionen unter Bildung von AgCl reagieren, entspricht der Anzahl von Chlorionen, die in äußerer Sphäre gebunden sind.

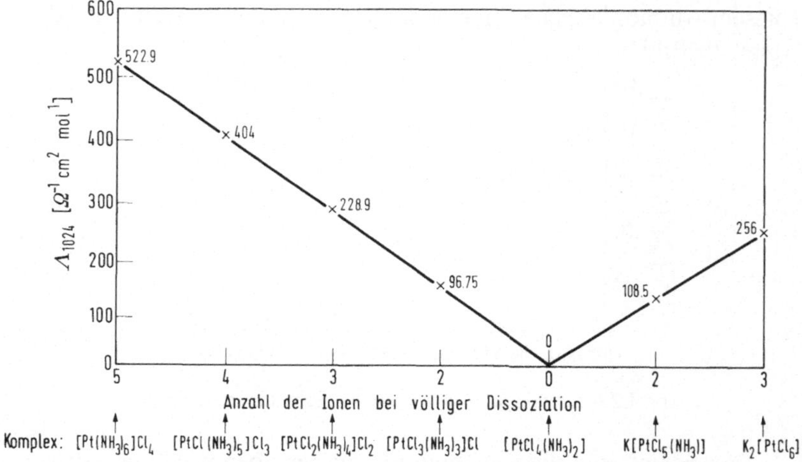

Abb. II, 2.1. Abhängigkeit der Leitfähigkeit von der Anzahl der Ionen
bei Platin-Komplexen

Außerdem kann man beispielsweise folgende Reaktionen beobachten:

$$H_2[PtCl_6] + 2\,NH_3 \rightarrow (NH_4)_2[PtCl_6] \xrightarrow{\;-HCl\;} NH_4[PtCl_5(NH_3)]$$

$$\xrightarrow{\;-HCl\;} [PtCl_4(NH_3)_2]$$

Die Verbindung $[PtCl_4(NH_3)_2]$ ist ein Nicht-Elektrolyt. Dies zeigt sich nicht nur an der Leitfähigkeit der Substanz, sondern auch an dem Ausbleiben der Reaktion mit Silbernitrat: aus der Lösung ist AgCl nicht in der Kälte fällbar.

Literatur

1. Weinland, R.: Einführung in die Chemie der Komplex-Verbindungen, S. 2ff. Stuttgart: Ferd. Enke 1919.
2. Weinland, R.: Einführung in die Chemie der Komplex-Verbindungen, S. 15f. Stuttgart: Ferd. Enke 1919.
3. Grinberg, A. A.: An introduction to the chemistry of complex compounds, p. 5. Oxford-London-Paris: Pergamon Press 1962.
4. Werner, Alfred: Neuere Anschauungen auf dem Gebiete der anorganischen Chemie, S. 129. Braunschweig: F. Vieweg & Sohn 1905.

2.2. Nomenklatur der Komplexe [1]

Die wesentlichen Vorschläge zur Nomenklatur der Komplex-Verbindungen stammen bereits von A. Werner.

12

Im Mittelpunkt eines Komplexes steht das sog. *Zentralatom* (oder Zentralion). Dieses Zentralatom ist meistens ein Schwermetallion mit kleinem Ionenradius z.B. Cr^{3+}, Fe^{2+}, Fe^{3+}, Co^{2+}, Co^{3+}, Ni^{2+}, Pt^{2+}, Pd^{2+}, Cu^{2+}, Cu^{+}, Ag^{+} usw. Auch ein Nichtmetall kann die Rolle eines Zentralatoms übernehmen. Das Zentralatom ist umgeben von den sog. *Liganden* (ligamen, lat., das Band). Die Anzahl der Liganden, die um ein Zentralatom gruppiert sind, bezeichnet man als die *Koordinationszahl*.

In den *Formeln* von Komplex-Verbindungen schreibt man zuerst das Zentralatom, dann folgen die in innerer Sphäre gebundenen Liganden und zwar zuerst die anionischen und dann die neutralen Liganden. Der ganze Komplex wird von eckigen Klammern umschlossen. Von den in äußerer Sphäre heterovalent gebundenen Ionen schreibt man die Kationen vor dem Komplex, die Anionen dahinter. Zum Beispiel:

$$K_4[Fe(CN)_6]; \quad [PtCl_4(NH_3)_2]; \quad [PtCl_2(NH_3)_4]Cl_2$$

Im *Namen* von Komplexen wird das Zentralatom nach den Liganden genannt. Vor den Liganden stehen auf die Struktur hinweisende Vorsilben, wie cis, trans, sym. usw. Die Anzahl einer Ligandenart wird durch griechische Zahlsilben wie di-, tri-, tetra-, penta- oder „bis", „tris", „tetrakis" usw. angegeben. Die Liganden selbst werden in alphabetischer Reihenfolge angeführt ohne Rücksicht auf ihre Anzahl. Ein Radikal wird als Einheit betrachtet. So fällt z. B. -diammin unter „a", aber -dimethylamin unter „d". Anorganische und organische anionische Liganden erhalten die Endung -o. Im allgemeinen hängt man an den Namen des Anions — falls er auf -id, -it oder -at endet — dieses -o einfach an. Zum Beispiel:

$$
\begin{aligned}
SO_4^{2-} &= \text{sulfato} \\
S_2O_3^{2-} &= \text{thiosulfato} \\
SO_3^{2-} &= \text{sulfito} \\
CH_3COO^{-} &= \text{acetato} \quad \text{usw.}
\end{aligned}
$$

Nicht ganz dieser Regel unterwerfen sich folgende Liganden:

F^{-}	= fluoro	S^{2-}	= thio
Cl^{-}	= chloro	HS^{-}	= mercapto oder thiolo
Br^{-}	= bromo	CN^{-}	= cyano
J^{-}	= jodo	SCN^{-}	= rhodano oder thiocyanato
O^{2-}	= oxo	CH_3O^{-}	= methoxo
OH^{-}	= hydroxo	CH_3S^{-}	= methylthio
O_2^{2-}	= peroxo		

Besonders zu bemerken ist, daß Wasser in Komplexen „aquo“, Ammoniak „ammin“, CO „carbonyl“ und NO „nitrosyl“ genannt wird.

Liganden werden dann in den Benennungen für Komplexe mit runden Klammern eingeklammert, wenn Zahlpräfixe vorangestellt sind. Auch sind immer in solchen Fällen Klammern zu setzen, wenn es gilt, Mißverständnisse zu vermeiden.

Zur Festlegung der Ladungen eines komplexen Ions kann entweder die Oxydationsstufe des Zentralatoms durch römische Ziffern (Stocksche Zahlen) angegeben werden, die in Klammern unmittelbar hinter den Namen des Zentralatoms gesetzt werden. Es ist auch möglich und manchmal besser, die Ladung des gesamten komplexen Ions in Klammern nach dem Zentralatom (Ewans-Bassett-Zahlen) anzugeben.

Komplexe Anionen erhalten die Endung -at, komplexe Kationen und Neutralkomplexe erhalten keine Endungen.

Die Nomenklatur soll nun durch einige Beispiele verdeutlicht werden:

$Na_3[Ag(S_2O_3)_2]$	Natrium-bis(thiosulfato)argentat(I) oder Natrium-bis(thiosulfato)-argentat(3 −)
$K[AgF_4]$	Kalium-tetrafluoroargentat(III) oder Kalium-tetrafluoro-argentat(1 −)
$K_2[NiF_6]$	Kalium-hexafluoroniccolat(IV) oder Kalium-hexafluoro-niccolat(2 −)
$NH_4[Co(NO_2)_4(NH_3)_2]$	Ammonium-diammintetranitritokobaltat-(III) oder Ammonium-diammintetra-nitritokobaltat(1 −)
$Ba[BrF_4]$	Barium-tetrafluorobromat(III) oder Barium-tetrafluorobromat(1 −)
$K[CrOF_4]$	Kalium-tetrafluorooxochromat(V) oder Kalium-tetrafluorooxochromat(1 −)
$Na[AlCl_4]$	Natrium-tetrachloroaluminat(III) oder Natrium-tetrachloroaluminat(1 −)
$Cs[JCl_4]$	Cäsium-tetrachlorojodat(III) oder Cäsium-tetrachlorojodat(1 −)
$Na[BH_4]$	Natrium-tetrahydridoborat(III) oder Natrium-tetrahydridoborat(1 −)

14

cis-[PtCl$_2$(Äth$_3$P)$_2$]	cis-Dichloro-bis(triäthylphosphin)-platin(II) oder cis-Dichloro-bis(triäthylphosphin)-platin
[CuCl$_2$(CH$_3$NH$_2$)$_2$]	Dichloro-bis(methylamin)-kupfer(II) oder Dichloro-bis(methylamin)-kupfer
[CoCl$_3$(NH$_3$)$_2$((CH$_3$)$_2$NH)]	Diammin(dimethylamin)trichloro-kobalt(III) oder Diammin(dimethyl-amin)trichloro-kobalt
[Cr(C$_6$H$_5$NC)$_6$]	Hexakis(phenylisocyanid)-chrom(III) oder Hexakis(phenylisocyanid)-chrom
[PtCl$_4$(NH$_3$)$_2$]	Diammintetrachloro-platin(IV) oder Diammintetrachloro-platin
[Zn(NH$_2$CH$_2$CHNH$_2$CH$_2$NH$_2$)$_2$]J$_2$	Bis(1,2,3-triaminopropan)-zink(II)-jodid oder Bis(1,2,3-triaminopropan)-zink(2+)-jodid
[Cr(H$_2$O)$_6$]Cl$_3$	Hexaquochrom(III)-chlorid oder Hexaquochrom(3+)-chlorid
[Co(NH$_3$)$_6$]ClSO$_4$	Hexamminkobalt(III)-chloridsulfat oder Hexamminkobalt(3+)-chloridsulfat
[Al(OH)(H$_2$O)$_5$]Br$_2$	Pentaquohydroxoaluminium(III)-bromid oder Pentaquohydroxoaluminium(2+)-bromid
[CoCl(NH$_3$)$_5$]Cl$_2$	Pentamminchlorokobalt(III)-chlorid oder Pentamminchlorokobalt(2+)-chlorid
[PtCl$_2$(H$_2$NCH$_2$CHNH$_2$CH$_2$NH$_3$)]Cl	Dichloro-2,3-diaminopropylammonium-platin(II)-chlorid oder Dichloro-2,3-diamino-propylammonium-platin(1+)-chlorid
[Co(NH$_2$)$_2$(NH$_3$)$_4$]J	Diamidotetramminkobalt(III)-jodid oder Diamidotetramminkobalt(1+)-jodid

Die Liganden selbst sind im allgemeinen Ionen oder Moleküle, die als Elektronendonatoren wirken können. Darüber hinaus können Liganden in manchen Fällen selbst auch noch als Acceptoren fungieren.

Liganden, die nur eine Koordinationsstelle im Koordinations-polyeder besetzen, nennt man *einzähnige* Liganden. Solche ein-zähnigen Liganden sind z. B. die Halogen-Ionen oder auch Ionen wie CN$^-$, SCN$^-$, NO$_3^-$, NO$_2^-$, N$_3^-$, SO$_4^{2-}$ oder Moleküle wie R$_3$P, R$_3$N (R = org. Rest), Pyridin und H$_2$O.

Liganden können aber auch zuweilen zwei Zentralatomen zuzuordnen sein, d. h. sie können als Brücken fungieren. Einige

Arten von Brücken sind die folgenden [2, 3]:

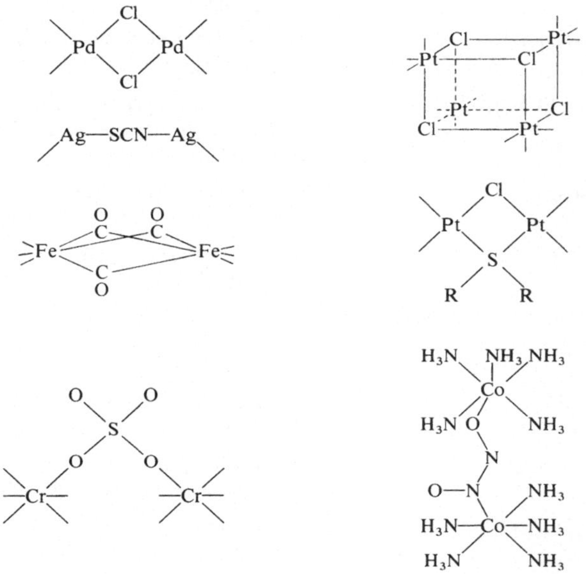

Derartige Komplexe, die zwei oder mehr Zentralatome enthalten, bezeichnet man als mehrkernig. Falls ein Komplex eine mehrkernige Struktur hat, wird der brückenbildende Ligand durch Voranstellen von μ vor seinen Namen gekennzeichnet. Auch dafür seien zwei Beispiele angeführt:

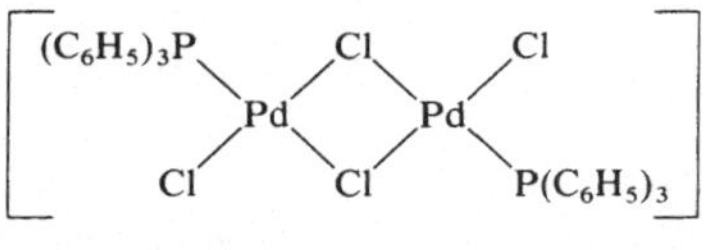

Chloro-triphenylphosphin-palladium(II)-di-μ-chloro-chloro-triphenylphosphin-palladium(II)

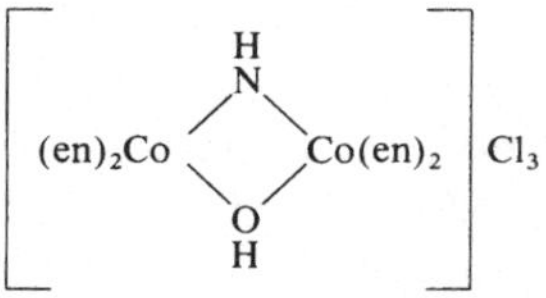

Bis(äthylendiamin)-kobalt(III)-μ-imido-μ-hydroxo-bis(äthylendiamin)-kobalt(III)-chlorid

16

Neben einzähnigen gibt es auch *mehrzähnige* Liganden. Solche mehrzähnigen Liganden, die am gleichen Zentralatom zwei oder mehr Koordinationsstellen besetzen können und dabei gleichzeitig ein Ringsystem ausbilden, nennt man Chelat-Gruppen. ($\chi\eta\lambda\acute{\eta}$, griech., die Krebsschere). Eine Reihe wichtiger Chelatliganden ist in der folgenden Aufstellung angeführt:

Zweizähnige Liganden:

Äthylendiamin (abgekürzt: en):

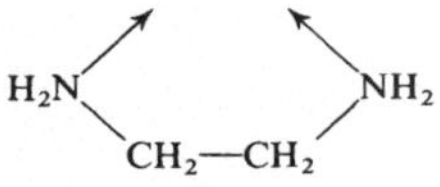

$$H_2N \diagdown \quad \diagup NH_2$$
$$CH_2{-}CH_2$$

S-Methylmercaptoacetat:

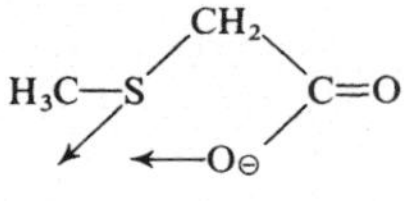

$$H_3C{-}S \quad CH_2 \quad C{=}O$$
$$O^{\ominus}$$

Acetylacetonation (abgekürzt: acac):

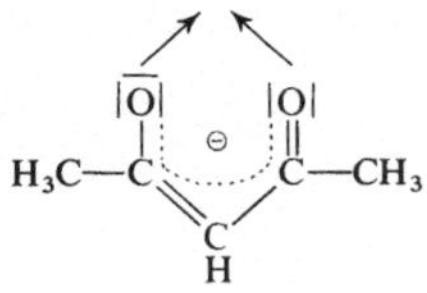

$$|\overline{O}| \qquad |O|$$
$$H_3C{-}C \quad {}^{\ominus} \quad C{-}CH_3$$
$$C$$
$$H$$

N,N-Diäthylthiocarbamation:

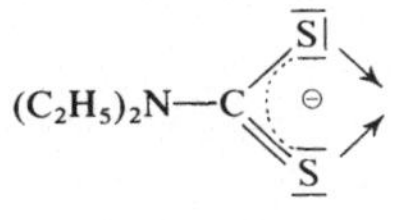

$$(C_2H_5)_2N{-}C \quad \overline{S|} \quad {}^{\ominus} \quad \underline{S}$$

Oxalation:

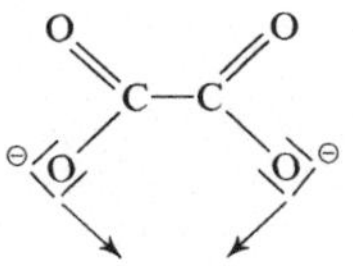

$$O \qquad O$$
$$C{-}C$$
$${}^{\ominus}O \qquad O^{\ominus}$$

Sulfation:

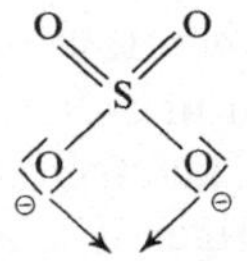

Carbonation:

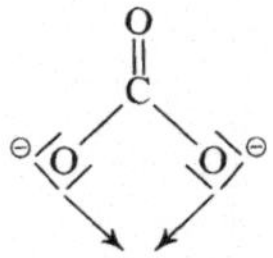

Salicylaldehydion:

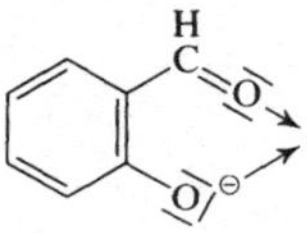

2,2'-Bipyridyl (abgekürzt: bpy):

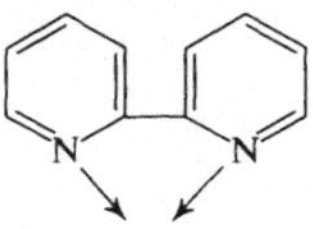

1,10-Phenanthrolin (abgekürzt: phan):

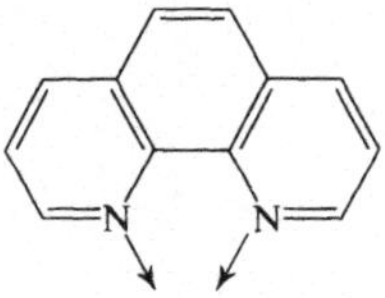

Diacetyldioxim oder Dimethylglyoxim:

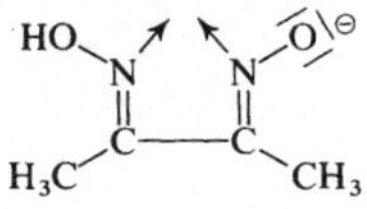

Orthophenylen-bis-dimethylarsin (abgekürzt: diars):

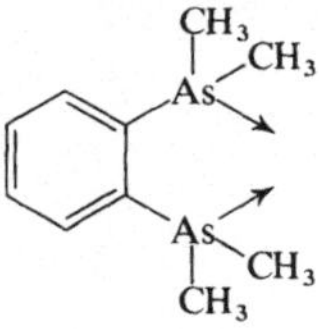

18

Dreizähniger Ligand:

Diäthylentriamin (abgekürzt: den):

$$H_2N-CH_2-CH_2-\underset{H}{N}-CH_2-CH_2-NH_2$$

Vierzähnige Liganden:

Triäthylentetramin (abgekürzt: trien):

$$H_2N-CH_2-CH_2-\underset{H}{N}-CH_2-CH_2-\underset{H}{N}-CH_2-CH_2-NH_2$$

Nitrilotriessigsäureion:

$$N \begin{cases} CH_2-COO^{\ominus} \\ CH_2-COO^{\ominus} \\ CH_2-COO^{\ominus} \end{cases}$$

Sechszähnige Liganden:

Äthylendiamintetraessigsäureion (abgekürzt: ädt):

$$\begin{array}{ccc} {}^{\ominus}OOC-CH_2 & & CH_2-COO^{\ominus} \\ & N-CH_2-CH_2-N & \\ {}^{\ominus}OOC-CH_2 & & CH_2-COO^{\ominus} \end{array}$$

Tetrakis(3-dimethylarsinopropyl)-o-phenylendiarsin [4]:

1,4,10,13-Tetrathia-7,16-diazacyclooctadecan [5]:

19

Das Oxalation $C_2O_4^{2-}$, das Sulfation SO_4^{2-} und das Carbonation CO_3^{2-} können sowohl als ein- wie auch als zweizähnige Liganden fungieren (s. u.).

Die Möglichkeit, daß ein Ligand als zweizähnige Gruppe fungiert, ist auch bei rein anionischen Liganden nicht notwendigerweise an das Vorliegen einer zweifachen Ladung gebunden. So kann z.B. das Perchloration ClO_4^-, das an und für sich recht wenig zur Komplexbildung neigt, sowohl ein- als auch zweizähnig an das Zentralion koordiniert werden [6]. Zum Beispiel wird für $[Ni(ClO_4)_2(CH_3CN)_4]$ einzähniges, für $[Ni(ClO_4)_2(CH_3CN)_2]$ zweizähnig gebundenes ClO_4^- angenommen.

Literatur

1. Richtsätze für die Nomenklatur der anorganischen Chemie. Chem. Ber. **92**, XLVII/LXXXVI (1959).
   IUPAC, International Union of Pure and Applied Chemistry, Inorganic Chemistry Section, Nomenclature of Inorganic Chemistry, Definitive Rules for Nomenclature of Inorganic Chemistry, 1957 Report of the Commission on the Nomenclature of Inorganic Chemistry, London 1959.
2. Cotton, F. A., Wilkinson, G.: Anorganische Chemie, S. 130 ff. Weinheim/Bergstraße: Verlag Chemie GmbH. 1967.
3. Hoskins, B. F., Whillans, F. D., Dale, D. H., Crowfoot Hodgkin, D.: Chem. Commun. **1969**, 69.
4. Barclay, G. A., Harris, C. M., Kingston, J. V.: Chem. Commun. **1968**, 965.
5. Black, D. St. C., McLean, J. A.: Chem. Commun. **1968**, 1004.
6. Wickenden, A. E., Krause, R. A.: Inorg. Chem. **4**, 404 (1965).

2.3. Isomerien

2.3.1. Der Begriff der Isomerie

Unter Isomerie versteht man die Erscheinung, daß Verbindungen verschiedene Strukturen besitzen, aber die gleiche Summenformel haben. Bei den Komplex-Verbindungen gibt es zahlreiche Isomere. Man kann mitunter die Existenz solcher Isomeren dazu heranziehen, die Bindung in zwei Sphären bzw. die Struktur zu beweisen. In der Anfangszeit der Komplexchemie, als noch nicht genügend physikalische Methoden zur Verfügung standen, spielten solche Strukturbeweise naturgemäß eine große Rolle, und dementsprechend hat schon Alfred Werner zur Stützung seiner Theorie die Isomerieverhältnisse bei den Komplex-Verbindungen untersucht.

2.3.2. Ionisationsisomerie

Mit Ionisationsisomerie bezeichnet man das Phänomen, daß zwei Substanzen mit gleicher Summenformel nach dem Auflösen in einem geeigneten Lösungsmittel, z. B. in Wasser, verschiedene Ionen liefern.

Zwei typische Ionisationsisomere sind z. B. die Verbindungen:

$$\left[\mathrm{Co}\begin{array}{c}(NH_3)_5\\Cl\end{array}\right] SO_4 \quad \text{und} \quad \left[\mathrm{Co}\begin{array}{c}(NH_3)_5\\SO_4\end{array}\right] Cl$$

Man kann diese Isomeren auf folgendem Weg erhalten: Versetzt man das Purpureosalz $[CoCl(NH_3)_5]Cl_2$ mit verdünnter Schwefelsäure, so entsteht das Sulfat $[CoCl(NH_3)_5]SO_4$. Mit konzentrierter Schwefelsäure wird das SO_4^{2-}-Ion substituiert. Es entsteht so der Komplex $[Co(SO_4)(NH_3)_5]HSO_4$. Versetzt man die Lösung dieses Salzes mit Bariumchlorid, so entsteht das entsprechende Chlorid $[Co(SO_4)(NH_3)_5]Cl$. Dieses rotviolette Salz ist isomer (ionisationsisomer) mit dem violetten $[CoCl(NH_3)_5]SO_4$. Die beiden Isomere haben ein verschiedenes chemisches und physikalisches Verhalten. Sie besitzen aber die gleiche Summenformel und auch die gleiche molekulare Leitfähigkeit bei sehr großer Verdünnung.

Man kann freilich solche doppelten Umsetzungen bei Komplexsalzen nur mit einer gewissen Vorsicht zum Beweis dafür heranziehen, daß die Liganden in äußerer Sphäre gebunden sind. Gelegentlich sind die Bedingungen, unter denen Liganden der äußeren Sphäre reagieren, nicht sehr verschieden von denen, unter denen man Liganden der inneren Sphäre zur Reaktion bringen kann. Behandelt man z. B. das oben erwähnte Purpureosalz $[CoCl(NH_3)_5]Cl_2$ mit kalter Silbernitratlösung, so entstehen pro Mol Purpureosalz nur 2 Mol Silberchlorid; mit heißer Silbernitratlösung dagegen wird auch das in innerer Sphäre gebundene Chlorion ausgefällt und die dadurch freiwerdende Koordinationsstelle durch ein Molekül Wasser abgesättigt.

Das folgende Schema (S. 22) zeigt einige Umwandlungsmöglichkeiten in diesem System.

Die Beobachtung der geschilderten Ionisationsisomerie beweist deutlich die Bindung in zwei Sphären.

Die Existenz der Salze $[Co(SO_4)(NH_3)_5]HSO_4$ und $[Co(SO_4) \cdot (NH_3)_5]Cl$ zeigt im übrigen, daß, wie oben bereits erwähnt, mehrwertige Säureanionen — hier SO_4^{2-} — eine einzige Koordinations-

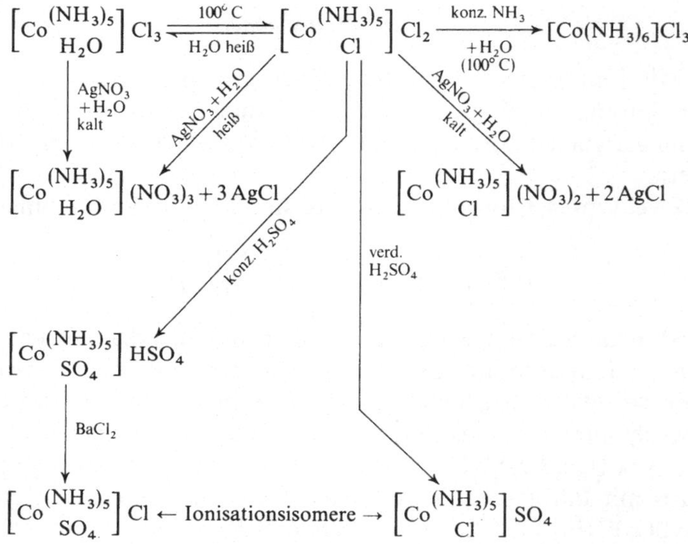

stelle besetzen können. Ein analoges Beispiel beim Oxalation ist bei der folgenden Umsetzung zu sehen:

$$[Co(NH_3)_5(H_2O)]_2(SO_4)_3 + 2\,H_2C_2O_4$$
$$\rightarrow [Co(C_2O_4)(NH_3)_5]_2SO_4 + 2\,H_2SO_4 + 2\,H_2O.$$

Mehrwertige Anionen *können* also eine Koordinationsstelle besetzen. Sie *können* aber auch zwei Koordinationsstellen einnehmen wie z. B. CO_3^{2-} und SO_4^{2-} in den Komplexen $[Co(CO_3)(NH_3)_4]NO_3$ bzw. $[Pt(SO_4)(NH_3)_4](OH)_2$.

2.3.3. Hydratisomerie

Der Ionisationsisomerie eng verwandt ist die Hydratisomerie. Der Wassergehalt einer komplexen Verbindung kann sowohl von in innerer Sphäre gebundenen Wassermolekülen herrühren, als auch auf einen Gehalt an sogenanntem Kristallwasser zurückzuführen sein. Ein bekanntes Beispiel hierfür findet man bei den Chrom(III)-chloriden:

$$[Cr(H_2O)_6]Cl_3$$
$$[CrCl(H_2O)_5]Cl_2 \cdot H_2O$$
$$[CrCl_2(H_2O)_4]Cl \cdot 2\,H_2O$$

Das koordinativ in innerer Sphäre gebundene Wasser wird im Gegensatz zum restlichen Wassergehalt beim gewöhnlichen Trocknen nicht abgegeben. Auch die Anzahl der mit Silbernitrat ausfällbaren Chloridionen beweist die Existenz dieser hydratisomeren Komplexe.

2.3.4. Koordinationsisomerie

Wenn sowohl das Kation als auch das Anion eines Salzes komplexer Natur sind, kann man bisweilen die Erscheinung der Koordinationsisomerie beobachten. Es kann nämlich der Fall eintreten, daß die Liganden des Zentralatoms im Kation mit den Liganden des Zentralatoms im Anion vertauscht sind. Einige typische Koordinationsisomere sind folgende:

$$[Co(NH_3)_6][Cr(C_2O_4)_3] \quad \text{und} \quad [Cr(NH_3)_6][Co(C_2O_4)_3]$$

$$[Co(NH_3)_6][Cr(CN)_6] \quad \text{und} \quad [Cr(NH_3)_6][Co(CN)_6]$$

$$[Pt(NH_3)_4][PtCl_4] \quad \text{und} \quad [PtCl(NH_3)_3][PtCl_3(NH_3)]$$

2.3.5. Ligandenisomerie

Manche Verbindungen, die als Liganden in Komplexen auftreten können, kommen selbst als Isomere vor. In diesem Fall spricht man dann von Ligandenisomerie. So gibt es z. B. zwei Komplex-Verbindungen, die beide die Summenformel

$$[Ni(C_4H_{12}N_2)_3](ClO_4)_2$$

haben. Bei dem einen Salz erfolgte Komplexbildung mit N,N-Dimethyl-äthylendiamin und bei dem anderen mit dem isomeren N-Äthyl-äthylendiamin. Die beiden ligandenisomeren Komplexe sind hier also folgendermaßen zu formulieren:

$$[Ni((CH_3)_2N{-}CH_2{-}CH_2{-}NH_2)_3](ClO_4)_2$$

und

$$[Ni(C_2H_5NH{-}CH_2{-}CH_2{-}NH_2)_3](ClO_4)_2$$

2.3.6. Salzisomerie

Die Salzisomerie kommt dadurch zustande, daß Zentralatome gelegentlich mit verschiedenen Atomen eines Liganden zu reagieren vermögen. So gibt es z. B. mit NO_2 als Ligand sowohl Nitrito- wie

auch Nitro-Verbindungen. Nitrito-Salze leiten sich von der Form
H—O—N=O der salpetrigen Säure ab. Sie enthalten als Ligand die
ONO-Gruppe, wobei das Zentralatom mit einem Sauerstoffatom
der Nitrito-Gruppe verbunden ist. Die Nitro-Verbindungen enthalten die NO_2-Gruppe. In diesen Komplexen ist das Zentralatom
mit dem Stickstoffatom verbunden. Im allgemeinen sind die Nitro-
Verbindungen etwas stabiler als die Nitrito-Komplexe. Beim Erhitzen gehen die Nitrito-Salze oft in die Nitro-Salze über.

Typische Salzisomere sind also die Komplexe

$[Co(ONO)_2en_2]NO_3$
Bis(äthylendiamin)-dinitritokobalt(III)-nitrat

und

$[Co(NO_2)_2en_2]NO_3$
Bis(äthylendiamin)-dinitrokobalt(III)-nitrat

Man hat immer dann mit dem Auftreten von Salzisomeren zu
rechnen, wenn ein Ligand mehr als ein koordinationsfähiges Atom
enthält.

2.3.7. Polymerisationsisomerie

Die Polymerisationsisomerie ist eigentlich streng genommen
keine Isomerie, da die Summenformeln der Isomeren hier nicht
übereinstimmen. Polymerisationsisomere Stoffe besitzen aber die
gleiche prozentuale Zusammensetzung bezüglich ihrer Komponenten.

Einige Beispiele sollen die Erscheinung der Polymerisationsisomerie verstehen helfen:

$[PtCl_2(NH_3)_2]$ ist polymerisationsisomer mit $[Pt(NH_3)_4][PtCl_4]$

$[PtCl_4(NH_3)_2]$ ist polymerisationsisomer mit $[PtCl_2(NH_3)_4][PtCl_6]$

$[PtCl_4(NH_3)_2]$ ist polymerisationsisomer mit $[Pt(NH_3)_6][PtCl_6]_2$

Man kann sehen, daß die Polymerisationsisomeren wohl im
Verhältnis ihrer Bausteine übereinstimmen, z. B.:

$[PtCl_4(NH_3)_2]$ $= Pt:NH_3:Cl = 1:2:4$

$[Pt(NH_3)_6][PtCl_6]_2 = Pt:NH_3:Cl = 3:6:12 = 1:2:4.$

Keine Übereinstimmung gibt es dagegen im Molekulargewicht
der Polymerisationsisomeren.

2.3.8. Stereoisomerie

Zwei weitere wichtige Isomeriemöglichkeiten liegen in der cis-trans-Isomerie und in der optischen Isomerie oder Spiegelbild-isomerie vor.

Diese beiden Arten der Isomerie sind eng mit der räumlichen Anordnung der Liganden um das Zentralatom verknüpft. Man faßt sie deshalb auch oft unter dem Begriff Stereoisomerie zusammen. Diese soll jetzt im Zusammenhang mit dem räumlichen Bau der Komplexe betrachtet werden.

2.3.8.1. cis-trans-Isomerie bei sechsfach koordinierten Komplexen

Die Ermittlung des Baus von Komplexen erfolgte früher durch das Studium der Anzahl von Isomeren, die man von einer Komplex-Verbindung darzustellen imstande war. Wenn um ein Zentralatom 6 gleichwertige Liganden gruppiert sind, wenn wir also einen Komplex mit der Koordinationszahl 6 betrachten, dann gibt es zunächst drei Möglichkeiten, wie die 6 Liganden symmetrisch um das Zentralatom angeordnet sein können.

1. Die Anordnung des ebenen Sechsecks

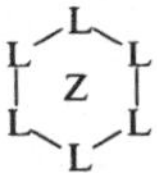

Z = Zentralatom; L = Liganden

2. Die Anordnung in Form eines trigonalen Prismas

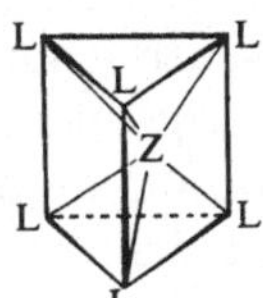

3. Die Anordnung in Form eines Oktaeders

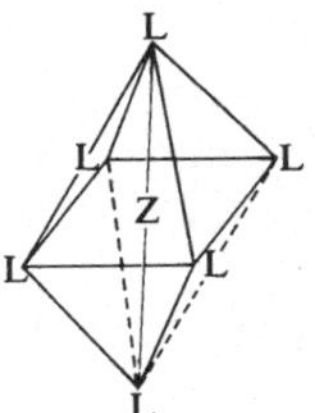

Wenn man nun einen Komplex der Zusammensetzung $[CoA_4XY]$ betrachtet, so sind in diesen Fällen folgende Isomere denkbar:

1. Bei sechseckigem Bau: 3 Isomere

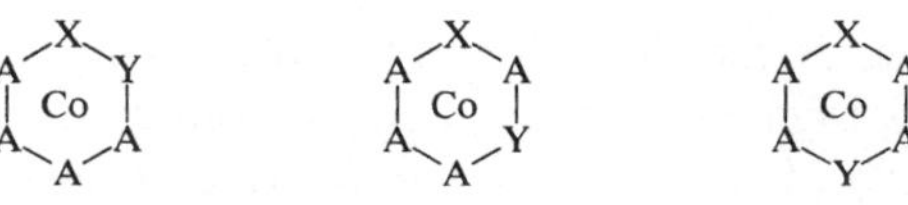

2. Bei trigonal prismatischem Bau: 3 Isomere

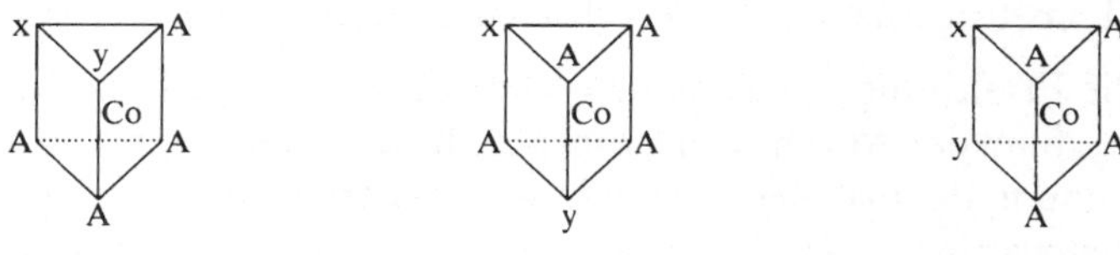

3. Bei oktaedrischem Bau: 2 Isomere

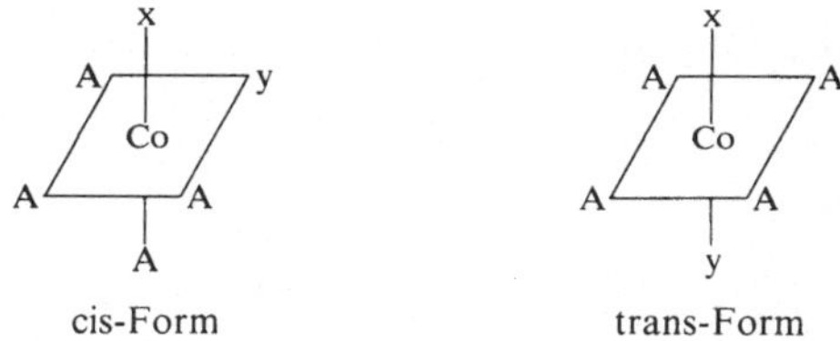

cis-Form   trans-Form

Die beiden bei oktaedrischer Anordnung möglichen Isomeren sind cis-trans-Isomere. Zwei Liganden werden dann als cis-ständig bezeichnet, wenn sie im Koordinationspolyeder benachbart sind. Trans-ständig sind zwei Liganden dann, wenn sie einander gegenüber liegen.

Tatsächlich wurden von Komplexen der Zusammensetzung $[CoXYA_4]$ immer nur *zwei* Isomere aufgefunden. Dies spricht für einen oktaedrischen Bau solcher Komplexe.

Bei Komplex-Verbindungen der allgemeinen Formel $[CoX_2A_4]$ liefert ebenfalls nur eine oktaedrische Anordnung der Liganden zwei Isomere.

Bei Komplexen der Art $[CoX_3A_3]$ sind bei oktaedrischem Bau ebenfalls zwei Isomere, und nur zwei, zu erwarten:

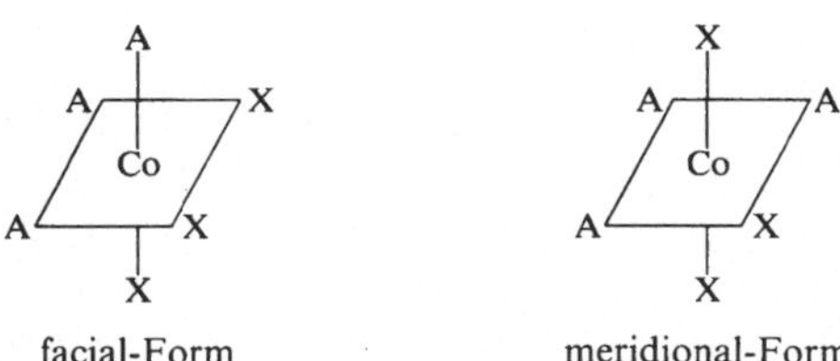

Tatsächlich wurde bei so zusammengesetzten Komplex-Verbindungen die theoretisch zu erwartende Zahl von Isomeren gefunden.

Ein schönes Beispiel für eine cis-trans-Isomerie findet man im Fall der Violeo- und Praseosalze. Zunächst möge ein Schema (S. 28) einen Überblick über einige in diesem System mögliche Umwandlungen geben:

Man sieht aus diesem Schema, daß in der Ausgangssubstanz für die violette Reihe, dem Tetrammincarbonatokobalt(III)-chlorid $[Co(CO_3)(NH_3)_4]Cl$, das Carbonation zwei Koordinationsstellen besetzt, also als zweizähniger Ligand wirkt. Die beiden, von CO_3^{2-} belegten Koordinationsstellen können aus sterischen Gründen nur cis-ständig sein. Dieses Komplexsalz läßt sich ohne Schwierigkeiten in den zweikernigen Diol-Komplex Tetramminkobalt(III)-di-μ-hydroxo-tetramminkobalt(III)-sulfat überführen. In dieser zweikernigen Komplex-Verbindung können die Zentralatome wiederum aus sterischen Gründen nur durch zwei Liganden verbunden sein, die cis-ständig sind.

$$\left[(NH_3)_4Co \underset{\underset{H}{O}}{\overset{\overset{H}{O}}{\diamond}} Co(NH_3)_4 \right]^{4+} = \left[\begin{array}{c} H_3N \qquad NH_3 \\ H_3N \diagdown \overset{H}{O} \diagup NH_3 \\ Co \cdots Co \\ H_3N \diagup \underset{H}{O} \diagdown NH_3 \\ H_3N \qquad NH_3 \end{array} \right]^{4+}$$

Darin, daß es gelingt, einen derartigen zweikernigen Komplex herzustellen, hat man nun einen chemischen Beweis dafür gesehen, daß die Reihe der Substanzen, von der aus man zu dieser zweikernigen Verbindung kommt, eine cis-Reihe darstellt. Dieser Beweis ist allerdings nicht ganz schlüssig; denn aus dem oben gegebenen Schema kann man auch entnehmen, daß eine Umlagerung von der cis- in die trans-Reihe nicht schwierig ist.

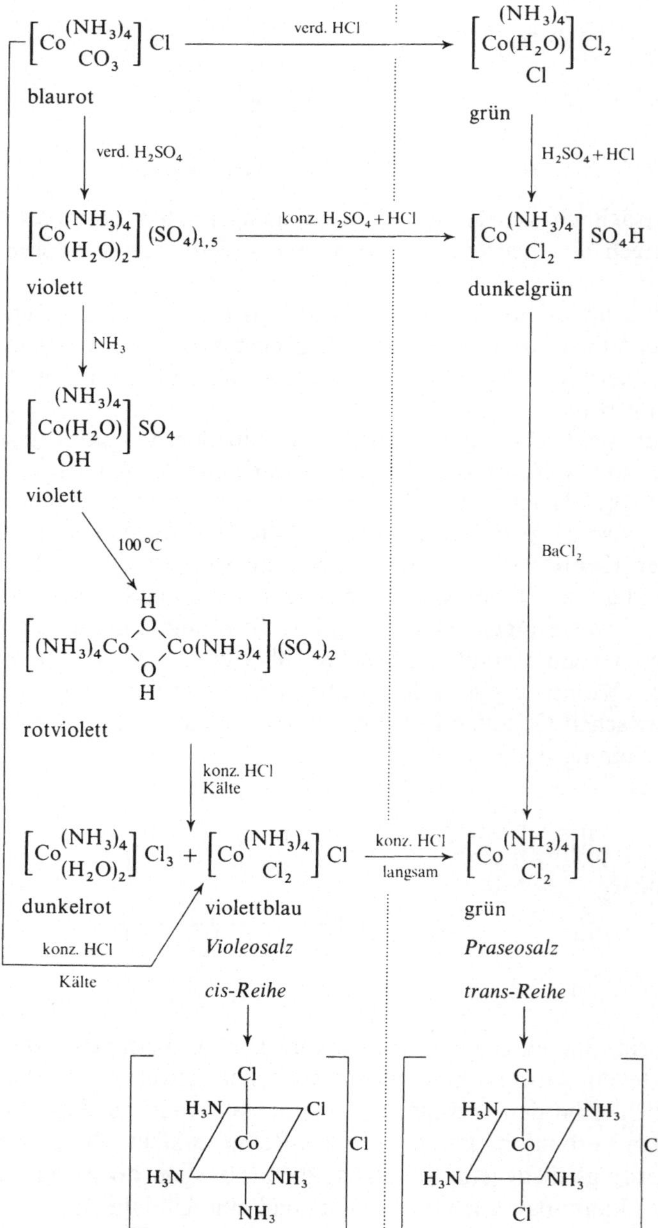

verd. HCl
verd. H2SO4
konz. H2SO4 + HCl
H2SO4 + HCl
NH3
100 °C
konz. HCl Kälte
konz. HCl Kälte
konz. HCl langsam
BaCl2
blaurot
violett
violett
rotviolett
dunkelrot
grün
dunkelgrün
violettblau
Violeosalz
cis-Reihe
grün
Praseosalz
trans-Reihe

Ein anderes Beispiel für eine cis-trans-Isomerie wird durch das folgende Reaktionsschema verdeutlicht:

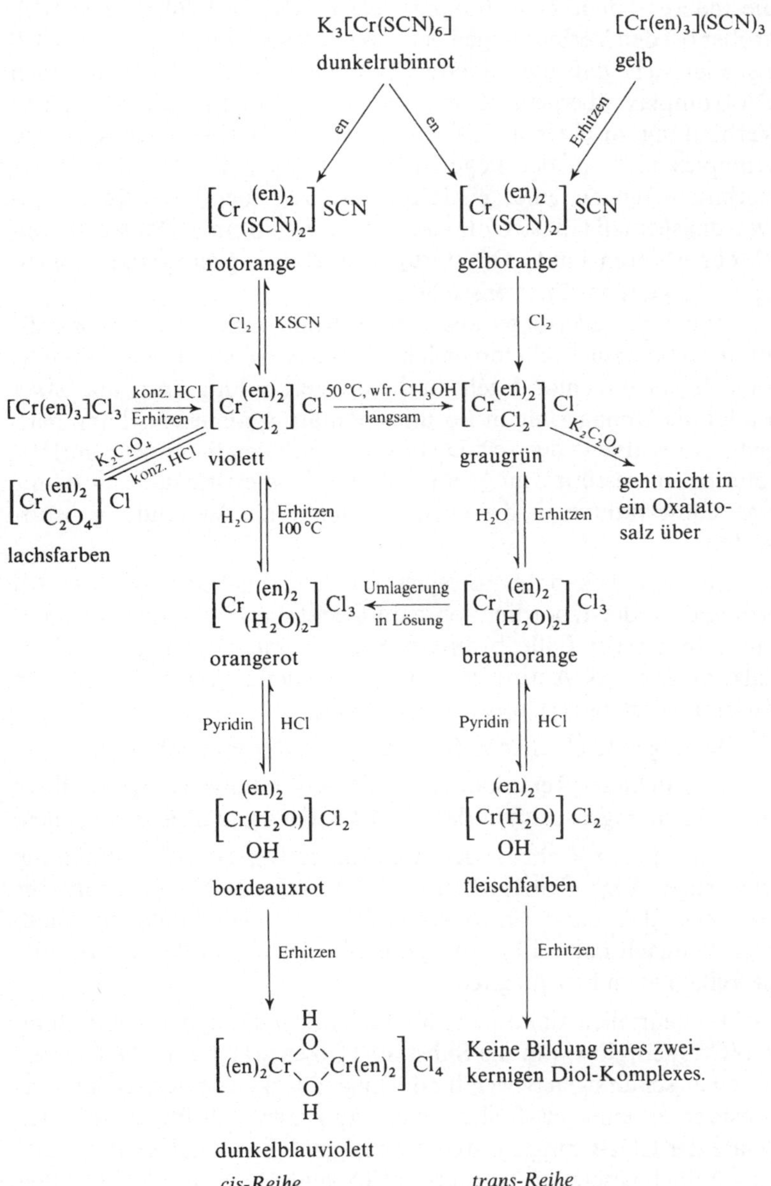

Wie man sieht, gibt es zwei Verbindungen der Zusammensetzung $[Cr(SCN)_2(en)_2]SCN$. Die eine Verbindung sieht rotorange aus, die andere ist deutlich gelborange gefärbt. Die Farbdifferenz ist noch größer bei den Verbindungen der Zusammensetzung $[CrCl_2(en)_2]Cl$. Es zeigt sich, daß die violette Chloro-Verbindung leicht in einen Diolkomplex übergeführt werden kann, während die graugrüne Verbindung zu einer derartigen Reaktion, zu einem zweikernigen Komplex nicht in der Lage ist. Daraus folgt die Zuordnung der Verbindungen zu einer cis-Reihe und zu einer trans-Reihe. Erwartungsgemäß läßt sich die cis-Verbindung in einen Oxalato-Komplex überführen. Die $C_2O_4^{2-}$-Gruppe besetzt als zweizähniger Ligand cis-ständige Koordinationsstellen.

Man sieht allerdings aus dem Schema auch, daß ein Konfigurationswechsel leicht möglich ist. Das trans-Bis(äthylendiamin)diaquochrom(III)-chlorid geht in die cis-Verbindung über, und zwar erfolgt die Umlagerung in Lösung spontan. Andererseits kann man beim Erwärmen des cis-Dichloro-bis(äthylendiamin)chrom(III)-chlorids in wasserfreiem Methanol eine Isomerisierung und damit eine Umwandlung in die entsprechende trans-Verbindung beobachten.

Ein sehr bekanntes Beispiel für eine cis-trans-Isomerie bei Komplexen der Koordinationszahl 6 sind die Flavo- bzw. Croceosalze. In diesem Falle bedingen Stereoisomerie und gleichzeitige Salzisomerie das Auftreten von *vier* isomeren Verbindungen der Zusammensetzung $[Co(NO_2(en)_2)_2]NO_3$.

Die folgende Übersicht (S. 31) zeigt die Zusammenhänge.

Auch in dieser Reihe kann man die Verbindungen aufgrund ihrer chemischen Eigenschaften der cis- bzw. der trans-Reihe zuordnen.

In der Flavo-Reihe ist der zweizähnige Ligand CO_3^{2-} durch die einwertigen Liganden H_2O bzw. ONO^- oder NO_2^- ersetzbar. Der Gedanke, daß diese Flavo-Verbindungen cis-Verbindungen sind, liegt demnach nahe. Ein Übergang von der cis- in die trans-Reihe ist freilich auch hier möglich.

Um beurteilen zu können, ob die Umwandlung der Verbindung $[Co(CO_3)(en)_2]NO_3$ in die Substanz $[Co(en)_2(H_2O)_2](NO_3)_3$ wirklich einen schlüssigen Beweis für die Zugehörigkeit der letztgenannten Substanz zu einer cis-Reihe bietet, muß man sich fragen, wie der Ersatz der CO_3-Gruppe durch zwei Liganden vor sich geht. Selbstverständlich besetzt im Nitrat $[Co(CO_3)(en)_2]NO_3$ die CO_3-Gruppe

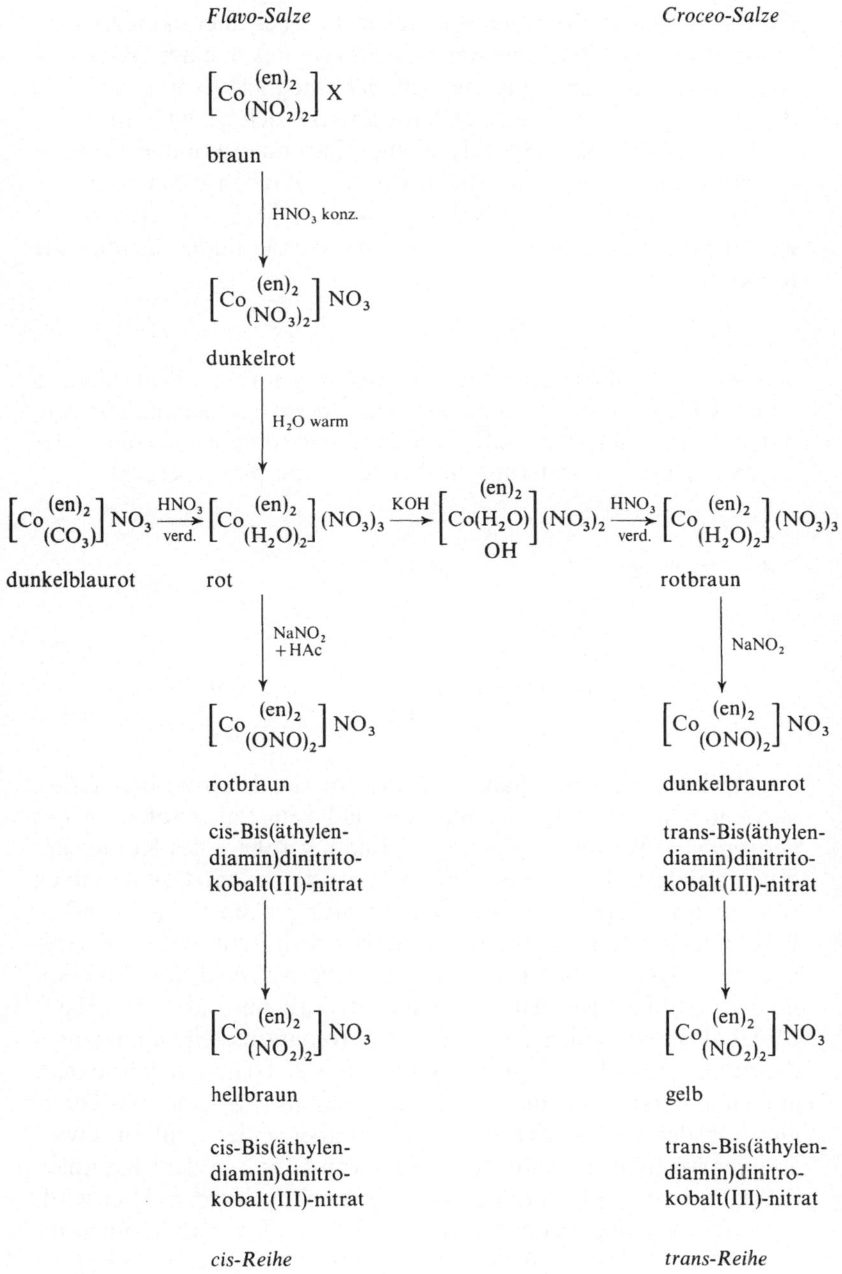

Flavo-Salze			*Croceo-Salze*

$$\left[Co\begin{matrix}(en)_2\\(NO_2)_2\end{matrix}\right]X$$

braun

$\downarrow$ HNO$_3$ konz.

$$\left[Co\begin{matrix}(en)_2\\(NO_3)_2\end{matrix}\right]NO_3$$

dunkelrot

$\downarrow$ H$_2$O warm

$$\left[Co\begin{matrix}(en)_2\\(CO_3)\end{matrix}\right]NO_3 \xrightarrow[\text{verd.}]{HNO_3} \left[Co\begin{matrix}(en)_2\\(H_2O)_2\end{matrix}\right](NO_3)_3 \xrightarrow{KOH} \left[\begin{matrix}(en)_2\\Co(H_2O)\\OH\end{matrix}\right](NO_3)_2 \xrightarrow[\text{verd.}]{HNO_3} \left[Co\begin{matrix}(en)_2\\(H_2O)_2\end{matrix}\right](NO_3)_3$$

dunkelblaurot   rot   rotbraun

rot: $\downarrow$ NaNO$_2$ + HAc   rotbraun: $\downarrow$ NaNO$_2$

$$\left[Co\begin{matrix}(en)_2\\(ONO)_2\end{matrix}\right]NO_3 \qquad\qquad \left[Co\begin{matrix}(en)_2\\(ONO)_2\end{matrix}\right]NO_3$$

rotbraun   dunkelbraunrot

cis-Bis(äthylen-
diamin)dinitrito-
kobalt(III)-nitrat

trans-Bis(äthylen-
diamin)dinitrito-
kobalt(III)-nitrat

$\downarrow$

$$\left[Co\begin{matrix}(en)_2\\(NO_2)_2\end{matrix}\right]NO_3 \qquad\qquad \left[Co\begin{matrix}(en)_2\\(NO_2)_2\end{matrix}\right]NO_3$$

hellbraun   gelb

cis-Bis(äthylen-
diamin)dinitro-
kobalt(III)-nitrat

trans-Bis(äthylen-
diamin)dinitro-
kobalt(III)-nitrat

cis-Reihe   *trans-Reihe*

zwei benachbarte Koordinationsstellen, also bei einer oktaedrischen Anordnung der Liganden zwei benachbarte Ecken eines Oktaeders. Eine andere Anordnung ist sterisch nicht möglich. Es fragt sich, wie die Hydrolyse einer derartigen Substanz vor sich gehen kann.

Das Problem der Hydrolyse eines Carbonatokomplexes ist in verschiedener Weise untersucht worden. Zunächst hat man die Hydrolyse von $[Co(CO_3)(NH_3)_5]^+$ studiert [1, 2]. In diesem Ion wirkt CO_3^{2-} als einzähniger Ligand. Mit Wasser findet die folgende Reaktion statt:

$$[Co(CO_3)(NH_3)_5]^+ + 2\,H_2O \rightarrow [Co(H_2O)(NH_3)_5]^{3+} + CO_2 + 2\,OH^-.$$

Sehr wahrscheinlich beginnt diese Umsetzung mit einer Protonierung an der CO_3-Gruppe. Es bildet sich ein Übergangszustand, aus dem durch Abspaltung von CO_2 ein Hydroxokomplex entsteht, der durch erneute Protonierung in den Aquokomplex übergeht:

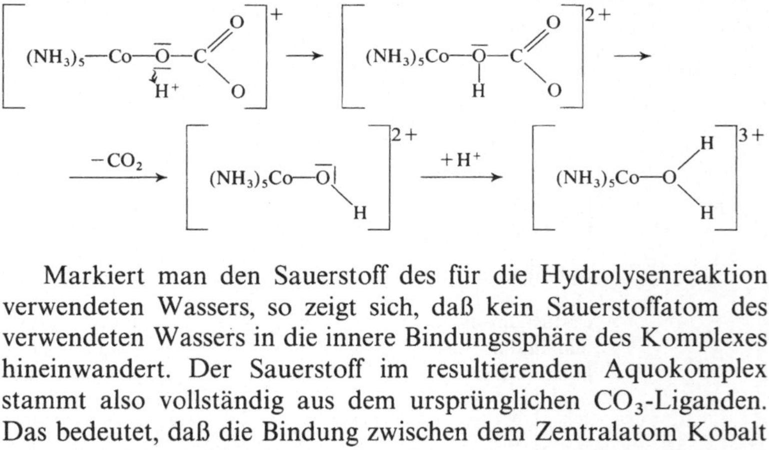

Markiert man den Sauerstoff des für die Hydrolysenreaktion verwendeten Wassers, so zeigt sich, daß kein Sauerstoffatom des verwendeten Wassers in die innere Bindungssphäre des Komplexes hineinwandert. Der Sauerstoff im resultierenden Aquokomplex stammt also vollständig aus dem ursprünglichen CO_3-Liganden. Das bedeutet, daß die Bindung zwischen dem Zentralatom Kobalt und dem Sauerstoffatom der CO_3-Gruppe während der Reaktion niemals geöffnet worden ist. In diesem Fall muß also das H_2O-Molekül offensichtlich die gleiche Koordinationsstelle einnehmen, die zuvor durch die CO_3-Gruppe besetzt war. Hiernach würde man annehmen, daß der oben erwähnte Beweis für eine cis-Konfiguration der Flavo-Salze schlüssig sei; aber leider muß ein etwas anderer Mechanismus für den Ersatz von CO_3^{2-} in dem Komplex $[Co(CO_3)(en)_2]NO_3$ durch $2\,H_2O$ angenommen werden. Hier wird, wie analoge Untersuchungen mit markierten Sauerstoffatomen im verwendeten Wasser an dem komplexen Ion $[Co(CO_3)(NH_3)_4]^+$

gezeigt haben, sehr wahrscheinlich eine der beiden Co-O-Bindungen gelöst. Dies folgt daraus, daß die Hälfte des Sauerstoffs im entstandenen Diaquokomplex aus dem zu der Reaktion verwendeten Wasser stammen muß. Wenn man das verwendete Wasser am Sauerstoff durch ein entsprechendes Isotop markiert, so findet sich die Markierung zur Hälfte im Komplex wieder [2, 3].

Da bei dieser Reaktion eine Co-O-Bindung gelöst wird, könnte hier auch ein Übergang in die trans-Reihe erfolgen. Eine sichere Aussage darüber, ob die entstandene Verbindung zur cis- oder trans-Reihe gehört, läßt sich in einem derartigen Fall nicht aufgrund einer chemischen Reaktion sondern nur durch Röntgenstrukturanalyse machen.

Da es für die Charakterisierung von cis-Verbindungen häufig bequem ist, zu untersuchen, ob sich die entsprechende Verbindung in einen Diol-Komplex überführen läßt, hat man die Bildung und die Zersetzung von Diol-Komplexen kinetisch studiert. Gut untersucht ist die Dimerisierung des cis-Aquohydroxodioxalatochromat-(III)-ions [4].

Der Vorgang kann durch die folgenden Gleichungen wiedergegeben werden:

$$[(C_2O_4)_2Cr(H_2O)_2]^- + OH^- \rightleftharpoons [(C_2O_4)_2Cr(OH)(H_2O)]^{2-} + H_2O$$

$$[(C_2O_4)_2Cr(OH)(H_2O)]^{2-} \rightleftharpoons [(C_2O_4)_2CrOH]^{2-} + H_2O$$

Der erste Schritt der Ver-ol-ung besteht also in einer Dehydratisierung. Das Wassermolekül, das bei diesem Reaktionsschnitt in Freiheit gesetzt wird, dissoziiert in H^+ und OH^-. In einem geschwindigkeitsbestimmenden Schritt findet dann folgende weitere Reaktion statt:

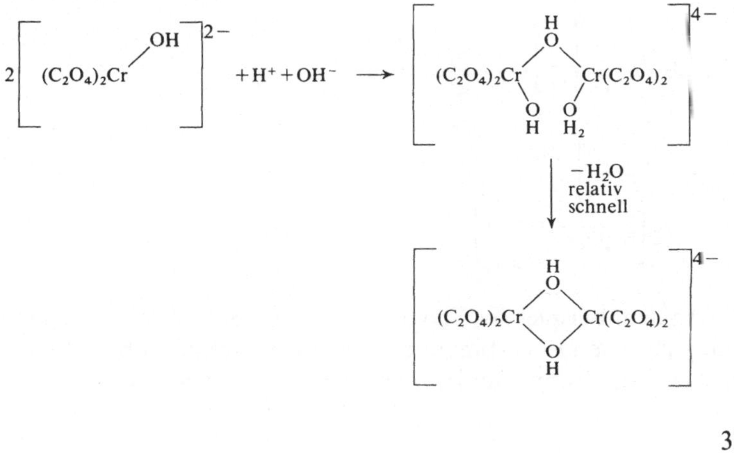

$$2\left[(C_2O_4)_2Cr{\nwarrow}^{OH}\right]^{2-} + H^+ + OH^- \longrightarrow \left[(C_2O_4)_2Cr\overset{\overset{H}{O}}{\underset{\underset{H\quad H_2}{O\quad O}}{\diagup\diagdown}}Cr(C_2O_4)_2\right]^{4-}$$

$$\Big\downarrow\ \substack{-H_2O\\ relativ\\ schnell}$$

$$\left[(C_2O_4)_2Cr\overset{\overset{H}{O}}{\underset{\underset{H}{O}}{\diagup\diagdown}}Cr(C_2O_4)_2\right]^{4-}$$

Die Zersetzung dieses Diol-Komplexes, die bei Zusatz von Säure
vor sich geht, kann durch das folgende Schema beschrieben werden.
Sie kann auf zwei verschiedenen Wegen erreicht werden [5]:

$$\left[(C_2O_4)_2Cr\underset{O}{\overset{O}{\diagdown\diagup}}Cr(C_2O_4)_2\right]^{4-} \quad (H\ldots O,\ O\ldots H)$$

$$\downarrow\ \text{langsam}$$

$$\left[(C_2O_4)_2Cr\underset{O\,H}{\overset{HO}{\diagdown\diagup}}Cr(C_2O_4)_2\right]^{4-} \xrightarrow{\ +H^+\ } \left[(C_2O_4)_2Cr\underset{O\,H}{\overset{H_2O}{\diagdown\diagup}}Cr(C_2O_4)_2\right]^{3-}$$

$$\downarrow\ +H_2O \qquad\qquad \downarrow\ +H_2O$$

$$\left[(C_2O_4)_2Cr\underset{O\,H}{\overset{OH_2\ H_2O}{\diagdown\diagup}}Cr(C_2O_4)_2\right]^{3-} \underset{+H^+}{\overset{-H^+}{\rightleftharpoons}} \left[(C_2O_4)_2Cr\underset{O\,H}{\overset{OH_2\ HO}{\diagdown\diagup}}Cr(C_2O_4)_2\right]^{4-}$$

$$\downarrow\ \text{langsam} \qquad\qquad \downarrow\ \text{langsam}$$

$$\left[(C_2O_4)_2Cr\underset{OH}{\overset{OH_2}{\diagdown\diagup}}\right]^{2-} + \left[(C_2O_4)_2Cr\overset{OH_2}{\diagdown}\right]^{-} \qquad \left[(C_2O_4)_2Cr\underset{OH}{\overset{OH_2}{\diagdown\diagup}}\right]^{2-} + \left[(C_2O_4)_2Cr\overset{OH}{\diagdown}\right]^{2-}$$

$$+H^+\ \updownarrow\ -H^+ \qquad\qquad\qquad\qquad\quad \nearrow\ +2H^+\ /\ -2H^-$$

$$\left[(C_2O_4)_2Cr\underset{OH_2}{\overset{OH_2}{\diagdown\diagup}}\right]^{-} + \left[(C_2O_4)_2Cr\overset{OH_2}{\diagdown}\right]^{-}$$

$$\downarrow\ +H_2O$$

$$2\left[(C_2O_4)_2Cr\underset{OH_2}{\overset{OH_2}{\diagdown\diagup}}\right]^{-}$$

An dem Beispiel der Flavo- und Croceo-Salze hat es sich gezeigt,
daß sich eine cis-Verbindung unter dem Einfluß von OH^--Ionen
in das trans-Isomer umzuwandeln vermag. Dies geschieht — wie

oben gezeigt – z.B. bei der Einwirkung von Kalilauge auf das komplexe Ion $[Co(en)_2(H_2O)_2]^{3+}$.

Für diese Umsetzung ist folgender Mechanismus anzunehmen:

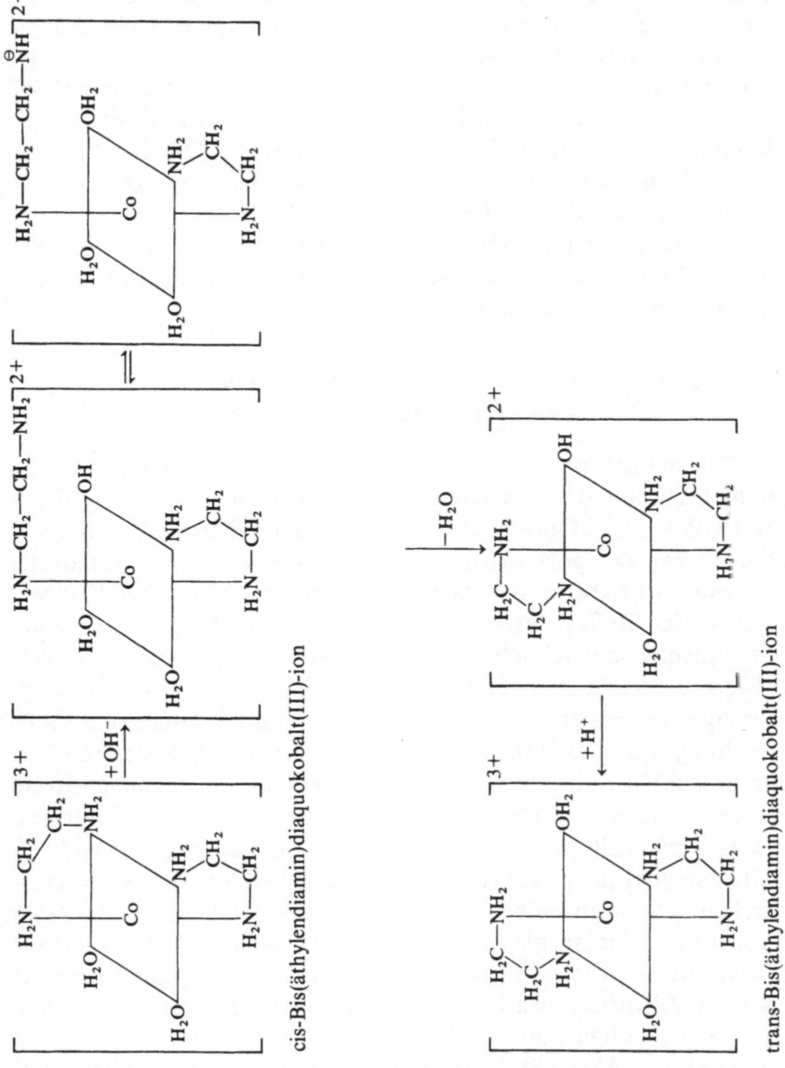

Es wird also angenommen, daß bei der Einwirkung von OH^--Ionen ein Proton aus der Äthylendiamin-Gruppe abgespalten wird.

35

Bei diesem Vorgang bildet sich aus OH$^-$ das Molekül H_2O, und eine Seite des zweizähnigen Liganden Äthylendiamin löst sich gleichzeitig von der Koordinationsstelle, die dieses Molekül zuvor besetzte. Die so entstandene Koordinationsverbindung steht mit einer zweiten Form im Gleichgewicht, die dadurch entsteht, daß ein Proton an das Stickstoffatom abgegeben wird, das die negative Ladung trägt, wobei dann natürlich das Äthylendiaminmolekül wieder zurückgebildet wird. Abspaltung von Wasser führt zu dem komplexen Ion trans-$[Co(OH)(en)_2(H_2O)]^{2+}$. Durch Reaktion *dieses* Komplexes mit Protonen kann schließlich die trans-Diaquoverbindung gebildet werden.

All diese Beispiele zeigen, wie vorsichtig man sein muß, wenn man auf Grund einer chemischen Reaktion auf die Struktur einer Verbindung schließen will.

2.3.8.2. Optische Isomerie oder Spiegelbildisomerie bei sechsfach koordinierten Komplexen

Bei oktaedrisch gebauten Komplex-Verbindungen kann man unter bestimmten Voraussetzungen Isomere beobachten, die optische Aktivität zeigen. Optisch aktive Substanzen haben die Eigenschaft, die Ebenen des polarisierten Lichtes zu drehen. Das Ausmaß der Drehung ist dabei abhängig von der Art des Stoffes, der Konzentration des Stoffes, der Art des verwendeten Lichts, der Länge der Meßküvette und schließlich etwas von der Temperatur. Um Vergleiche anstellen zu können, muß man sich auf einheitliche Meßbedingungen beziehen. Man definiert die charakteristische spezifische Drehung (α) als das Hundertfache des Drehungswinkels, der durch 1 g optisch aktive Substanz in 100 cm^3 Lösung bei 20° C in einem 10 cm langen Polarisationsrohr unter Verwendung des gelben Natriumlichts verursacht wird. Die Ebene des polarisierten Lichts kann dabei sowohl nach rechts wie nach links gedreht werden. Rechtsdrehende Substanzen bekommen vor den Namen ein + oder ein d (von dexter, lat. rechts) oder auch ein D, während linksdrehende Stoffe mit −, l (von laevus, lat. links) oder mit L charakterisiert werden. Allerdings werden diese Buchstaben auch oft zur Bezeichnung der Konfiguration verwendet.

Optische Aktivität kann entweder von Kristallen, die weder Symmetrieebene noch Symmetriezentrum noch Drehspiegelachse besitzen, oder von asymmetrischen Molekülen selbst hervorgerufen werden. Kristalle und Moleküle mit dieser Eigenschaft bilden stets Paare, die sich wie Bild und Spiegelbild zueinander verhalten (wie die rechte zur linken Hand). Optische Aktivität, die durch asymmetrische Kristalle verursacht wird, verschwindet, wenn man durch Zerstörung des Kristallverbandes die Asymmetrie beseitigt, wenn man also die Kristalle schmilzt oder verdampft (z. B. Quarz). Wenn die optische Aktivität jedoch durch asymmetrische Moleküle hervorgerufen wird, bleibt sie auch beim Auflösen, Schmelzen und Verdampfen erhalten.

Solche asymmetrischen, optisch aktiven Moleküle können nun bei oktaedrischen Komplexen der Koordinationszahl 6 verschiedentlich auftreten.

Dieser Fall tritt immer dann ein, wenn das Zentralatom von drei zweizähnigen Liganden umgeben ist. Ein Beispiel dafür ist das komplexe Anion $[Cr(C_2O_4)_3]^{3-}$.

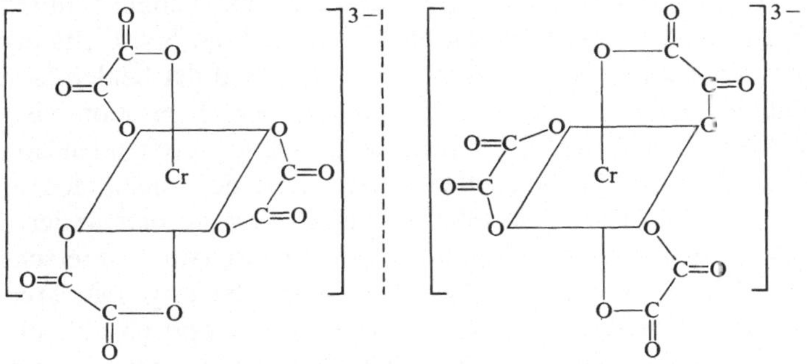

Man sieht, daß sich die beiden enantiomorphen Formen nicht durch Drehoperationen zur Deckung bringen lassen. Sie verhalten sich wie Bild und Spiegelbild.

Ein anderer Komplex, der in zwei optischen Antipoden vorkommt, ist $[Co(en)_3]^{3+}$.

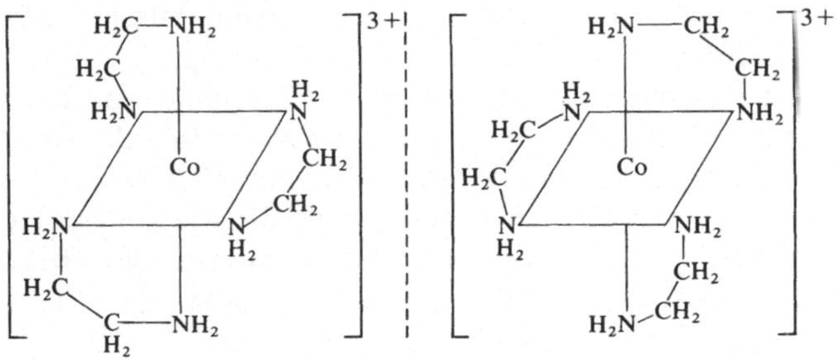

Einige Komplexe mit drei zweizähnigen Liganden, die in optischen Isomeren vorkommen, seien hier zusammengestellt:

Komplex	Zentralion
$K_{6-n}[M^n(C_2O_4)_3]$	Cr^{III}, Fe^{III}, Co^{III}, Al^{III}, Rh^{III}, Ir^{III}, Pt^{IV}, Ga^{III}, Ge^{IV}
$[M^n(en)_3]X_n$	Co^{III}, Pt^{IV}, Cr^{III}, Rh^{III}, Ir^{III}, Zn^{II}, Cd^{II}
$[M^n(bpy)_3]X_n$	Fe^{II}, Ni^{II}, Ru^{II} und viele andere mehr

Die beiden Isomeren unterscheiden sich lediglich durch den Drehsinn der Polisarisationsebene des Lichtes. Sämtliche anderen physikalischen und chemischen Eigenschaften der beiden Isomeren sind identisch. Da bei der Herstellung derartiger Komplex-Salze immer die gleichen Mengen von rechts- und linksdrehenden Isomeren entstehen und da die beiden Bestandteile der entstandenen Substanz — des Racemats oder Konglomerats — sich weder durch ihre Löslichkeit noch durch andere Eigenschaften unterscheiden, ist die Trennung solcher Isomeren sehr schwierig. Die Trennung gelingt beispielsweise durch Umsetzung mit optisch aktiven Substanzen. Läßt man optisch aktive Kationen K_d und K_l mit dem Säureanion S_d reagieren, so entstehen dabei zwei diastereomere Salze $K_d S_d$ und $K_l S_d$. Diese beiden Substanzen haben keine identische Kristallform mehr. Eine Trennung ist nun durch Auslesen oder durch die verschiedenen Löslichkeiten möglich.

Alfred Werner hat solche Trennungen von optischen Isomeren kationischer Komplexe mit Hilfe von *d*-Bromkamphersulfonsäure durchgeführt.

Ganz entsprechend gelingt eine Trennung optisch aktiver anionischer Komplexe nach Reaktion mit optisch aktiven Basen.

Wenn ein Komplexion mit oktaedrischem Bau zwei zweizähnige Liganden in innerer Sphäre gebunden enthält, wie z. B. der Komplex $K_2[CoCl(NH_3)(en)_2]$ oder wie beispielsweise das Flavo-Salz $[Co(NO_2)_2(en)_2]NO_3$ oder auch das Violeo-Salz $[CoCl_2(en)_2]Cl$, *dann* sind prinzipiell folgende Formeln möglich:

d- und l-cis-Dichloro-bis(äthylendiamin)kobalt(III)-ion

trans-Dichloro-bis(äthylendiamin)kobalt(III)-ion

Man sieht ohne weiteres, daß hier bei den cis-Isomeren optische Antipoden existieren müssen, daß dagegen die trans-Verbindung symmetrisch gebaut und also optisch inaktiv ist.

Auch bei mehrkernigen Komplexen kann optische Isomerie auftreten. Dies ist z.B. der Fall bei dem Komplex:

Von dieser Komplex-Verbindung existieren drei Isomere, zwei optisch aktive Formen, die sich mit Hilfe von d-Bromkampfersulfonsäure trennen lassen, und eine optisch inaktive, symmetrische meso-Form:

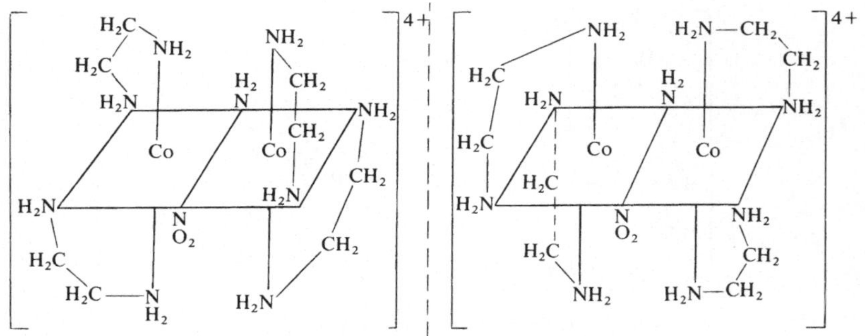

Zwei optische Isomere

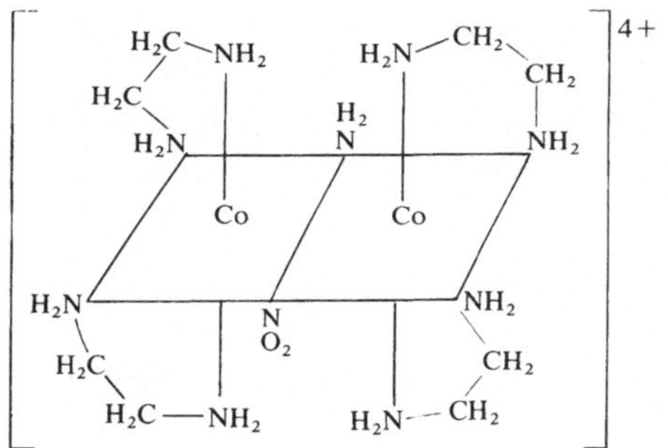

meso-Form

Historisch hat die folgende mehrkernige Verbindung für das Verständnis der optischen Isomerie Bedeutung erlangt:

$$\left[Co \left(\begin{array}{c} \overset{H}{O} \\ \diagdown \\ \diagup \\ \overset{O}{H} \end{array} Co(NH_3)_4 \right)_3 \right] X_6$$

Bis zur Entdeckung der optischen Isomerie bei dieser Verbindung hatten manche Forscher geglaubt, die optische Aktivität von Komplex-Verbindungen sei auf den Kohlenstoffgehalt der Liganden zurückzuführen. Optische Isomerie bei organischen Verbindungen war ja schon sehr lange bekannt. Die ersten Komplex-Verbindungen, bei denen optische Isomerie beobachtet worden war, enthielten aber

40

alle Kohlenstoff. Es waren Oxalato-Gruppen, Äthylendiamin oder Bipyridyl als Liganden vorhanden. So war die Vermutung zunächst nicht von der Hand zu weisen, daß die optische Aktivität irgendwie mit den Kohlenstoff enthaltenden Liganden zusammenhing. Diese Theorie wurde aber widerlegt, als es im Jahre 1914 Alfred Werner gelang, die optische Aktivität eines rein anorganischen Komplexes nachzuweisen, indem er mit Hilfe von d-Bromkamphersulfonsäure den erwähnten Komplex in die optischen Antipoden trennte [6].

Inzwischen sind auch andere optisch aktive Komplexe, die keinen Kohlenstoff enthalten, hergestellt worden. Hierzu zählen die unten abgebildeten Verbindungen mit dem zweizähnigen Liganden Sulfamid $SO_2(NH_2)_2$ [7].

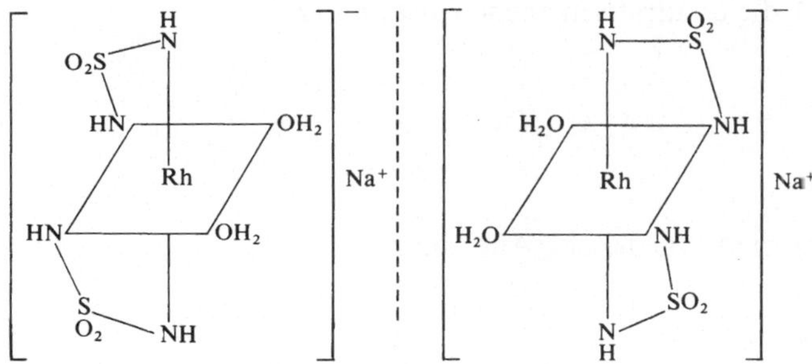

cis-Formen (optisch aktiv) $Na[Rh(NHSO_2NH)_2(H_2O)_2]$

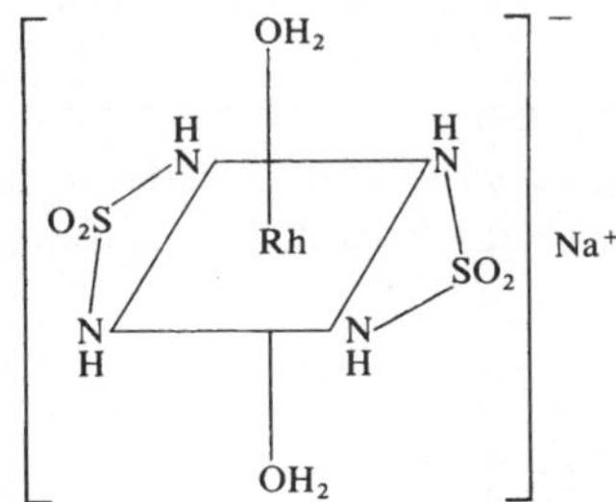

trans-Form (optisch inaktiv) $Na[Rh(NHSO_2NH)_2(H_2O)_2]$

Wie bei den cis-trans-Isomeren kann man auch bei den optischen Isomeren sehr häufig eine Isomerisierung beobachten. Bei den optischen Isomeren bedeutet das, daß eine schnelle Racemisierung

41

eines optischen Antipoden erfolgen kann. Dadurch verschwindet die optische Aktivität allmählich. Eine solche Racemisierungsreaktion wurde besonders eingehend an Trioxalato-Komplexen untersucht. Man konnte nachweisen, daß die Oxalatliganden hierbei nicht vollständig vom Zentralatom abgespalten werden. Zur Zeit werden für solch einen Vorgang noch mehrere Reaktionsmechanismen diskutiert.

2.3.8.3. cis-trans-Isomerie bei vierfach koordinierten Komplexen

Bei Komplex-Verbindungen der Koordinationszahl 4 gibt es prinzipiell zwei Möglichkeiten, die vier Liganden des Zentralatoms anzuordnen:
a) die quadratisch ebene Anordnung

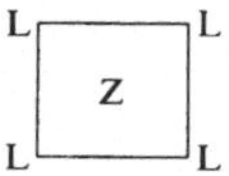

b) die tetraedrische Anordnung

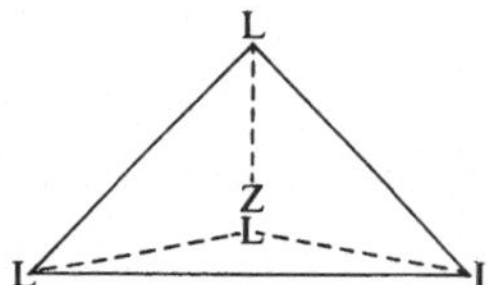

Betrachtet man eine Komplex-Verbindung der Zusammensetzung $[PtA_2X_2]$, so kann man nur dann mit dem Auftreten von cis-trans-Isomeren rechnen, wenn eine quadratisch ebene Konfiguration vorliegt.

cis-Form   trans-Form

Bei einer tetraedrischen Anordnung der Liganden kann keine cis-trans-Isomerie auftreten, da beim Tetraeder alle Ecken einander benachbart sind.

Sehr frühzeitig untersucht wurden die Komplex-Verbindungen des Platins mit Ammoniak. Der Bau dieser Stoffe ist lange umstritten gewesen. Die Zahl der aufgefundenen cis-trans-Isomeren führte in diesem Fall zu der Annahme eines quadratisch ebenen Baus der Verbindungen — eine Annahme, die dann später durch die Röntgenstrukturanalyse bestätigt wurde.

Im folgenden sei ein Beispiel für Komplex-Verbindungen von Platin der Oxidationszahl $+2$ gegeben.

Bei der Einwirkung von Ammoniak auf $K_2[PtCl_4]$ erhält man drei Verbindungen:

1. eine grüne, schwer lösliche Verbindung, das sogenannte Magnus-Salz

$$[Pt(NH_3)_4][PtCl_4],$$

2. eine gelbe, schwer lösliche Verbindung, das sogenannte Clorid von Peyrone

$$[PtCl_2(NH_3)_2],$$

3. eine gelbe, lösliche Verbindung, das Salz von Cossa

$$K[PtCl_3(NH_3)],$$

Die chemischen Zusammenhänge, d.h. Bildung und Verhalten dieser Stoffe, können durch das folgende Schema (S. 44) wiedergegeben werden.

Wie man sieht, kann man vom Cossa-Salz sowohl zu einem Chlorid $[PtCl_2(NH_3)_2]$ gelangen (Peyrones Chlorid), das sich in eine Oxalato-Verbindung $[Pt(C_2O_4)(NH_3)_2]$ überführen läßt, wie auch zu einer Verbindung mit derselben Formel, die lediglich in eine Di-Oxalato-Verbindung übergehen kann.

Diese Isomerie zwischen Peyrones Chlorid und Reisets Chlorid hat man schon sehr frühzeitig als eine cis-trans-Isomerie aufgefaßt, da die Base, die sich aus dem α-Chlorid (Peyrones Chlorid) mit Ag_2O und Wasser bildet, mit Oxalsäure in eine Verbindung überzuführen ist, die nur als cis-Verbindung aufgefaßt werden kann. Das β-Isomere, das mit Ag_2O und Wasser eine Verbindung von der gleichen Zusammensetzung liefert wie das α-Isomere, kann dagegen mit Oxalsäure in einen anderen Komplex übergeführt werden, in dem zwei Oxalatmoleküle als einzähnige Liganden fungieren. Demnach könnte das β-Isomere als trans-Verbindung aufgefaßt werden.

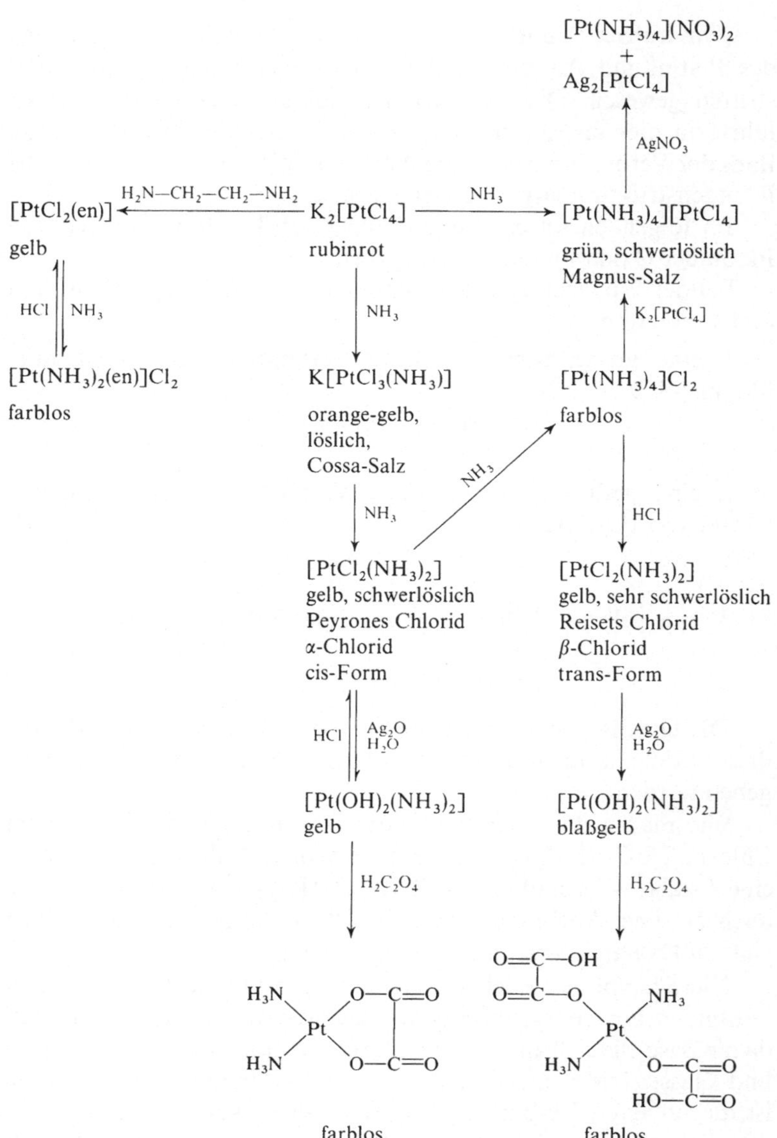

Mit dem α-Chlorid und dem β-Chlorid ist das grüne Magnus-Salz [Pt(NH$_3$)$_4$][PtCl$_4$] polymerisationsisomer. Die Struktur dieses Magnus-Salzes kann leicht bewiesen werden. Die Verbindung entsteht bei der Umsetzung von $K_2[PtCl_4]$ mit $[Pt(NH_3)_4]Cl_2$ neben KCl. Schon daraus muß man schließen, daß die Verbindung sowohl ein komplexes Kation als auch ein komplexes Anion enthält. Außerdem reagiert Magnus-Salz mit Silbernitrat zu $Ag_2[PtCl_4]$ und zu $[PtNH_3)_4](NO_3)_2$.

So gibt es in diesem System mit der Bruttozusammensetzung $PtCl_2 \cdot 2NH_3$ drei Isomere der gleichen Bruttozusammensetzung, nämlich eine dimere Verbindung, das Magnus-Salz, und zwei monomere Verbindungen, von denen eine die cis-Verbindung und die andere eine trans-Verbindung darstellt.

Die auf chemischem Wege gewonnene Vorstellung, daß das α-Isomere cis-Konfiguration und das β-Isomere trans-Konfiguration besitzt, konnte durch Röntgenstrukturanalyse bestätigt werden.

Oft kann die Zugehörigkeit zur cis- oder trans-Reihe bei Komplexen mit quadratisch ebener Konfiguration sehr elegant durch Messung des Dipolmomentes entschieden werden. Die Ladungsschwerpunkte der trans-Form fallen alle im Mittelpunkt des ebenen Quadrats zusammen. Das Dipolmoment eines trans-Isomeren muß also etwa 0 betragen. Bei cis-Konfiguration liegen die Ladungsschwerpunkte jeweils auf einer Seite des Quadrats — der Komplex-Verbindung muß also ein merkliches Dipolmoment zukommen. Die Messung der Dipolmomente ist allerdings häufig nicht einfach, da Komplex-Verbindungen in geeigneten Lösungsmitteln, wie z.B. Benzol, Tetrachlorkohlenstoff usw., nur selten ausreichend löslich sind.

Recht interessant werden die Verhältnisse dann, wenn ein quadratisch-eben-gebauter Platin(II)-Komplex *vier* verschiedene Liganden besitzt. In diesem Fall sollten bei einem solchen Komplex [PtABCD] insgesamt drei Stellungsisomere möglich sein:

Im Falle des Amminhydroxylaminonitropyridinplatin(1 +)-Ions sind diese drei zu erwartenden Isomere hergestellt worden. Im nächsten Schema (S. 46) ist die Bildungsweise dieser Isomeren wiedergegeben.

Die Auffindung von drei Isomeren ist ein schöner Beweis für den quadratisch ebenen Bau; denn bei tetraedrischem Bau wären nur zwei optisch aktive Spiegelbildisomere denkbar.

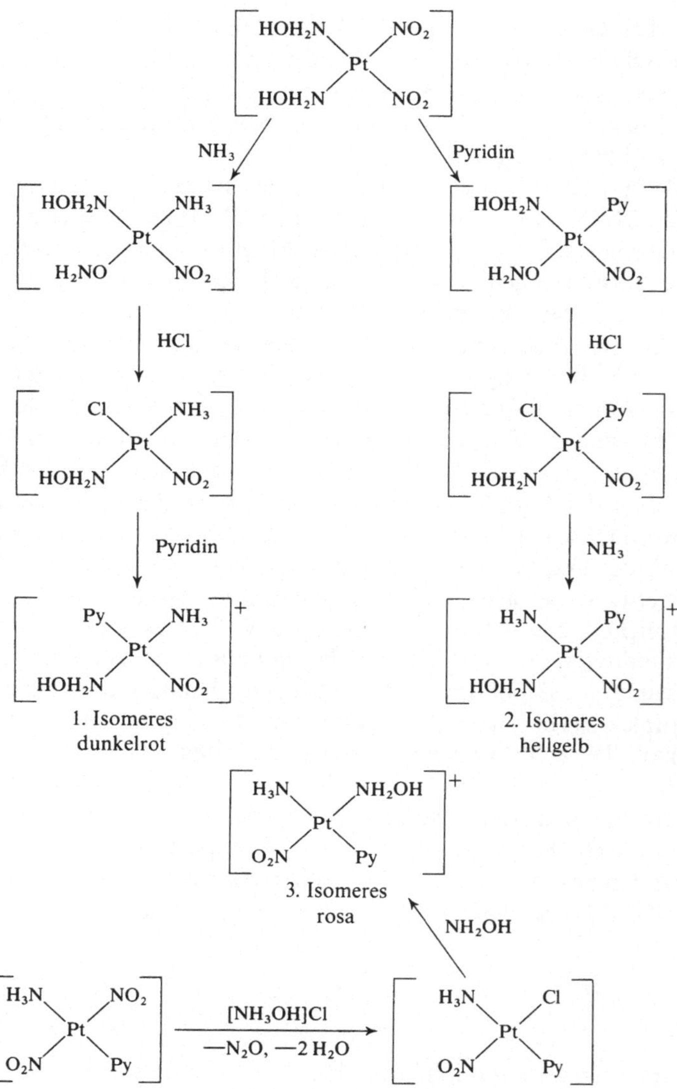

2.3.8.4. Optische Isomerie oder Spiegelbildisomerie bei vierfach koordinierten Komplexen

Während cis-trans-Isomerie bei vierfach koordinierten Komplex-Verbindungen nur bei ebenem quadratischen Bau auftreten kann, ist die Erscheinung der optischen Isomerie an die tetraedrische Anordnung der Liganden um das Zentralatom gebunden. Hier muß es dann zur Ausbildung von Spiegelbildisomeren kommen, wenn vier verschiedene Liganden A, B, C und D um das Zentralatom tetraedrisch angeordnet sind.

Mit der Bildung asymmetrischer Moleküle und damit mit dem Auftreten optisch aktiver Isomeren hat man auch dann zu rechnen, wenn um ein Zentralatom mit der Koordinationszahl 4 zwei zweizähnige Liganden tetraedrisch gruppiert sind.

Dies ist z.B. der Fall bei dem Disalicylatoborat(1 −)-ion:

Dieser Komplex konnte mit Hilfe seines Strychninsalzes in optische Antipoden gespalten werden, und dadurch wurde die tetraedrische Konfiguration bewiesen [8].

2.3.9. Besondere Isomerien

Es sei noch erwähnt, daß die Strukturbestimmung durch Herstellen und Abzählen der möglichen Isomeren dadurch erschwert wird, daß es gelegentlich auch anomale, d.h. überzählige Formen geben kann. So existiert z.B. das oben erwähnte Magnus-Salz $[Pt(NH_3)_4][PtCl_4]$ in zwei Formen, einer grünen und einer roten. Von der Verbindung $[PdJ_2(NH_3)_2]$, die nur als trans-Isomeres beständig ist, gibt es ebenfalls zwei Formen, eine rotgelbe und eine rotblaue. Für dieses Phänomen sind viele weitere Beispiele bekannt. Es handelt sich hier sehr wahrscheinlich nicht um Isomerie, sondern um Polymorphie.

Interessant ist weiter, daß einzelne Ammingruppen auch durch mehrzähnige Gruppen ersetzt werden können. So kann man z.B. mit Triäthylentetramin

$$H_2N-CH_2-CH_2-NH-CH_2-CH_2-NH-CH_2-CH_2-NH_2,$$

einem Liganden, der vier zur Koordination befähigte Stickstoff-atome enthält, ein Salz herstellen mit der Zusammensetzung $[Pt(trien)][PtCl_4]$, das dem Magnus-Salz analog ist. Auch die entsprechende Palladium-Verbindung ist bekannt.

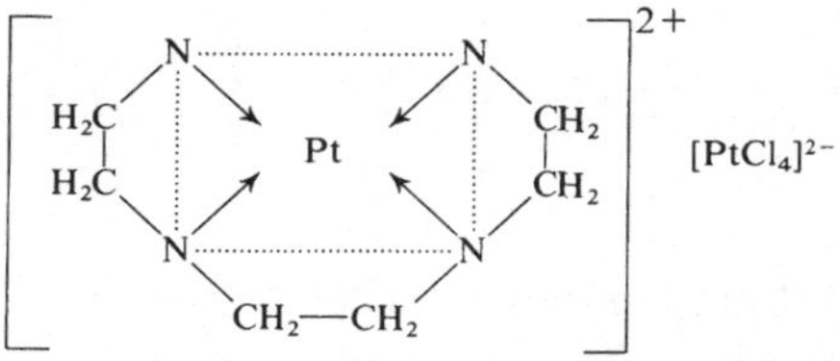

Mit Kobalt als Zentralatom liefern solche mehrzähnigen Ligan-den Komplexe der Koordinationszahl 6, die zu cis-trans-Isomerien Anlaß geben, so z. B. bei dem komplexen Ion $[CoCl_2(trien)]^+$. Hier sind *zwei* cis-Isomere und *eine* trans-Form denkbar.

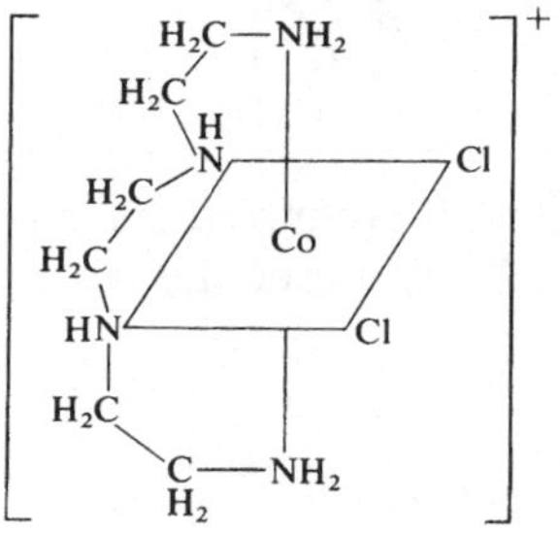

cis-Form I

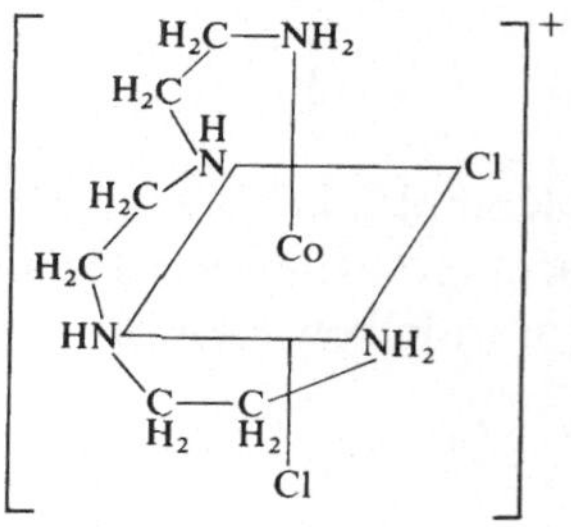

cis-Form II

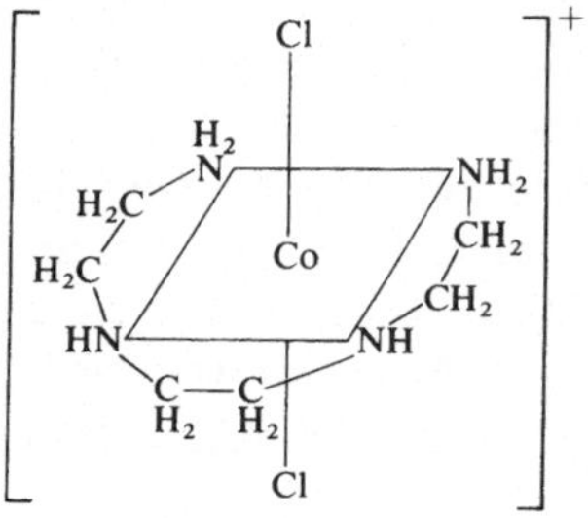

trans-Form

Bei der Herstellung dieses Komplexes entstehen erstaunlicher-weise immer nur die cis-Isomeren [9]. Aber in methanolischer

48

Lösung wandelt sich die Verbindung nach einiger Zeit zu 40%
in die trans-Form um [10].

Der Kuriosität halber seien noch die sechszähnigen Liganden
erwähnt, die in der Lage sind, sich um ein Zentralatom der Koordinationszahl 6 so herum zu legen, daß die sechs Ecken des Oktaeders von den Donoratomen des Liganden besetzt werden.

Einen solchen sechszähnigen Liganden stellt folgendes Molekül
dar:

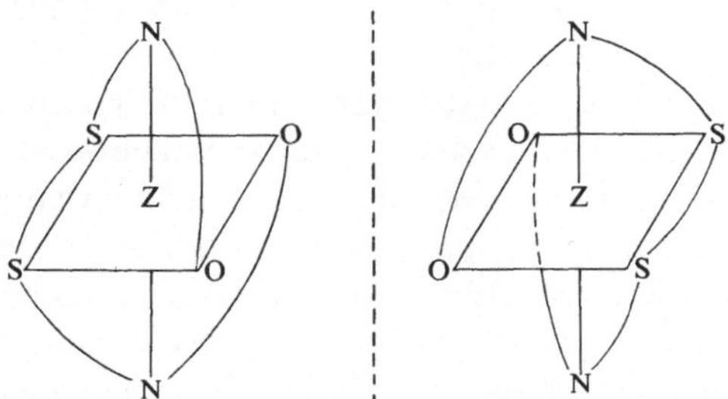

Bis-(salicyliden)-3.6-dithia-1.8-diamino-octan

In diesem Molekül können als Donoratome die O-, S- und N-Atome
wirken. Ein mit diesem Liganden gebildeter Komplex hat vereinfacht
geschrieben folgende Struktur:

Hier gibt es, wie man sieht, Spiegelbildisomerie.

Literatur

1. Hunt, J. P., Rutenberg, A. C., Taube, H.: J. Am. Chem. Soc. **74**, 268 (1952).
2. Basolo, F., Pearson, R. G.: Mechanisms of inorganic reactions, sec. ed , p. 229ff.
   New York-London-Sydney: J. Wiley&Sons Inc. 1967.
3. Posey, F. A., Taube, H.: J. Am. Chem. Soc. **75**, 4099 (1953).
4. Grant, D. M., Hamm, R. E.: J. Am. Chem. Soc. **78**, 3006 (1956).

5. Grant, D. M., Hamm, R. E.: J. Am. Chem. Soc. **80**, 4166 (1958).
6. Werner, A.: Chem. Ber. **47**, 3087 (1914).
7. Mann, F. G.: J. Chem. Soc. **1933**, 412.
8. Meulenhoff, J.: Z. Anorg. Chem. **142**, 373 (1925).
9. Basolo, F.: J. Am. Chem. Soc. **70**, 2634 (1948).
10. Das Sarma, B., Bailar, J. C.: J. Am. Chem. Soc. **77**, 5480 (1955).

2.4. Chelatkomplexe

Alle Komplexe, an deren Bau zwei- oder mehrzähnige Liganden beteiligt sind, nennt man Chelatkomplexe. Dabei ist es gleichgültig, ob zwischen Ligand und Zentralatom normale σ-Bindungen, σ-Donor-Bindungen oder beide ausgebildet werden. Es kommt durch die Beteiligung der mehrzähnigen Liganden am Aufbau eines Komplexes zur Ausbildung sehr stabiler Ringsysteme, und das ist offenbar von Einfluß auf die meist große Stabilität solcher Chelatkomplexe. Viele Chelatkomplexe wurden oben bereits beschrieben. Es sei nur an die Komplex-Verbindungen $K_3[Cr(C_2O_4)_3]$, $[Co(en)_3]Cl_3$, $Na[Rh(NHSO_2NH)_2(H_2O)_2]$ und $[CoCl_2(trien)]Cl$ erinnert.

Die Bezeichnung „Chelatkomplexe" geht auf Morgan und Drew zurück [1], die bei der Untersuchung der Metall-acetylacetonate auf solche Strukturen stießen.

Chelatkomplexe sind nicht nur von rein wissenschaftlichem, sondern auch von technischem oder therapeutischem Interesse oder — darüber hinaus — von für den lebenden Organismus essentiellem Wert. Zu dieser Gruppe von Verbindungen gehören z.B. das Chlorophyll und das Hämin, ohne die Leben nicht möglich ist (vgl. S. 56, 58). Zu dieser Gruppe gehört auch z.B. das Vitamin B 12.

Auch konnte man beobachten, daß Pflanzenwurzeln Verbindungen ausscheiden, welche mit den Calcium- und Eisenionen des Bodens leicht resorbierbare Chelate bilden [2]. Weiter stellte man fest, daß das Calcium der Zähne mit organischen Verbindungen der Nahrungsmittel oder mit deren Zersetzungsprodukten Chelate zu bilden vermag, daß so der Calciumgehalt der Zähne entfernt und damit der Karies Vorschub geleistet wird [3].

Viele Chelatkomplexe sind sogenannte innere Komplexe.

Bei Komplexen solcher Art wird ein zweizähniger Ligand sowohl durch eine σ-Donor-Bindung als auch durch eine normale σ-Bindung mit dem Zentralatom verbunden.

50

Als eine der ersten derartigen Verbindungen wurde der Komplex aufgefunden, den Kupfer(II)-ionen mit Glycin H_2N-CH_2-COOH zu bilden vermögen. Dieser Komplex wurde im Jahre 1841 von Boussingault entdeckt, als er „Leimzucker" mit Kupferoxyd umsetzte [4, 5]. Die Struktur der Verbindung wurde dann 1904 unabhängig voneinander von G. Bruni und C. Fornara [6] einerseits und von H. Ley andererseits richtig erkannt [7]. Die Autoren fanden, daß eine Lösung von Kupfer(II)-Salzen, mit Glycin zusammengebracht, den elektrischen Strom kaum mehr leitet. Daraus, aus der wie bei Kupferamminkomplexen tiefblauen Farbe der entsprechenden Lösung und aus der Abwesenheit freier Cu^{2+}-Ionen in der Lösung schloß man auf folgende Struktur:

$$
\begin{array}{ccccc}
 & H_2 & & & \\
H_2C-N & & O-C=O & \\
 & \searrow & \!\!\!\!Cu & & \\
O=C-O & & N-CH_2 & \\
 & & H_2 & &
\end{array}
$$

Der Komplex ist eben gebaut. Dies ergibt sich aus der Tatsache, daß zu diesem blaue tafelförmige Kristalle bildenden trans-Isomeren eine nadelig kristalline cis-Form existiert.

$$
\begin{array}{ccccc}
 & H_2 & H_2 & \\
H_2C-N & & N-CH_2 \\
 & \searrow Cu \swarrow & \\
O=C-O & & O-C=O
\end{array}
$$

In dieser Verbindung gehen gleichzeitig eine normale σ-Bindung und eine σ-Donor-Bindung vom *gleichen* Liganden zum *gleichen* Zentralatom hin. Man sagte dafür früher, es gehe gleichzeitig eine Haupt- und eine Nebenvalenz-Bindung vom Zentralatom zum gleichen Molekül. Eine Dissoziation der beiden normalen σ-Bindungen in die entsprechende ionische Form wird nicht beobachtet. Das anionische Ende wird im vierfach koordinierten Komplex am Zentralatom festgehalten.

Ley teilte die inneren Komplexe in zwei Gruppen ein, nämlich in Nicht-Elektrolyte (innere Komplexe erster Art) und in Elektrolyte (innere Komplexe zweiter Art). Zu den inneren Komplexen erster Art gehört die oben angeführte Kupfer-Verbindung wie auch z. B.

der Komplex, den Nickel(II)-ionen mit 8-Hydroxychinolin (Oxin)
bilden:

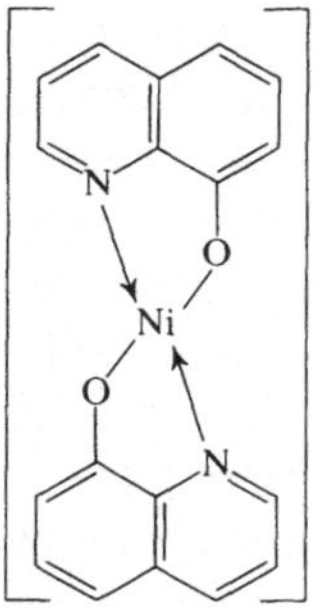

Wenn man Eisen(III)-hydroxyd mit wäßrigem Acetylaceton
schüttelt, erhält man tiefrote Kristalle von $[Fe(C_5O_2H_7)_3]$ oder
abgekürzt $[Fe(acac)_3]$. Acetylaceton reagiert dabei in der Enolform

$$H_3C-C=CH-C-CH_3$$
$$OHO$$

Der entstehende Komplex ist ein Nichtelektrolyt und damit ein
innerer Komplex erster Art.

Das folgende Bild zeigt den Komplex in sehr formaler Schreib-
weise, bei der durch Pfeile und Striche das Zustandekommen der
Bindung angedeutet ist. Daraus darf man nicht schließen, daß die
Bindung zwischen den einzelnen Atomen des Liganden und dem
Zentralatom verschieden ist; sie ist vielmehr völlig gleichwertig.
Auch die Doppelbindungen im Ligandenmolekül sind nicht be-
stimmten Stellen im Molekül zuzuordnen; sie sind delokalisiert.

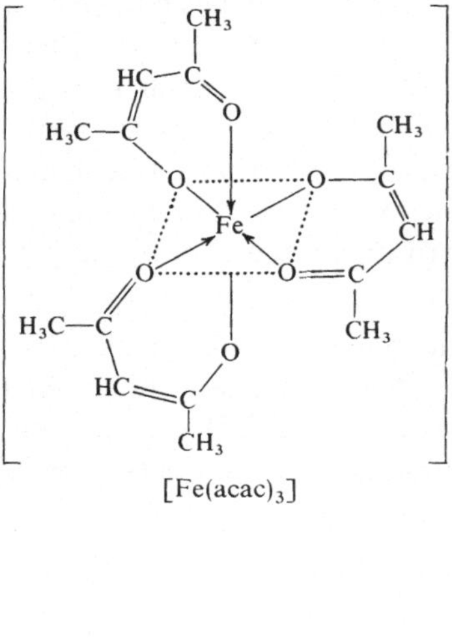

$[Fe(acac)_3]$

Sehr bekannt ist auch das Berylliumacetylacetonat.

$$[\text{Be(acac)}_2]$$

Diese Verbindung, ebenfalls ein innerer Komplex erster Art, ist so stabil, daß man sie bei 270° unzersetzt destillieren kann.

Zahlreich sind die inneren Komplexe erster Art mit Iminen und Oximen als Chelatbildnern. Hierher gehört das für die qualitative und quantitative Analyse wichtige rote Nickeldiacetyldioxim, das folgenden Bau besitzt:

Von großer technischer Bedeutung sind die inneren Komplexe, die aus Metallionen mit sogenannten Komplexonen entstehen.

Ca^{2+} liefert mit „Trilon A", d.i. Nitrilotriessigsäure $N(CH_2COOH)_3$, ein stabiles inneres Komplex-Salz zweiter Art, das mit Carbonationen nicht mehr unter Bildung von $CaCO_3$ zu reagieren vermag.

$$Na[Ca(N(CH_2COO)_3)]$$

Ein noch wirksamerer Komplexbildner als Nitrilotriessigsäure ist ein verwandtes Säureamid, das noch drei OH-Gruppen trägt, nämlich die folgende Verbindung:

53

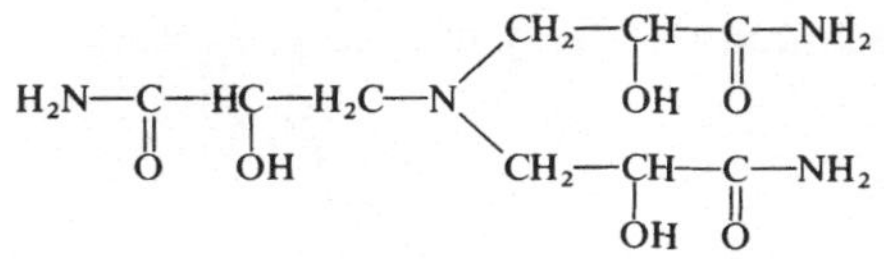

$$\begin{array}{c}
\hspace{3em} CH_2\!-\!CH\!-\!C\!-\!NH_2 \\
\hspace{6em} |\hspace{1.2em}\| \\
H_2N\!-\!C\!-\!HC\!-\!H_2C\!-\!N \hspace{2em} OH \hspace{0.6em} O \\
\hspace{2em}\|\hspace{1em}| \\
\hspace{2em}O\hspace{1em}OH \hspace{3em} CH_2\!-\!CH\!-\!C\!-\!NH_2 \\
\hspace{10em} |\hspace{1.2em}\| \\
\hspace{10em} OH \hspace{0.6em} O
\end{array}$$

„Trilon B", d. i. Äthylendiamintetraessigsäure,

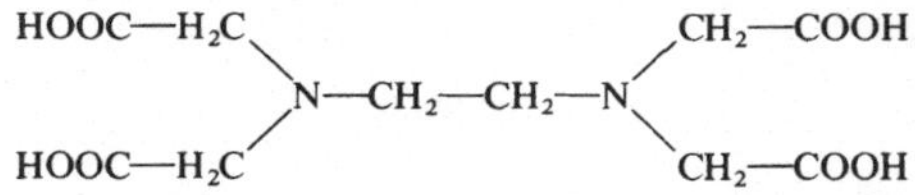

$$\begin{array}{c}
HOOC\!-\!H_2C \hspace{6em} CH_2\!-\!COOH \\
\hspace{2em}\diagdown \hspace{4em} \diagup \\
\hspace{3em} N\!-\!CH_2\!-\!CH_2\!-\!N \\
\hspace{2em}\diagup \hspace{4em} \diagdown \\
HOOC\!-\!H_2C \hspace{6em} CH_2\!-\!COOH
\end{array}$$

gibt mit Metallionen ebenfalls sehr stabile innere Komplex-Salze zweiter Art. Zwei Verbindungen seien im folgenden angeführt. Charakteristisch ist die große Anzahl von heterocyclischen Ringsystemen, die sich zwischen Ligand und Zentralatom ausbilden und die offensichtlich das ganze komplexe Ion außerordentlich stabilisieren.

Der Kupferkomplex mit Trilon B ist so stabil, daß damit z. B. unerwünschte Kupferspuren aus Wässern entfernt werden können. Der Komplex besitzt drei heterocyclische Ringsysteme:

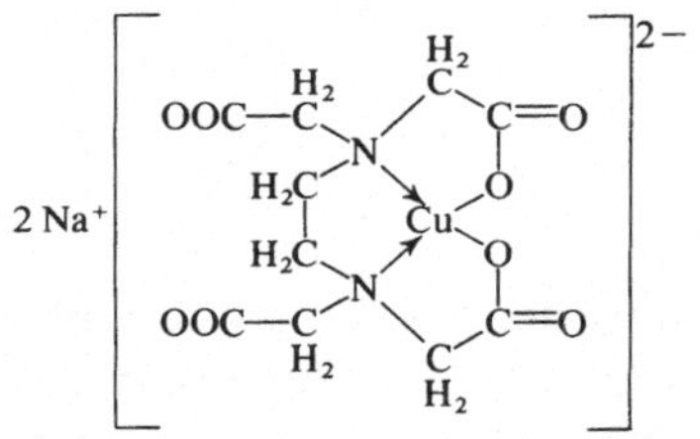

$$2\,Na^+ \left[\; Cu\text{-Trilon-B-Komplex} \; \right]^{2-}$$

Der Komplex, den Ca^{2+}-Ion mit Trilon B bildet, weist sogar fünf Ringsysteme auf. Trilon B fungiert hier als sechszähniger Ligand.

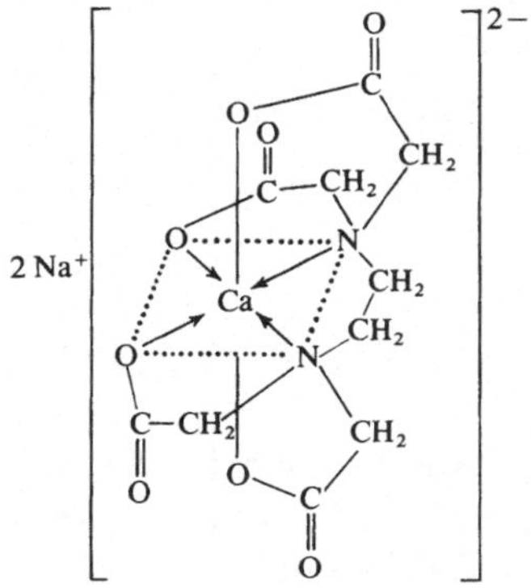

$$2\,Na^+ \left[\; Ca\text{-Trilon-B-Komplex} \; \right]^{2-}$$

Von außerordentlicher physiologischer Bedeutung ist das Hämoglobin, der Farbstoff der roten Blutkörperchen. Hämoglobin besteht zu etwa 4% aus einer Farbkomponente, dem Häm und zu ca. 96% aus einer Eiweißkomponente, dem Globin.
Häm ist aus einem Porphinskelett aufgebaut [8].

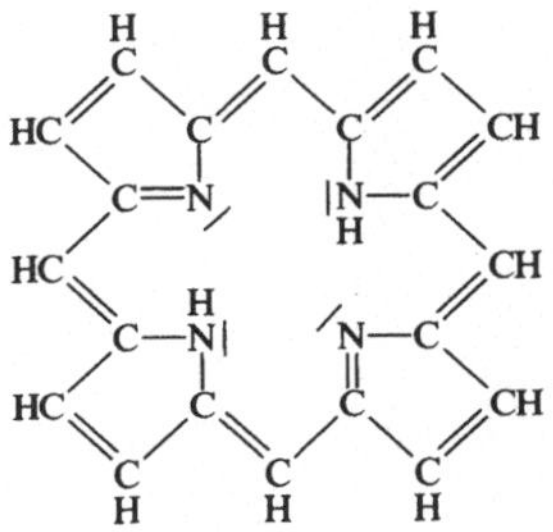

Porphin

Die beiden am Stickstoff sitzenden Wasserstoffatome sind im Häm durch ein Eisen(II)-Ion ersetzt, das nach Art der inneren Komplexe durch eine σ-Donor-Bindung zusätzlich an die beiden Stickstoffatome mit den freien Elektronenpaaren gebunden ist. Viele der an Kohlenstoff gebundenen Wasserstoffatome sind hier außerdem durch organische Reste substituiert. Das Häm des Hämoglobins geht durch Oxydation leicht in Hämatin über, in dem das Eisen die Oxydationsstufe $+3$ besitzt.

Es gelingt, beim Hämoglobin die Eiweiß- und die Farbstoffkomponente zu trennen. Hierzu läßt man Blut in heißen, mit NaCl-Lösung gemischten Eisessig einfließen. Es scheiden sich dabei die bräunlichen sogenannten Teichmannschen Kristalle ab, welche das Chlorid des Hämatins, das Hämin, darstellen. In dieser Substanz liegt Eisen der Oxydationszahl $+3$ vor. Hämin ist ein innerer Komplex zweiter Art.

Die freie Base dieses Chlorids, $[C_{34}H_{32}N_4O_4Fe]^+OH^-$, ist das Hämatin. Diese Base reagiert mit Globin unter Bildung von Methämoglobin, welches durch Reduktion wieder in Hämoglobin überführt werden kann.

Hämoglobin ist die Substanz, die im Organismus als Sauerstoffüberträger fungiert. Bei der Aufnahme von Sauerstoff wird von diesem Komplex an jedes Eisenatom ein Molekül Sauerstoff locker gebunden, ohne daß die Oxydationszahl $+2$ des Eisens dadurch geändert wird. Es entsteht so das Oxyhämoglobin. Von der Lunge,

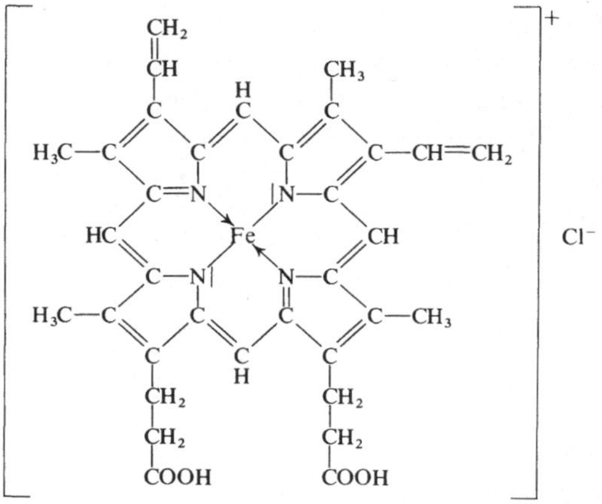

Hämin

wo diese Sauerstoffaufnahme erfolgt, wird der Sauerstoff dann durch das Oxyhämoglobin im Blutkreislauf zu den Zellen im Körper transportiert, wo er benötigt wird. Dort gibt dann das Oxyhämoglobin den Sauerstoff unter Rückbildung von Hämoglobin ab. Da jede Hämoglobinmolekel vier Eisenatome enthält, kann man folgendes Gleichgewicht formulieren:

$$\text{Hämoglobin} + 4\,O_2 \rightleftharpoons \text{Oxyhämoglobin}$$

Die Lage des Gleichgewichts ist vom jeweiligen Sauerstoffpartialdruck abhängig.

Leichter noch als Sauerstoff wird Kohlenmonoxyd von Hämoglobin gebunden. Der dadurch entstehende Komplex ist stabiler als das Oxyhämoglobin. Das auf diese Weise durch Kohlenmonoxyd blockierte Hämoglobin kann keinen Sauerstoff mehr aufnehmen und transportieren. Dadurch wird die Atmung der Zellen verhindert und der Organismus so bei schweren CO-Vergiftungen getötet.

Ähnlich wie Hämoglobin ist das Molekül des Myoglobins aufgebaut. Myoglobin ist der rote Farbstoff der Muskelzellen von Wirbeltieren und Wirbellosen. Es besteht aus einer einfachen Polypeptidkette von etwa 150 Aminosäuren, die mit einer Hämgruppe verbunden ist. Myoglobin hat ein viermal kleineres Molekulargewicht als Hämoglobin. Die Affinität zum Sauerstoff ist größer als beim Hämoglobin; daher wandert der Sauerstoff des Bluts in das Myoglobin, wo er gespeichert werden kann und erst bei Bedarf an die Muskeln abgegeben wird.

56

Die Aufstellung des ersten dreidimensionalen Strukturmodells von Myoglobin gelang J. C. Kendrew. Im Jahre 1962 erhielt Kendrew für diese Arbeiten zusammen mit M. F. Perutz, der die Röntgenanalyse des Hämoglobins durchgeführt hat, den Nobelpreis für Chemie [9, 10].

Zu den biologisch wirksamen Eisenkomplexen gehört weiter das Ferritin, das Blutdruck und Kreislauftätigkeit beeinflußt, und das für die Resorption des Eisens im Körper verantwortlich ist. Es besteht aus einem Protein (Apoferritin) und Eisen und ist als ein Eisen(III)-Komplex mit Koordinationszahl 4 anzusehen [11].

Ferritin

Ein ganz ähnlich aufgebauter Innerkomplex erster Art ist das Chlorophyll, der grüne Pflanzenfarbstoff. Die Struktur des Chlorophylls konnte von Woodward durch Totalsynthese bestätigt werden [12]. Das Zentralatom des Chlorophyll-Komplexes ist Magnesium.

Chlorophyll a

Chlorophyll b unterscheidet sich von Chlorophyll a nur durch einen organischen Substituenten.

57

Kobalt der Koordinationszahl 6 findet man bei dem physiologisch ebenfalls wichtigen Vitamin B_{12}, dessen Konstitution durch Röntgenstrukturanalyse im Jahre 1955 von D. Hodgkin und Lord Todd aufgeklärt werden konnte. Vitamin B_{12} stellt ebenfalls einen Chelatkomplex mit teils innerkomplexen Bindungsverhältnissen am Zentralatom Kobalt dar [13]. Kobalt liegt in diesem Komplex in der Oxydationszahl $+3$ vor. Dorothy Crowfoot-Hodgkin erhielt 1964 den Nobelpreis für Chemie.

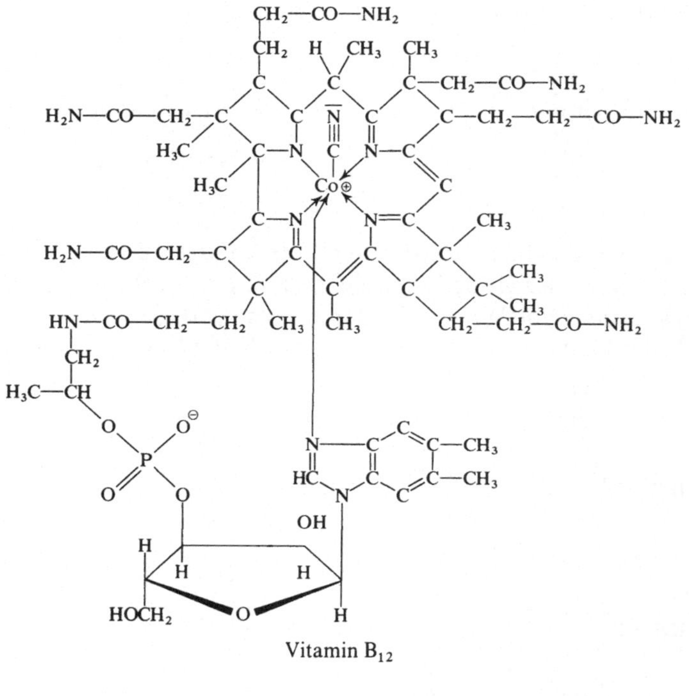

Vitamin B_{12}

Während in diesen Komplexen organische Reste als Liganden fungieren, liegen z. B. in den sogenannten Metall-Schwefelstickstoff-Verbindungen rein anorganische Chelatkomplexe vor [14]. Die in experimenteller und struktureller Hinsicht am besten untersuchten Verbindungen dieser Art bildet das Tetraschwefeltetranitrid, S_4N_4, mit den Metallen der 8. Nebengruppe Nickel, Kobalt, Palladium und Platin.

S_4N_4 stellt ein anorganisches heterocyclisches Ringsystem dar.

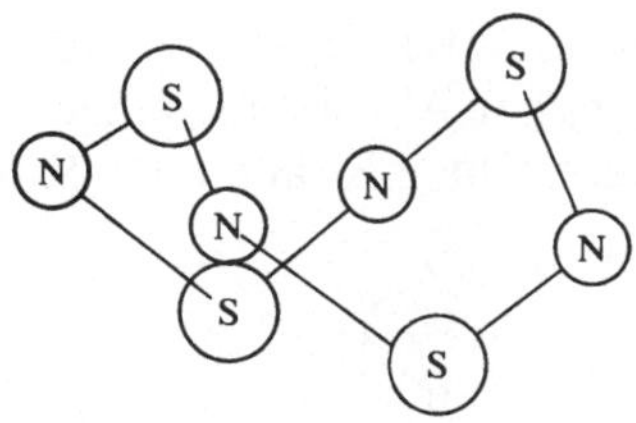

Abb. I, 2.4. S_4N_4

Die davon sich ableitenden Komplexe haben die Zusammensetzung $[MH_2N_4S_4]$; sie sind tief gefärbt und sehr beständig. Man erhält diese Komplexe meist durch Erhitzen der alkoholischen Lösung des Metallchlorids mit S_4N_4. Die Pt-Verbindung wird aus $H_2[PtCl_6]$ und S_4N_4 in Dimethylformamid gewonnen. Die Wasserstoffatome in der Komplex-Verbindung stammen aus dem als Reduktionsmittel wirkenden Lösungsmittel. Die Platinverbindung $[PtH_2N_4S_4]$ wurde als erster Komplex dieser Art auf ihren Bau röntgenographisch untersucht. Man fand, daß es sich um einen Chelatkomplex mit der Koordinationszahl 4 am Zentralatom handelt.

Der Komplex ist eben gebaut. Er liegt in der cis-Form vor. Die cis-Konfiguration bleibt bei der Substitution eines Wasserstoffatoms etwa durch eine Methylgruppe erhalten.

Bei der Einführung einer zweiten Methylgruppe erfolgt aus sterischen Gründen eine Umlagerung in die trans-Form.

Eine di-Substitution unter Erhaltung der cis-Konfiguration ist dann möglich, wenn es zur Ausbildung eines weiteren Ringsystems kommen kann. So entsteht z.B. aus dem Komplex $[NiH_2N_4S_4]$ und Glyoxal

in glatter Reaktion eine Verbindung mit der Zusammensetzung $[NiC_2H_4O_2N_4S_4]$ mit folgender Konstitution:

Bei der Bildung der Komplexe $[MH_2N_4S_4]$ aus Metallhalogenid und S_4N_4 in Alkohol entstehen in geringen Mengen zwei weitere Chelatkomplexe der Zusammensetzung $[MHN_3S_5]$ und $[MN_2S_6]$. An solchen Verbindungen sind bis jetzt bekannt das rote $[NiHN_3S_5]$, das grüne $[NiN_2S_6]$, die grünen Substanzen $[CoHN_3S_5]$ und $[CoN_2S_6]$, das grüne $[PdHN_3S_5]$ und das blaue $[PdN_2S_6]$. Man kann sich diese Komplexe aus den Verbindungen $[MH_2N_4S_4]$ durch Ersatz von einer oder zwei NH-Gruppen durch das iso-elektronische und fast isostere Schwefelatom entstanden denken.

Der Austausch von NH durch S führt zu den folgenden Chelat-strukturen.

$[MHN_3S_5]$ und $[MN_2S_6]$

Die drei Chelatkomplexe $[MH_2N_4S_4]$, $[MHN_3S_5]$ und $[MN_2S_6]$ stehen in so enger Beziehung zueinander, daß ein Ligandenaustausch ohne weiteres möglich ist. Man kann z.B. folgende Reaktion beobachten:

Der Vollständigkeit halber sei noch erwähnt, daß auch Komplexe existieren, die nur *eine* solche Chelatgruppe enthalten. Zwei Beispiele hierfür sind folgende Verbindungen:

Literatur

1. Morgan, G. T., Drew, H. D. K.: J. Chem. Soc. **117**, 1456 (1920).
2. Römpp, H.: Chemielexikon, 6. Aufl. S. 1004. Stuttgart: Franckh'sche Verlagshandlung 1966.
3. Chem. Eng. News. **32**, 4476 (1954).
4. Boussingault, M.: Liebigs Ann. Chem. **39**, 307 (1841).
5. — Ann. Chim. Phys. [3], **1**, 261 (1841).
6. Bruni, G., Fornara, C.: Atti Linc. [5], **13**, II, 26 − 30 (1904).
7. Ley, H.: Z. Elektrochem. **10**, 954 (1904).
8. Beyer, Hans: Lehrbuch der organischen Chemie, S. 579ff. Leipzig: S. Hirzel 1962.
9. Kendrew, J. C.: Angew. Chem. **75**, 595 (1963).
10. Perutz, M. F.: Angew. Chem. **75**, 589 (1963).
11. Bielig, H. J., Bayer, E.: Naturwissenschaften **42**, 125 (1955).
12. Woodward, R. B.: Angew. Chem. **72**, 651 (1960).
13. Todd, A., Johnson, A. W.: Angew. Chem. **67**, 428 (1955).
14. Becke-Goehring, M.: Angew. Chem. **73**, 589 − 597 (1961); Weiss, J.: Fortschr. chem. Forsch. **5**, 635 − 662 (1966).

2.5. Kristallwasser in Komplex-Verbindungen

Schon Alfred Werner hatte erkannt, daß es wasserhaltige Salze gibt, in denen die Wassermoleküle nicht als eigentliches Kristallwasser vorliegen, sondern einem Zentralatom zugeordnet sind. Hierher gehören Verbindungen wie etwa $[Co(H_2O)_6](ClO_4)_2$. Hexaaquokationen finden wir auch mit den zweiwertigen Ionen Nickel, Zink, Eisen, Kupfer, Magnesium, Calcium und Strontium als Zentralatome sowie bei den dreiwertigen Metallen Aluminium, Chrom, Eisen und Mangan. Entsprechend gibt es Tetraaquokationen mit den zweiwertigen Zentralionen Kupfer, Chrom, Mangan, Eisen und Nickel.

In derartigen Aquokationen können die Wassermoleküle sehr fest gebunden sein, so fest, daß sie durch markiertes Wasser nur sehr langsam ersetzt werden.

Eingehend untersucht sind die Hydrate des Chrom(III)-chlorids. Das grauviolette Hexahydrat ist als $[Cr(H_2O)_6]Cl_3$ zu formulieren. Dem dunkelgrünen Chrom(III)-chlorid, das aus heißen Lösungen zu erhalten ist, kommt dagegen die Formel $[CrCl_2(H_2O)_4]Cl \cdot 2H_2O$ zu. Auch ein hellgrünes Salz $[CrCl(H_2O)_5]Cl_2 \cdot H_2O$ konnte erhalten werden. Auf diese Zusammenhänge wurde bereits im Abschnitt 2.3.3 bei der Erklärung der Erscheinung der Hydratisomerie hingewiesen. Wir sehen in diesen Verbindungen typisch verschieden gebundenes Wasser, d. h. Koordinationswasser und solche Wassermoleküle, die bestimmte Stellen in der Kristallstruktur besetzen, ohne einem Zentralatom zugeordnet zu sein.

Die Anordnung der einzelnen Bausteine im Gitter der Verbindung $[Cr(H_2O)_6]Cl_3$ zeigt die folgende Abbildung [1—3].

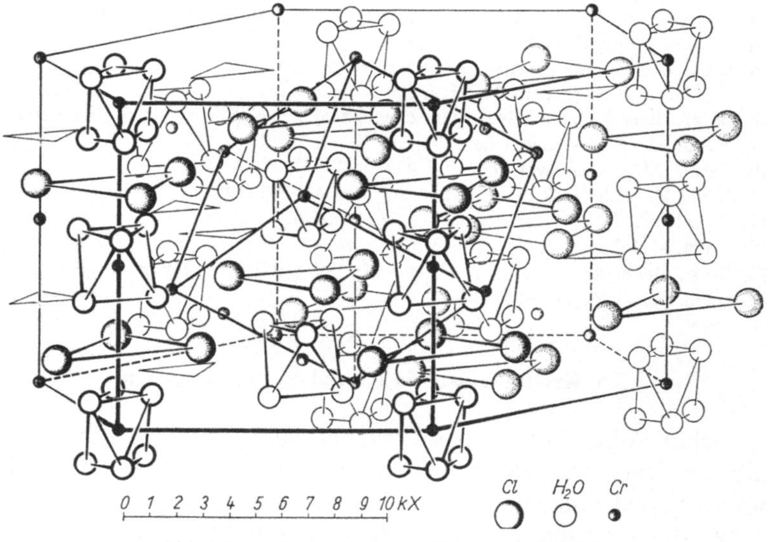

Abb. I, 2.5. Gitterstruktur von $[Cr(H_2O)_6]Cl_3$ [3]

Man kann aus Abb. I, 2.5 sehen, daß die kleinen Cr^{3+}-Ionen oktaedrisch von H_2O-Molekülen umgeben sind. Die Chlorid-Ionen, von denen je drei miteinander ein Dreieck bilden, sitzen weiter vom Chrom entfernt.

Oft kommt es vor, daß das Koordinationswasser nicht sehr fest gebunden ist und leicht durch andere Liganden ausgetauscht werden kann. Dies gilt z. B. für die Hydrate des Kobalts der Oxydationszahl $+2$. Das gleiche gilt auch für Kobalt(III)-Komplexe. Aquotetramminkomplexe des dreiwertigen Kobalts z. B. tauschen ihr Wasser leicht aus.

$$2 H_2O + [CoCl_2(NH_3)_4]X \rightleftharpoons [Co(H_2O)_2(NH_3)_4]Cl_2X$$

Dieser Vorgang ist reversibel. Es handelt sich also, wie man durch Leitfähigkeitsmessungen feststellen konnte, um ein rasch einstellbares Gleichgewicht; das Koordinationswasser kann gegen anionische Liganden – in obigem Beispiel Cl^- – ausgetauscht werden.

Ein analoges Beispiel findet man bei den Acido-pentamminkobalt(III)-Ionen:

$$H_2O + [CoX(NH_3)_5]Y_2 \rightleftharpoons [Co(H_2O)(NH_3)_5]Y_2X$$

Dieses Gleichgewicht konnte durch Messung der Extinktion sowie durch maßanalytische und potentiometrische Bestimmung der X^--Ionenkonzentration näher untersucht werden.

Aquokomplexe der beschriebenen Art sind vielfach Säuren. Es existiert z. B. ein Gleichgewicht

$$[Co(H_2O)(NH_3)_5]^{3+} \rightleftharpoons [Co(OH)(NH_3)_5]^{2+} + H^+$$

Der Aquokomplex kann also leicht in einen Hydroxokomplex übergehen, und bei dieser Reaktion werden Protonen frei.

Derartige Reaktionen spielen bei Hydrolysereaktionen oft eine große Rolle. So kann man z. B. die Hydrolyse von Zinn(IV)-chlorid durch eine primäre Anlagerung von Wasser beschreiben. Dieser Wasseranlagerung folgt eine Ionisation und anschließend eine Deprotonierung bzw. eine Abspaltung von HCl. Da das dabei entstehende Produkt $H[SnCl_3(OH)_2]$ koordinativ nicht gesättigt ist, wird von dieser Substanz wieder Wasser aufgenommen. Es folgt abermals eine Ionisation und eine HCl-Abspaltung. Diese Reaktionsfolge geht weiter, bis schließlich die Hydrolyse vollkommen ist [4 – 6].

Es war möglich, eine Zwischenstufe der Hydrolyse als Cineol-Salz abzufangen [7]. Bei dieser Gelegenheit ist aber zu erwähnen, daß nicht alle Hydrolysereaktionen von hochgeladenen Kationen in analoger Weise zu deuten sind. So entstehen z.B. bei der Hydrolyse von Eisen(III)-ion mehrkernige Komplexe und polymere Substanzen mit sehr hohem Molekulargewicht.

Wie bereits erwähnt, kann man mit letzter Sicherheit am besten mit Hilfe der Röntgenstrukturanalyse entscheiden, ob wirklich koordinativ gebundenes Wasser vorliegt. So wurde z.B. auch die Struktur der Verbindung $CuCl_2 \cdot 2H_2O$ aufgeklärt [8 – 10].

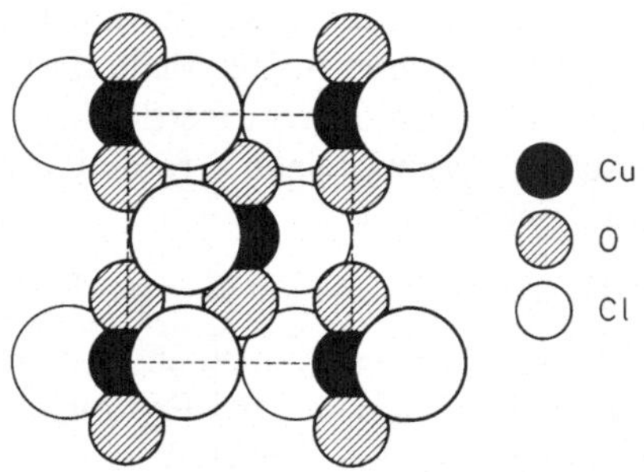

Abb. II, 2.5. Kristallstruktur von $CuCl_2 \cdot 2H_2O$ [8]

Wie man aus Abb. II, 2.5 sehen kann, handelt es sich bei dieser Verbindung um einen eben gebauten Komplex $[CuCl_2(H_2O)_2]$. Das Kristallgitter ist ein ausgesprochenes Molekülgitter. Jedes Cu-Atom ist von zwei Cl-Atomen und zwei H_2O-Molekülen umgeben, die zusammen die Ecken eines Quadrates bilden, in dessen Mitte sich das Kupferatom befindet.

Ganz anders liegen die Verhältnisse beim Gips, $CaSO_4 \cdot 2H_2O$. In dieser Verbindung liegt reines Gitterwasser vor, s. Abb. III, 2.5.

Gips bildet ein sog. Schichtengitter [11]. Die Calciumionen und die Sulfat-Gruppen bilden zusammen Schichtenpakete, die durch aus Wassermolekülen gebildeten Schichten voneinander getrennt sind.

Gelegentlich kann auch die Methode des isothermen oder isobaren Abbaus des Wassers Auskunft über die Art der Bindung geben. Beim Erhitzen kleiner Kriställchen von Kupfervitriol $CuSO_4 \cdot$

64

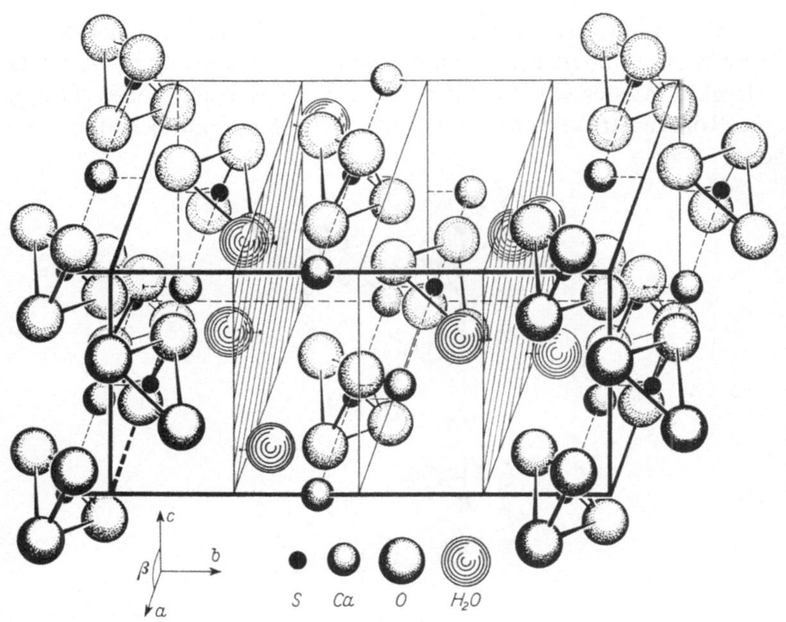

Abb. III, 2.5. Gitterstruktur von $CaSO_4 \cdot 2H_2O$ (Gips) [11]

$5\,H_2O$ auf verschiedene Temperaturen konnten Crowther und Coutts folgende Abhängigkeit des Wasserverlustes von der Dauer des Erhitzens feststellen [12]:

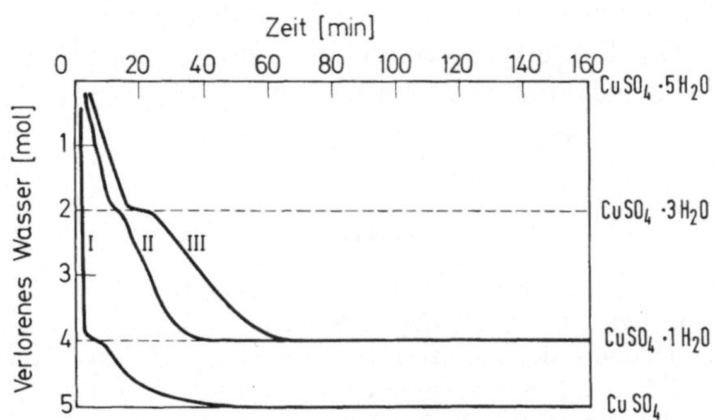

I = Kleine Kriställchen, dünn ausgebreitet, 220° C
II, III = Kleine Kriställchen, dünn ausgebreitet, 100° C

Abb. IV, 2.5. Isothermer Wasserverlust von $CuSO_4 \cdot 5H_2O$ bei 220° C und 100° C

65

Man kann aus diesem Diagramm entnehmen, daß vier Moleküle Wasser anders gebunden sein müssen als das fünfte. Das letzte Molekül Wasser wird nämlich nur sehr schwer abgegeben. Durch die Röntgenstrukturanalyse konnte diese Annahme bestätigt werden.

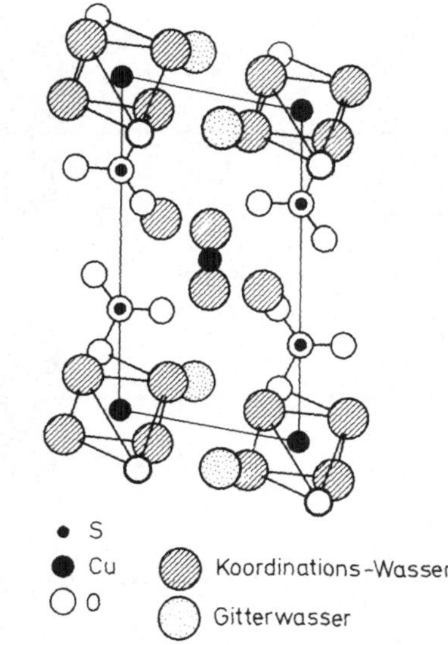

Abb. V, 2.5. Kristallgitter von $CuSO_4 \cdot 5 H_2O$

In der Struktur [13] des $CuSO_4 \cdot 5 H_2O$ ist jedes Kupferion von vier Wassermolekeln und zwei zu Sulfat-Gruppen gehörenden Sauerstoffatomen umgeben. Diese Liganden bilden ein verzerrtes Oktaeder. Das fünfte Wassermolekül ist nicht koordiniert. Man hat also als Formel für die Verbindung $CuSO_4 \cdot 5 H_2O$ richtiger $[Cu(H_2O)_4]SO_4 \cdot H_2O$ zu schreiben.

Literatur

1. Andress, K. R., Carpenter, C.: Z. Krist. **87**, 446 (1934).
2. Strukturber. Bd. 3, 1933/35, S. 127/9 u. S. 493/4.
3. Gmelins Handbuch der anorganischen Chemie, 8. Aufl., Band Chrom, System Nr. 52, Teil B, S. 231. Weinheim/Bergstraße: Verlag Chemie GmbH. 1962.
4. Emeléus, H. J., Anderson, J. S.: Ergebnisse und Probleme der modernen anorganischen Chemie, 2. Aufl., S. 181. Berlin-Göttingen-Heidelberg: Springer 1954.
5. Pfeiffer, P.: Chem. Ber. **38**, 2466 (1905).
6. – Müller, E., Pros, E.: Z. Anorg. Chem. **87**, 235 (1914).
7. – Angern, O.: Z. Anorg. Allgem. Chem. **183**, 189 (1929).

8. Harker, D.: Z. Krist. **93**, 136 (1936).
9. Pauling, L.: Die Natur der chemischen Bindung, S. 153. Weinheim/Bergstraße: Verlag Chemie GmbH. 1962.
10. Peterson, S. W., Levy, H. A.: J. Chem. Phys. **26**, 220 (1957).
11. Wooster, W. A.: Z. Krist. **94**, 375 (1936); — Nach T. Ernst, L. B. V., Bd. 1, Tl. 4, S. 64 (1955).
Gmelins Handbuch der anorganischen Chemie, 8. Aufl., Band Calzium, System Nr. 28, Teil B, Liefg. 3, S. 727. Weinheim/Bergstraße: Verlag Chemie GmbH. 1961.
12. Crowther, E. M., Coutts, J. R. H. : Proc. Roy. Soc. (London), Ser. A **106**, 217 (1924).
13. Wyckoff, R. W. G.: Crystal structures, Bd. 2, Kap. X, Illust. S. 8., Fig. XE, 2a. New York 1951.

2.6. Berlinerblau

Eine Komplex-Verbindung, deren Struktur nach vielen umstrittenen Vorschlägen schließlich durch moderne spektroskopische Methoden richtig erkannt werden konnte, ist das Berlinerblau.

Wie man schon sehr lange weiß, reagieren Eisen(III)-salze mit Hexacyanoferrat(II)-ionen unter Bildung von schwerlöslichem Berlinerblau. Die Verbindung Turnbulls Blau entsteht, wenn Eisen(II)-salze mit Hexacyanoferrat(III)-ionen zur Umsetzung gebracht werden. Man hat vielfach versucht, die Natur von Berlinerblau und von Turnbulls Blau mit chemischen Methoden aufzuklären. Nach der Darstellung dieser tiefdunkelblauen Substanzen könnte es sich sowohl um ein Eisen(III)-salz der Verbindung $H_4[Fe^{II}(CN)_6]$ als auch um ein Eisen(II)-salz der Verbindung $H_3[Fe^{III}(CN)_6]$ handeln. Es könnte also die Verbindung $Fe_4^{III}[Fe^{II}(CN)_6]_3 = $ Berlinerblau oder $Fe_3^{II}[Fe^{III}(CN)_6]_2 = $ Turnbulls Blau oder ein Gemisch der beiden Substanzen sein [1, 2].

Bereits im Jahre 1909 konnten E. Müller und Th. Stanisch [3, 4] zeigen, daß Berlinerblau und Turnbulls Blau entweder das Eisen(II)-salz der Säure $H_3[Fe^{III}(CN)_6]$ oder das Eisen(III)-salz der Säure $H_4[Fe^{II}(CN)_6]$ und nicht etwa ein Gemisch dieser beiden Salze sind. Zu diesem Ergebnis kamen diese Autoren auf Grund eines Vergleichs der Oxydationspotentiale von $[Fe^{II}(CN)_6]^{4-} \rightarrow [Fe^{III}(CN)_6]^{3-}$ und von $Fe^{2+} \rightarrow Fe^{3+}$ mit dem Löslichkeitsprodukt der jeweils entstehenden tiefdunkelblauen Substanzen. Bereits damals wurde das Berlinerblau richtig als $Fe_4^{III}[Fe^{II}(CN)_6]_3$ formuliert, nachdem schon Hofmann, Heine und Höchtlen 1904 auf Grund von chemischen Beobachtungen zum gleichen Ergebnis gekommen waren [5].

Den Beweis, daß es sich bei Berlinerblau und Turnbulls Blau um ein und dieselbe Substanz $Fe_4^{III}[Fe^{II}(CN)_6]_3$ handelt, konnten

Fluck, Kerler und Neuwirth [6−9] durch die Anwendung der Mößbauer-Spektroskopie auf dieses Problem erbringen. Die Identität von Berlinerblau und Turnbulls Blau erfordert es, daß der Bildung von Turnbulls Blau eine Redox-Reaktion

$$Fe^{2+} + [Fe^{III}(CN)_6]^{3-} \rightarrow Fe^{3+} + [Fe^{II}(CN)_6]^{4-}$$

vorangeht und alsdann die Reaktion der Eisen(III)-ionen mit dem Hexacyanoferrat(II)-Komplex einsetzt.

Wenn man Lösungen von Eisen(III)-salzen mit $K_4[Fe^{II}(CN)_6]$ oder Lösungen von Eisen(II)-salzen mit $K_3[Fe^{III}(CN)_6]$ im Molverhältnis 1:1 mischt, so erhält man das sog. „lösliche Berlinerblau". Dieser Verbindung kommt die Formel $KFe^{III}[Fe^{II}(CN)_6]$ zu, wie durch chemische Analyse und Mößbauer-Spektrum bewiesen werden konnte. Im Jahre 1936 wurde von Keggin und Miles [10] eine Struktur für das Molekül des löslichen Berlinerblaus vorgeschlagen, die der Abb. I, 2.6 zugrunde gelegt ist.

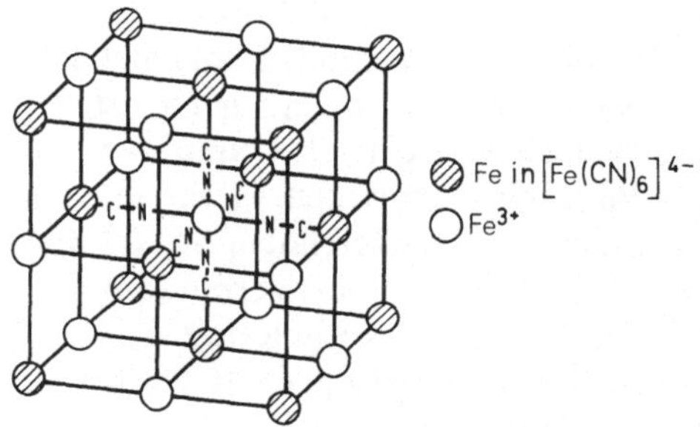

Abb. I, 2.6. Struktur von löslichem Berlinerblau [6]

Hiernach ist das lösliche Berlinerblau aus acht Würfeln aufgebaut, deren Ecken abwechselnd von Eisen der Oxydationszahl +2 und +3 besetzt sind. Die Cyanidgruppen liegen entlang den Kanten der kleinen Würfel. Man hat früher das Berlinerblau als einen Überkomplex oder Autokomplex angesehen und gemeint, daß die Cyano-Gruppe als Ligand an beiden Enden, d.h. an dem C-Atom und an dem N-Atom koordinativ gebunden sei. Aber diese Auffassung von Berlinerblau als Überkomplex ist heute nicht mehr haltbar. Wie das Mößbauer-Spektrum zeigt, liegen in der Verbindung tatsächlich in erster Sphäre gebunden nur Eisen(II)-ionen vor; die Eisen(III)-ionen sind in zweiter Sphäre gebunden. Falls also überhaupt zwischen dem Stickstoffatom der Cyano-Gruppe und

68

dem Eisen der Oxydationszahl $+3$ Bindungen bestehen, wie es in der Abb. I, 2.6 angedeutet ist, so können diese nur sehr schwach sein [6]. Die am Aufbau des löslichen Berlinerblaus beteiligten Kaliumionen und Wassermoleküle besetzen abwechselnd die Mitten der kleinen Würfel. Sie sind oben nicht eingezeichnet.

Literatur

1. Williamson, A. W.: Liebigs Ann. Chem. **57**, 236 (1846).
2. Reynolds, E. J.: J. Chem. Soc. **51**, 644 (1887).
3. Müller, E., Stanisch, Th.: J. Prakt. Chem. [2], **79**, 81 (1909).
4. — Chem. Ztg. **38**, 281, 328 (1914).
5. Hofmann, K. A., Heine, O., Höchtlein, F.: Liebigs Ann. Chem. **337**, 1 (1904).
6. Fluck, E., Kerler, W., Neuwirth, W.: Angew. Chem. **75**, 461 (1963).
7. — — — Z. Anorg. Allgem. Chem. **333**, 235 (1964).
8. Vgl. Fluck, E.: Advances in inorganic chemistry and radiochemistry, herausgeg. v. H. J. Emeléus u. A. G. Sharpe, Bd. 6, S. 433 (1964).
9. — — Fortschr. Chem. Forsch. **5**, 395 ff. (1966).
10. Keggin, J. F., Miles, F. D.: Nature **137**, 577 (1936).

2.7. Autokomplexe

Wie in Kapitel 2.6 erwähnt, hat man früher das Berlinerblau als Autokomplex betrachtet. Ein Autokomplex oder Überkomplex entsteht dadurch, daß ein Ligand an zwei Enden zur Koordination befähigt ist und so eine Verbindung mit zwei Zentralionen zugleich herstellen kann.

Ein Ligand mit solchen Eigenschaften ist z. B. das Cyanidion. Im Molekül der Verbindung AgCN verknüpfen CN^--Ionen die Silberatome miteinander, so daß dadurch ein lineares Kettenmolekül zustande kommt [1—3].

$$\rightarrow Ag{-}C{\equiv}N \rightarrow Ag{-}C{\equiv}N \rightarrow Ag{-}C{\equiv}N \rightarrow Ag{-}C{\equiv}N \rightarrow$$

Ganz analog ist die Struktur der Verbindung AuCN [4, 5].

Silberthiocyanat, AgSCN, ist in analoger Weise aus Zickzackketten aufgebaut [6] — also ebenso wie AgCN und AuCN polymer.

Durch Überkomplexbildung können also recht einfach erscheinende Verbindungen zu hochpolymeren Molekülen verknüpft sein, doch sind neben hochpolymeren auch oligomere Moleküle bekannt. So ist z. B. die Verbindung $(C_3H_7)_2AuCN$ durch Autokomplexbildung tetramer [7].

$$
\begin{array}{ccc}
& \mathrm{C_3H_7} & \mathrm{C_3H_7} \\
& | & | \\
\mathrm{H_7C_3-Au-C{\equiv}N{\rightarrow}Au-C_3H_7} \\
& \uparrow & \\
& \mathrm{N} & \mathrm{C} \\
& \| & \| \\
& \mathrm{C} & \mathrm{N} \\
& & \downarrow \\
\mathrm{H_7C_3-Au{\leftarrow}N{\equiv}C-Au-C_3H_7} \\
& | & | \\
& \mathrm{C_3H_7} & \mathrm{C_3H_7}
\end{array}
$$

Überraschend häufig kann man die Erscheinung beobachten, daß auch von einem einatomigen Liganden, sofern er freie Elektronenpaare besitzt, gleichzeitig Bindungen zu zwei Zentralatomen betätigt werden. Ein solcher Ligand ist z.B. das Chloridion. In einigen wasserfreien Chloriden werden die Metallionen durch Chlorbrücken verknüpft; solche Chloride sind daher als polymere Substanzen zu betrachten. Das ist z.B. der Fall beim wasserfreien Kupferchlorid $CuCl_2$ [8]. Aus der Struktur dieser Substanz folgt, daß sich die Kupfer- und Chloratome zu unendlichen Ketten verbinden, in denen jedes Kupferatom in einer Ebene von vier Chloratomen umgeben und jedes Chloratom mit zwei Kupferatomen verknüpft ist [9].

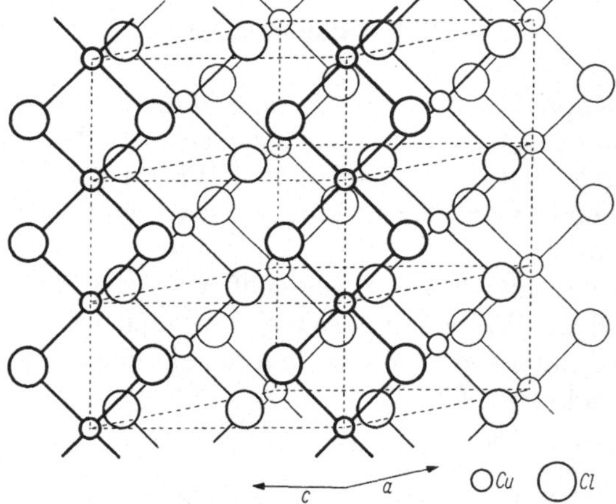

Abb. I, 2.7. Gitter des $CuCl_2$ [9]

Die Anordnung der Ketten ist hier ähnlich wie im nächsten Beispiel, $PdCl_2$, mit dem Unterschied, daß in der Struktur von $CuCl_2$ jedem Cu-Atom noch zwei weitere nächst benachbarte Chloratome der angrenzenden Kette zuzuordnen sind, so daß hier eine verzerrt oktaedrische Gruppierung um das Zentralatom entsteht.

Wie bereits erwähnt, ist Palladiumchlorid, $PdCl_2$, ganz ähnlich gebaut [10]:

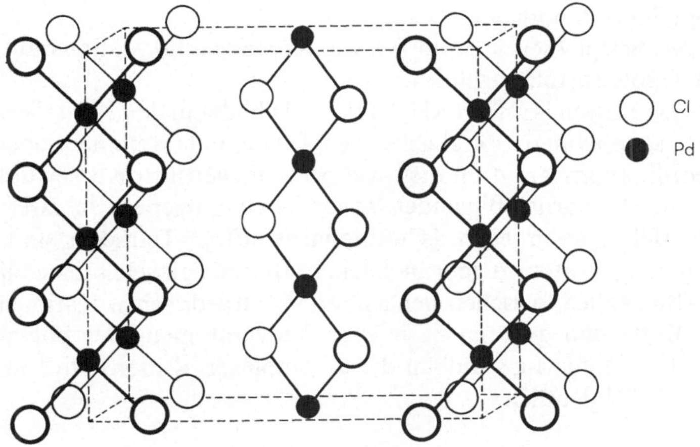

Abb. II, 2.7. Struktur von $PdCl_2$ [10]

Als weiteres Beispiel sei auch die Verbindung SiS_2 erwähnt, die ein polymeres Bandmolekül bildet [11, 12]. Auch vom SiO_2, das meist Raummetzstruktur besitzt, gibt es eine mit SiS_2 isotype bänderartig aufgebaute Modifikation [13].

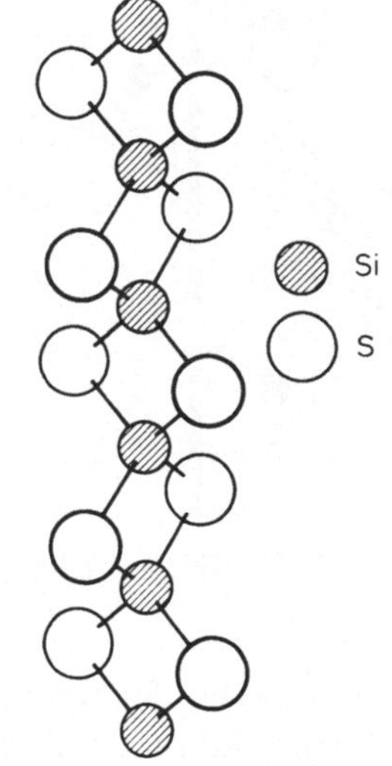

Abb. III, 2.7. Struktur von SiS_2 [11]

71

Hier fungieren Schwefelatome als Brückenglieder zwischen zwei Zentralatomen. Die gleiche Erscheinung beobachtet man bei vielen Komplexverbindungen.

Als Beispiel sei ein Komplex von Kupfer der Oxydationszahl $+1$ mit Thioharnstoff angeführt.

Das Kation $[Cu(SC(NH_2)_2)_3]^+$ [14] bildet in den Kristallen des Chlorids polymere, spiralige Ketten. Das Kupferatom hat dabei die Koordinationszahl 4 und ist, wie beim einwertigen Kupfer üblich, von 4 Thioharnstoffliganden tetraedrisch umgeben. Je zwei der Schwefelatome in jedem $[Cu(thioharnstoff)_4]^+$-Tetraeder sind nur einem Kupferatom zugeordnet. Die restlichen Schwefelatome bilden das Bindeglied zwischen benachbarten tetraedrischen Kationen in der Kette und gehören zu je zwei Kupferatomen. Der polymere, spiralig kettenartige Aufbau diese komplexen Kations wird in der Abb. IV, 2.7 deutlich.

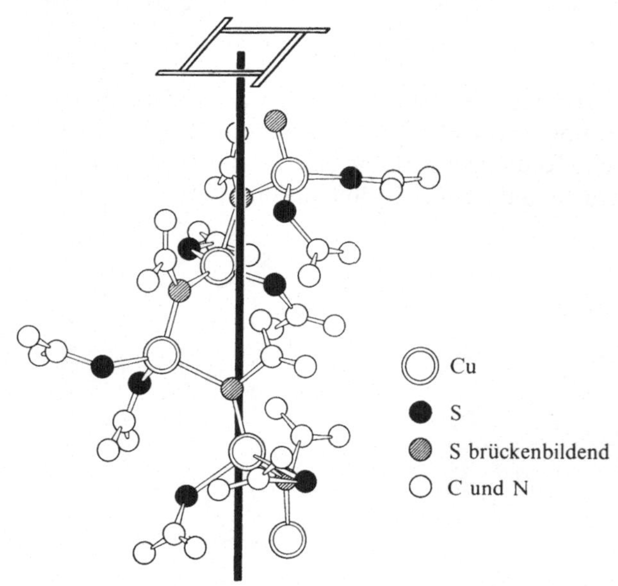

Abb. IV, 2.7. $[Cu^I(SC\{NH_2\}_2)_3]^+$ [14]

Noch stärker durch Schwefelatome verknüpft sind die Cu(I)-Zentralatome in dem komplexen Anion der Verbindung $Na_4[Cu^{II}(NH_3)_4][Cu^I(S_2O_3)_2]_2$. Während die Kupfer(II)-ionen in

72

dem Teilkation $[Cu^{II}(NH_3)_4]^{2+}$ dieser blaßvioletten, kristallinen Substanz in quadratisch ebenem Bau von je vier Ammoniakmolekülen umgeben sind, sind im Anion $[Cu^I(S_2O_3)_2]^{3-}$ den Kupfer(I)-ionen tetraedrisch je vier Thiosulfatoliganden

$$-S_1-S_2\diagdown_O^O$$

zugeordnet, dergestalt, daß von den S_1-Atomen jeweils zwei Kupfer(I)-ionen gebunden werden. Auf diese Art wird so das Anion dieser Verbindung aus langen Kettenmolekülen gebildet [15].

$$[Cu^I(S_2O_3)_2]^{3-}$$

Es kann hier nur erwähnt werden, daß als brückenbildende Schwefelatome z.B. auch die Schwefelatome des Cysteins in Frage kommen. Derartige Stoffe mit Eisen als Zentralatom spielen in der Biochemie eine Rolle.

Literatur

1. Braekken, H.: Kgl. Norske Vidensk. Selskab. Forh. II 1929, No. 48. 169 (1930).
2. West, C. D.: Z. Krist. **88**, 173 (1934).
3. — Z. Krist. **90**, 555 (1935).
4. Zhdanov, H., Shugam, E.: Acta Physikochim. URSS **20**, 253 (1945).
5. — — Zh. Fiz. Khim. [russ.] **19**, 519 (1945).
6. Lindqvist, I.: Acta Cryst. **10**, 29 (1957).
7. Phillips, R. F., Powell, H. M.: Proc. Roy. Soc. (London), Ser. A **173**, 147 (1939).
8. Wells, A. F.: J. Chem. Soc. **1947**, 1670.
9. Gmelins Handbuch der anorganischen Chemie, 8. Aufl., Band Kupfer, System Nr. 60, Teil B, Liefg. 1, S. 257. Weinheim/Bergstraße: Verlag Chemie GmbH. 1958.
10. Wells, A. F.: Z. Krist. **100**, 189 (1939).
11. Zintl, E., Loosen, K.: Z. Physik. Chem. (A) **174**, 301 (1935).
12. Büssem, W., Fischer, H., Gruner, E.: Naturwissenschaften **23**, 740 (1935).
13. Weiss, A., Weiss, A.: Naturwissenschaften **41**, 12 (1954).
14. Knobler, C. B., Okaya, Y., Pepinsky, R.: Z. Krist. **111**, 385 (1959).
15. Ferrari, A., Braibanti, A., Tiripicchio, A.: Acta Cryst. **21**, 605 (1966).

2.8. Heteropolysäuren

Die Salze der schwachen Säuren derjenigen Übergangselemente, die der fünften und sechsten Nebengruppe des Periodensystems angehören, haben die Eigenschaft, bei der Reaktion mit starken Säuren Anionen zu bilden, die sich leicht zu größeren Anionen unter Wasserabspaltung kondensieren.

Folgende Beispiele mögen dies erläutern:

$$2\,(CrO_4)^{2-} + 2\,H^+ \rightleftharpoons H_2O + (Cr_2O_7)^{2-}$$

$$12\,(WO_4)^{2-} + 18\,H^+ \rightleftharpoons 9\,H_2O + (W_{12}O_{39})^{6-}$$

$$7\,(MoO_4)^{2-} + 8\,H^+ \rightleftharpoons 4\,H_2O + (Mo_7O_{24})^{6-}$$

Das MoO_4^{2-}-Ion ist in konzentrierten Lösungen bis pH 6,5 stabil. Säuert man an, so kann man eine Kondensation zu $(Mo_7O_{24})^{6-}$ beobachten, die bei pH 4,5 praktisch vollständig ist. Zwischen pH 2,9 und 1,5 bilden sich Oktamolybdat-Ionen $(Mo_8O_{26})^{4-}$. Bei stärkerem Ansäuern kondensieren sich diese Komplex-Ionen noch weiter zu schwereren Anionen.

Bei solchen Umsetzungen bilden sich also Anionen, die die Zusammensetzung $[Me_nO_{4n-m}]^{(2n-2m)-}$ haben, falls das Metall die Oxydationszahl $+6$ besitzt.

Bei den Vanadaten beobachtet man dagegen z. B. folgende Kondensationsreaktionen:

$$2\,(VO_4)^{3-} + 2\,H^+ \rightleftharpoons H_2O + (V_2O_7)^{4-}$$

$$4\,(VO_4)^{3-} + 8\,H^+ \rightleftharpoons 4\,H_2O + (V_4O_{12})^{4-}$$

Andere Metalle der Oxydationszahl $+5$ verhalten sich ähnlich. So konnte man die Existenz der Ionen $(Nb_6O_{19})^{8-}$ und $(Ta_6O_{19})^{8-}$ nachweisen.

Solche großen kondensierten Anionen, die außer Sauerstoff und eventuell Wasserstoff nur eine einzige Metallatomart enthalten, nennt man Isopolyanionen; die zugehörigen Säuren bezeichnet man als Isopolysäuren.

Der Vollständigkeit wegen sei erwähnt, daß die Bildung von Isopolysäuren nicht auf die Metalle der 5. und 6. Nebengruppe beschränkt ist. Vielmehr vermögen z. B. auch Schwefel und Phosphor sowie Silicium und andere Elemente solche Isopolysäuren zu bilden:

$$2\,SO_4^{2-} + 2\,H^+ \rightleftharpoons H_2O + S_2O_7^{2-}$$

$$3\,PO_4^{3-} + 4\,H^+ \rightleftharpoons 2\,H_2O + P_3O_{10}^{5-}$$

Die Nomenklatur [1] der Isopolyanionen folgt direkt der stöchiometrischen Zusammensetzung. Die folgenden Beispiele mögen dies erläutern:

$Na_2S_2O_7$	Dinatrium-heptaoxodisulfat
$Na_2S_2O_5$	Dinatrium-pentaoxodisulfat
$Na_2Mo_6O_{18}$	Dinatrium-octadekaoxohexamolybdat

Isopolyanionen, die durch Kondensation der gleichen einfachen Monosäuren entstanden sind und bei denen die Oxydationsstufe des charakteristischen Elements der Gruppennummer im Periodensystem entspricht, benennt man durch Angabe der Anzahl der Atome dieses charakteristischen Elements mit griechischen Zahlsilben. Die Angabe der Anzahl der Sauerstoffatome im Molekül bzw. Ion ist überflüssig, wenn die Ladung des Anions oder die Anzahl und Art der Kationen mit angegeben wird:

$[S_2O_7]^{2-}$	Disulfat(2−)
$[Cr_2O_7]^{2-}$	Dichromat(2−)
$[Cr_4O_{13}]^{2-}$	Tetrachromat(2−)
$[P_3O_{10}]^{5-}$	Triphosphat(5−)
$[Mo_7O_{24}]^{6-}$	Heptamolybdat(6−)
$Ca_3Mo_7O_{24}$	Tricalcium-heptamolybdat
$Na_7HNb_6O_{19} \cdot 15\,H_2O$	Heptanatriummonohydrogen-hexaniobat-15-Wasser
$K_2Mg_2V_{10}O_{28} \cdot 16\,H_2O$	Dimagnesiumdikalium-dekavanadat-16-Wasser

Wenn die Ladung des charakteristischen Elements nicht seiner Gruppennummer entspricht, muß die Oxydationsstufe angegeben werden.

$[S_2O_5]^{2-}$	Disulfat(IV)(2−)
$[Mo_2^{V}Mo_4^{VI}O_{18}]^{2-}$	Hexamolybdat(2V, 4VI)(2−)

Die Säureanhydride, die den Isopolysäuren der Elemente der 5. und 6. Nebengruppe zugrunde liegen, können mit vielen anderen Säuren zu Heteropolysäuren zusammentreten. Heteropolysäuren sind demnach große, kondensierte Moleküle, die neben Sauerstoff, Wasserstoff und einem zur Isopolysäurebildung befähigten Element noch ein oder mehr Atome eines anderen Elements enthalten. Heteropolyanionen sind die diesen Säuren entsprechenden Anionen. Man kann die Heteropolysäuren als Komplexe auffassen, wobei das Atom dieses zusätzlichen Elements als Zentralatom fungiert.

Gruppe	Elemente, die als Zentralatome bei der Heteropolysäurebildung fungieren können [2]
I	H, Cu
II	Be
III	B, Al, Ce, Th, U
IV	C, Si, Ge, Sn, Ti, Zr
V	N, P, As, Sb, V, Nb, Ta
VI	Cr, Mo, W, S, Se, Te
VII	Mn, J
VIII	Fe, Co, Ni, Rh, Os, Ir, Pt

Um diese in der Tabelle angegebenen Zentralatome sind bei den Heteropolyanionen die Säureanhydridmoleküle als Liganden angeordnet. Als Säureanhydridmoleküle fungieren meistens WO_3, MoO_3 und V_2O_5. Wie unten gezeigt wird, bestehen die Heteropolyanionen also aus einem Heterozentralatom, das von zahlreichen WO_6-, MoO_6-Oktaedern und anderen in komplizierter Weise umgeben ist.

In der Nomenklatur [1] dieser Verbindungen werden die umhüllenden Oktaeder durch die Vorsilben Wolframo-, Molybdo- usw. bezeichnet. Die Anzahl der Atome dieses charakteristischen Elements wird, wie üblich, durch griechische Zahlsilben oder aber auch einfach durch Zahlen gekennzeichnet. Das Zentralatom des Komplexes liefert die Nachsilbe, worauf die allgemeine Endung für Anionen -at folgt. Falls die Angabe der Oxydationsstufe eines der Verbindungsbausteine erforderlich ist, so hat sie durch römische Ziffern in Klammern unmittelbar hinter dem Namen des betreffenden Elements zu erfolgen. Einige Beispiele mögen diese recht umständlich erscheinenden Nomenklaturvorschriften verstehen helfen:

$[PW_{12}O_{40}]^{3-}$ Dodekawolframophosphat(3−) oder
     12-Wolframophosphat(3−)
$[PV_2Mo_{10}O_{39}]^{3-}$ Dekamolybdodivanadophosphat(3−)
$[Co^{II}Co^{III}W_{12}O_{42}]^{7-}$ Dodekawolframokobalt(II)kobalt(III)at(7−)
$[Mn^{IV}Mo_9O_{32}]^{6-}$ Enneamolybdomanganat(IV)(6−)
$[Ni(OH)_6W_6O_{18}]^{4-}$ Hexahydroxohexawolframoniccolat(4−)
$[JW_6O_{24}]^{5-}$ Hexawolframoperjodat(5−)
$[CeMo_{12}O_{42}]^{8-}$ Dekamolybdocerat(IV)(8−)
$[Cr^{III}Mo_6O_{21}]^{3-}$ Hexamolybdochromat(III)(3−)
$[P_2^{V}Mo_{18}O_{62}]^{6-}$ 18-Molybdodiphosphat(V)(6−)

Die Zahl der Ligandengruppen kann verschieden sein. Als häufigste Reihen kommen die sog. 12-Polysäuren und die 6-Polysäuren vor. Diese Heteropolysäuren sind nach dem Verhältnis

$$\frac{\text{W-(bzw. Mo- oder V-)atome}}{\text{Zentralatome}}$$

benannt worden [3].

12-Polysäuren [4, 5]: $[PW_{12}O_{40}]^{3-}$
     $[PMo_{12}O_{40}]^{3-}$
     $[SiW_{12}O_{40}]^{4-}$
     $[BW_{12}O_{40}]^{5-}$
     $[Ce^{IV}Mo_{12}O_{42}]^{8-}$
     $[Th^{IV}Mo_{12}O_{42}]^{8-}$

9-Polysäuren [6, 7]: $[Ni^{IV}Mo_9O_{32}]^{6-}$
     $[Mn^{IV}Mo_9O_{32}]^{6-}$

6-Polysäuren [8, 9]: $[TeMo_6O_{24}]^{6-}$
     $[JMo_6O_{24}]^{5-}$
     $[CrMo_6O_{21}]^{3-}$
     $[AlMo_6O_{21}]^{3-}$
     $[FeMo_6O_{21}]^{3-}$

Daneben sind noch Vertreter von 11-Polysäuren, ferner solche einer dimeren Reihe von $8\frac{1}{2}$-Polysäuren und weiterer niederer Reihen bekannt.

Die Benennung der Salze dieser Anionen erfolgt in üblicher Weise:

$(NH_4)_6[TeMo_6O_{24}]\cdot 7H_2O$ Hexaammonium-hexamolybdotellurat-heptahydrat
$Li_3H[SiW_{12}O_{40}]\cdot 24H_2O$ Trilithiumhydrogen-dodekawolframosilikat-24-Wasser.

Um die Aufstellung der exakten Formeln für die Heteropolysäuren und um die Aufklärung der Strukturen dieser komplizierten Moleküle haben sich viele Forscher bemüht [10]. Bereits im Jahre 1826 beschrieb Berzelius das für die qualitative Analyse und für die quantitative Bestimmung des Phosphors wichtige Ammonium-molybdophosphat [11]. Berzelius glaubte noch an einen vollkommen salzartigen Aufbau dieses Heteropolyanions. Andere Forscher glaubten nicht an solche Ionen, zeitweise wurde sogar das Element, welches das Zentralatom darstellt — in diesem Fall das Phosphoratom — für eine Verunreinigung der Molybdän- oder Wolframsäure gehalten [12]; man meinte, daß durch diese Verunreinigung die Metallsäure in eine besondere Modifikation übergeführt werde.

Im Grunde ist es nicht sehr erstaunlich, daß die alten Auffassungen von der Formel solcher Heteropolyanionen widersprüchlich und nicht zutreffend waren. Man versteht dies, wenn man bedenkt, daß in der Verbindung $(NH_4)_3[PM_{12}O_{40}] \cdot 6H_2O$ weniger als 2% Phosphor enthalten sind und daß die genaue analytische Bestimmung des Phosphorgehaltes außerdem schwierig ist. So ist es verständlich, daß erst im Jahre 1862 Marignac mit einer Arbeit über die Wolframosilikate [13] den Grundstein für die folgende genauere Untersuchung der Heteropolysäuren legen konnte.

Eine formale Theorie mit großem heuristischen Wert über den Aufbau der Heteropolysäuren entwickelten nacheinander Miolati, Copaux und Rosenheim [86]. Nach dieser Theorie geht man von der hypothetischen Stammsäure $H_{12-n}[X^nO_6]$ aus. Die Sauerstoffatome dieser postulierten komplexen Säure denkt man sich dann vollständig oder teilweise durch die Gruppen MoO_4 oder Mo_2O_7 ersetzt. Auf diese Weise erhält man zwei Reihen von Heteropolysäuren, und zwar $H_{12-n}[X^n(MoO_4)_6]$ und $H_{12-n}[X^n(Mo_2O_7)_6]$. Die erste Reihe stellt die bereits erwähnten 6-Polysäuren, die zweite Reihe die 12-Polysäuren dar. 6-Polysäuren erhält man, falls X gleich J, Te, Fe, Co, Ni, Rh, Mn, Cr, Al oder Cu ist; 12-Polysäuren gibt es, wenn die Stammsäure ein Derivat der Elemente P, As, Si, Ge, Sn, Ti, B, Ce oder Th ist.

Es muß aber erwähnt werden, daß diese Rosenheimsche Formulierung rein formalen Charakter hat. Daher ist es ganz unerheblich, ob es die Stammsäurensubstanz gibt oder nicht. Dies kann der Fall sein; aber es muß nicht der Fall sein. So existiert zwar die Verbindung $H_6[TeO_6]$, von der sich die Heteropolysäure $H_6[Te(MoO_4)_6]$ ableiten würde; aber eine Säure „$H_7[PO_6]$", von der sich formal die Verbindung $H_7[P(Mo_2O_7)_6]$ ableitet, gibt es nicht.

Strukturuntersuchungen an den Heteropolysäuren haben gezeigt, daß die Rosenheimschen Ansichten den gegebenen Verhältnissen nicht voll gerecht werden.

Tatsächlich werden die Heteropolyanionen aus MoO_6- oder WO_6-Oktaedern aufgebaut, die um das Zentralatom herum angeordnet sind. Das Zentralatom hat die Koordinationszahl 4, wenn sein Radius klein ist (z. B. bei Phosphor der Oxydationszahl $+ 5$), oder es hat auch die Koordinationszahl 6 bei Ionen, deren Radius größer ist (z. B. bei Mangan der Oxydationszahl $+ 4$).

Die Strukturen einiger dieser komplizierten Verbindungen seien nun im folgenden beschrieben:

Die Struktur des Anions $[PW_{12}O_{40}]^{3-}$ konnte von Keggin röntgenographisch aufgeklärt werden [14]. Die Röntgenstrukturanalyse zeigt, daß Wolfram in diesem Anion von je sechs, Phosphor von vier Sauerstoffatomen umgeben ist. Um das Zentralatom Phosphor ist das Wolfram in vier Gruppen in Form von je drei WO_6-Oktaedern angeordnet. Die Abb. I, 2.8 zeigt die Anordnung einer der aus drei WO_6-Oktaedern bestehenden Gruppe relativ zum zentralen PO_4-Tetraeder.

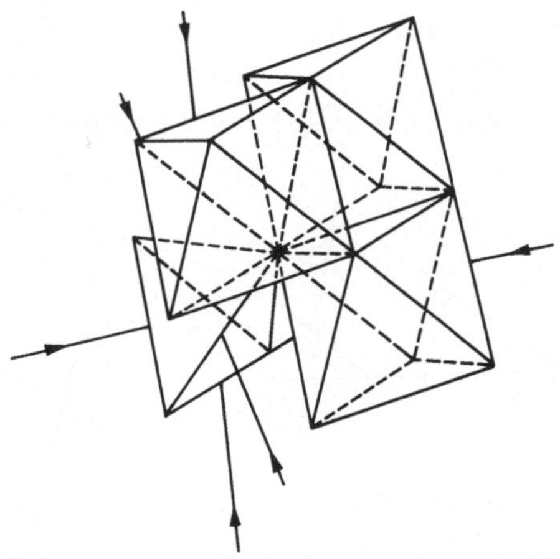

Abb. I, 2.8. Anordnung einer der vier aus je drei WO_6-Oktaedern bestehenden Gruppen relativ zum zentralen PO_4-Tetraeder in der Verbindung $[PW_{12}O_{40}]^{3-}$ [14]

Man kann sehen, daß ein Sauerstoffatom dieser Gruppe sowohl den drei WO_6-Oktaedern als auch dem PO_4-Tetraeder gemeinsam ist. Jedes Oktaeder in der Gruppe ist mit den beiden anderen kantenverknüpft.

Die Abb. II, 2.8 zeigt, daß jede der drei Dreiergruppen mit jeder anderen Dreiergruppe über zwei Ecken verknüpft ist.

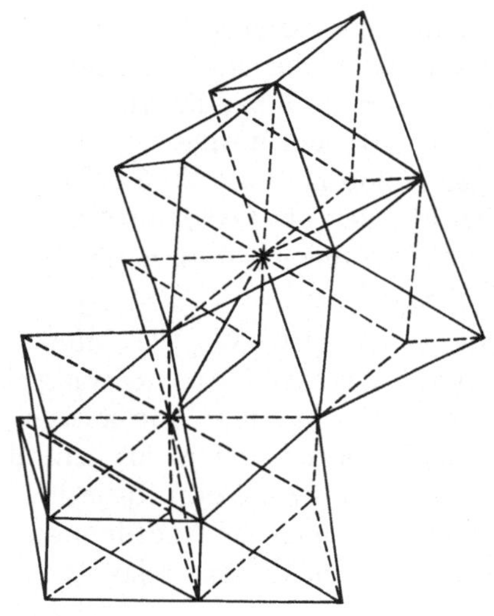

Abb. II, 2.8. Die Verknüpfung zweier Oktaedergruppen miteinander und mit dem zentralen PO_4-Oktaeder in der Verbindung $[PW_{12}O_{40}]^{3-}$ [14]

Das ganze Anion $[PW_{12}O_{40}]^{3-}$ hat folgendes Aussehen:

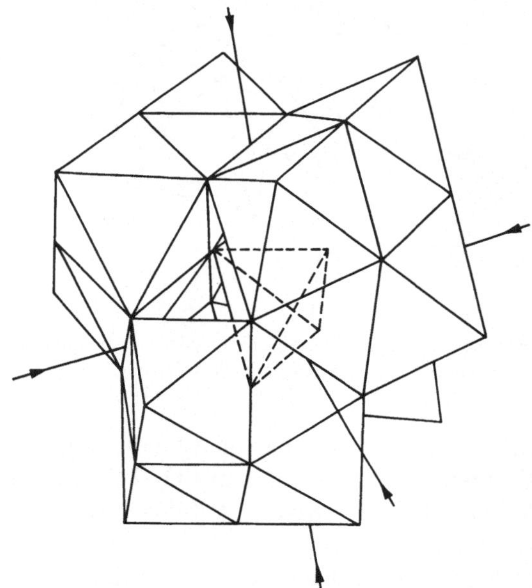

Abb. III, 2.8. Bau des Anions $[PW_{12}O_{40}]^{3-}$ [14]

Eine Formel, die dieser Struktur am besten entspricht, wäre $[P(W_3O_{10})_4]^{3-}$.

Die Struktur des Ions $[PW_9O_{31}]^{3-}$ wurde von Dawson 1953 aufgeklärt [15]. Dabei zeigte es sich, daß dieser Komplex dimer ist und als $[P_2W_{18}O_{62}]^{6-}$ formuliert werden muß. Die Abb. IV, 2.8 und V, 2.8 zeigen das halbe Ion mit markierten Verknüpfungsstellen und den ganzen Komplex.

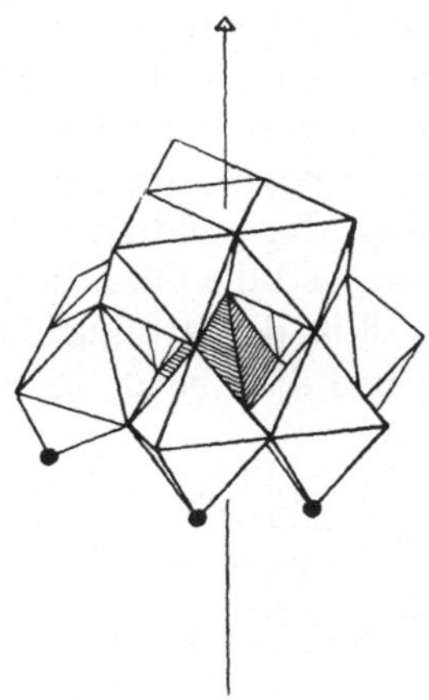

Abb. IV, 2.8. Halbes Ion $[P_2W_{18}O_{62}]^{6-}$ [15]

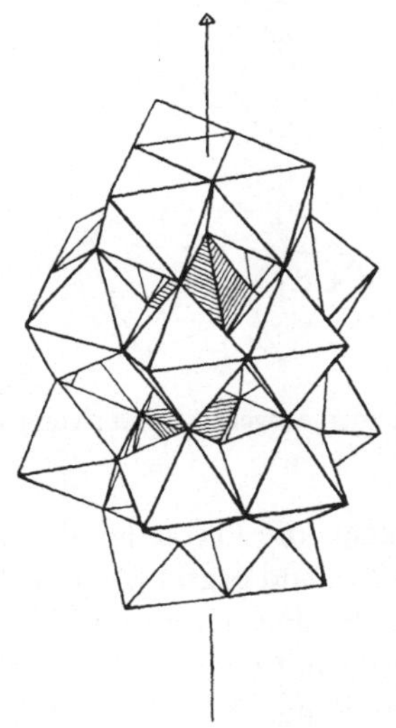

Abb. V, 2.8. Ganzes Ion $[P_2W_{18}O_{62}]^{6-}$ [15]

Die Abbildungen lehren, daß der Bau der Verbindungen $[P_2W_{18}O_{62}]^{6-}$ und $[PW_{12}O_{40}]^{3-}$ recht ähnlich ist. Das Anion der erstgenannten 9-Polysäure stellt eine zweikernige Komplex-Verbindung dar.

Aber nicht jede 9-Polysäure ist dimer; so gibt es z. B. das Heteropolyanion $[MnMo_9O_{32}]^{6-}$, das eine völlig andere Struktur besitzt als die oben genannte 9-Polysäure mit Phosphor als Zentralatomen. Das Mangan besitzt hier die Koordinationszahl 6 und ist daher von Sauerstoffatomen oktaedrisch umgeben [16]. Je drei der insgesamt neun MoO_6-Oktaeder liegen in einer Ebene, so daß drei Ebenen, die mit je drei Oktaedern besetzt sind, in dieser Struktur parallel übereinander liegen. Das Manganatom liegt im Zentrum des Anions. Bei dieser Struktur sind die Oktaeder ausschließlich kantenverknüpft. In Abb. VI, 2.8 ist die Struktur dargestellt, aber zur besseren Anschaulichkeit sind die Ebenen etwas auseinandergezogen.

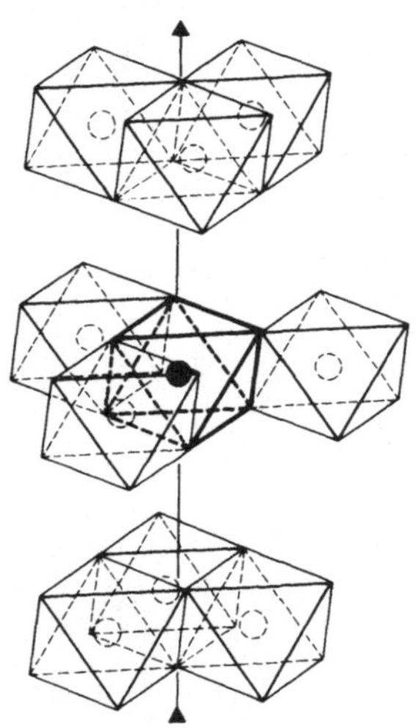

Abb. VI, 2.8. Auseinandergezogene Struktur von $[MnMo_9O_{32}]^{6-}$ [16]

In Wirklichkeit liegen die Oktaeder dicht aufeinander, so daß sich das folgende Strukturbild ergibt (Abb. VII, 2.8).

Auch das Tellur hat in dem Komplex $[TeMo_6O_{24}]^{6-}$, wie oben das Mangan, die Koordinationszahl 6. In dieser Struktur bilden MoO_6-Oktaeder einen Ring, dergestalt, daß je zwei Ecken eines Oktaeders mit den beiden benachbarten Oktaedern verknüpft sind

82

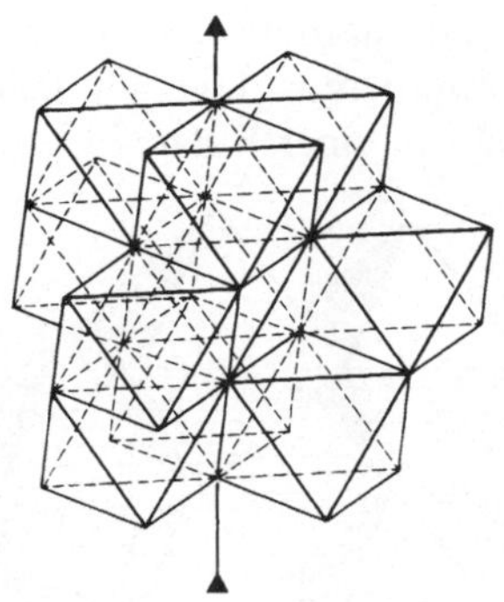

Abb. VII, 2.8. Bau des Anions $[MnMo_9O_{32}]^{6-}$ [16]

[17, 18]. In dem zentralen Hohlraum des so gebildeten Ringes sitzt das Telluratom, das — wie sich zwanglos aus der Eigenart dieser Struktur ergibt — ebenfalls oktaedrisch von sechs Sauerstoffatomen umgeben ist. Dieses mittlere Oktaeder, das ein Telluratom als Zentrum besitzt, ist in Abb. VIII, 2.8 der besseren Übersichtlichkeit wegen aus dem Molekülverband herausgehoben worden.

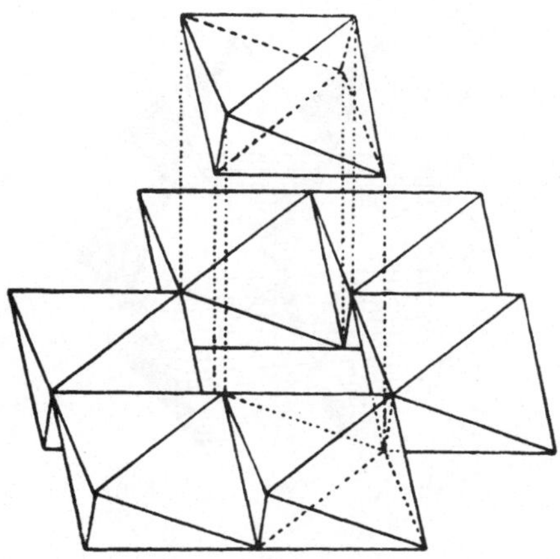

Abb. VIII, 2.8. $[TeMo_6O_{24}]^{6-}$. (Das $TeMo_6$-Oktaeder ist aus dem Molekü verband herausgehoben worden.) [18]

Viele Isopolyanionen sind ähnlich wie die Heteropolyanionen aufgebaut. Im Heptamolybdat(6−) $[Mo_7O_{24}]^{6-}$ ist Mo^{5+} das

Zentralion. Man kann deshalb diesen Komplex vielleicht besser als $[Mo(MoO_4)_6]^{6-}$ formulieren. Die Oktaeder liegen aber, wie Abb. IX, 2.8 zeigt, nicht in einer Ebene [19, 20].

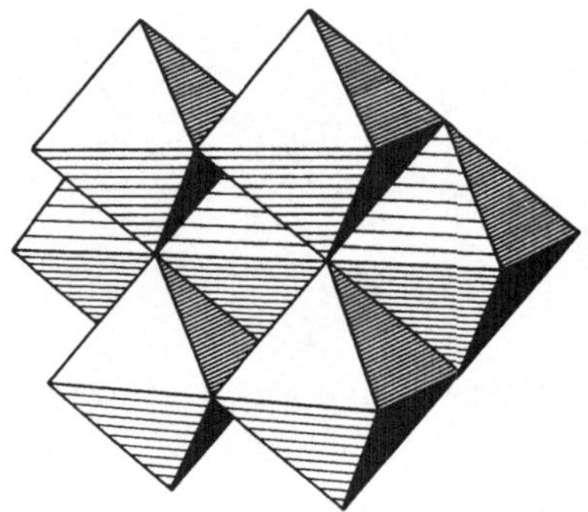

Abb. IX, 2.8. $[Mo_7O_{24}]^{6-}$ [20]

Das Zentrum von drei MoO_6-Oktaedern ist um eine halbe Kantenlänge gegenüber den restlichen Oktaedern verschoben.

Das Isopolyanion $[Mo_8O_{26}]^{4-}$ ist ebenfalls genau untersucht. Auch diese Struktur baut sich aus kondensierten MoO_6-Oktaedern auf [20].

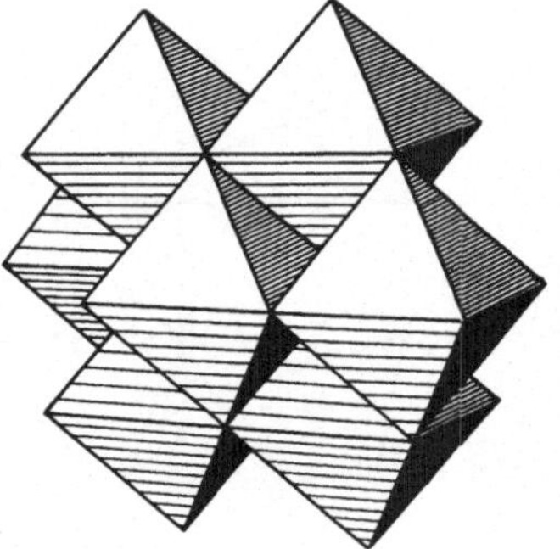

Abb. X, 2.8. $[Mo_8O_{26}]^{4-}$ [20]

Die Strukturen von Hexaniobat(8−) $[Nb_6O_{19}]^{8-}$ und Hexatantalat(8−)-Ion $[Ta_6O_{19}]^{8-}$ (Abb. XI, 2.8) sind mit denen der Polywolframate und Polymolybdate stark verwandt [21, 22].

Ein Oktaeder (b) unter (a) ist in dieser Aufsicht nicht zu sehen.

Von ähnlichem Bau ist auch das Dekavanadat(6−)-Ion $[V_{10}O_{28}]^{6-}$. Aus 10 Vanadium- und 28 Sauerstoffatomen wird hier

84

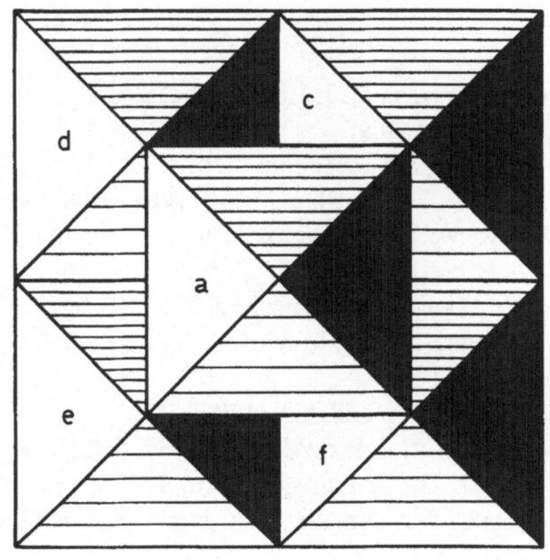

Abb. XI, 2.8. $[Ta_6O_{19}]^{8-}$ [22]

ein System von kondensierten VO_6-Oktaedern gebildet, wie es in Abb. XII, 2.8 gezeigt ist [23].

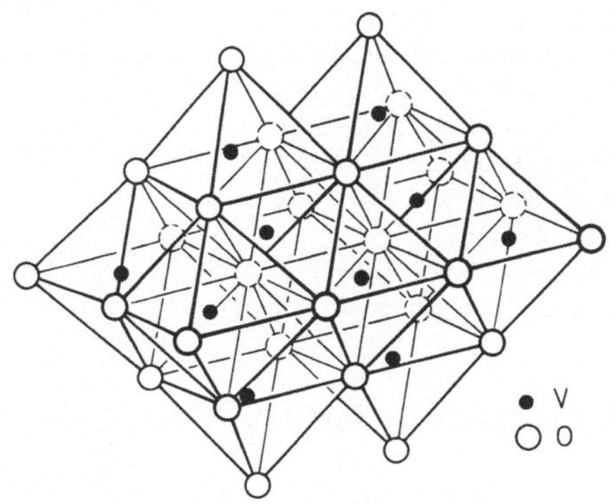

Abb. XII, 2.8. $[V_{10}O_{28}]^{6-}$ [23]

Zusammenfassend kann man sagen, daß die Heteropolysäuren mehrkernige Komplexe darstellen. Sie besitzen mindestens einen Kern mit einem Zentralatom, das von solchen Liganden umgeben ist, die ihrerseits wieder komplexe Ionen mit anderen Zentralatomen darstellen. Bei den Isopolysäuren ist nur *eine* Art von Zentralatomen vorhanden. In all diesen Komplexverbindungen ist immer eine Verknüpfung der Liganden untereinander über Sauerstoffbrücken zu beobachten. Es kommt Verknüpfung sowohl über Ecken wie auch über Kanten vor.

Literatur

1. Tentative nomenclature rules II,2; iso- and heteropolyanions. IUPAC Information Bulletin Nr. 35, S. 22 (1969).
2. Eméleus, H. J., Anderson, J. S.: Ergebnisse und Probleme der modernen anorganischen Chemie, 2. Aufl., S. 192. Berlin-Göttingen-Heidelberg: Springer 1954.
3. Rosenheim, A.: In: Abegg's Handbuch der anorganischen Chemie, Bd. IV, Teil 1/2, S. 977 ff. Leipzig: S. Hirzel 1921.
4. Barbieri, G. A.: Atti Accad. Naz. Lincei **23**, 805 (1914).
5. Baker, L. C. W., Gallagher, G. A., McCutcheon, T. P.: J. Am. Chem. Soc. **75**, 2493 (1953).
6. Hall, R. D.: J. Am. Chem. Soc. **29**, 699 (1907).
7. Zambonini, F., Caglioti, V.: Gazz. Chim. Ital. **59**, 400 (1929).
8. Rosenheim, A., Schwer, H.: Z. Anorg. Chem. **89**, 226 (1914).
9. Baker, L. C. W., Foster, G., Tan, W., Scholnick, F., McCutcheon, T. P.: J. Am. Chem. Soc. **77**, 2136 (1955).
10. Rosenheim, A., Jaenicke, J.: Z. Anorg. Chem. **100**, 304 (1917).
11. Berzelius, J.: Pogg. Ann. **6**, 369, 380 (1826).
12. Svanberg, L., Struve, H.: J. Prakt. Chem. **44**, 257 (1848).
13. Marignac. C.: Compt. Rend. **55**, 888 (1862).
14. Keggin, J. F.: Proc. Roy. Soc. (London), Ser. A **144**, 75 (1934).
15. Dawson, B.: Acta Cryst. **6**, 113 (1953).
16. Waugh, J. L. T., Shoemaker, D. P., Pauling, L.: Acta Cryst. **7**, 438 (1954).
17. Evans, H. T., Jr.: J. Am. Chem. Soc. **70**, 1291 (1948).
18. Anderson, J. S.: Nature **140**, 850 (1937).
19. Lindqvist, I.: Arkiv Kemi **2**, 325 (1950).
20. — Arkiv Kemi **2**, 349 (1950).
21. — Arkiv Kemi **5**, 247 (1953).
22. — Aronsson, B.: Arkiv Kemi **7**, 49 (1955).
23. Evans, H. T., Jr.: Inorg. Chem. **5**, 967 (1966).

2.9. Hydroxo- und Oxo-Komplexe

Manche Oxide haben basische, andere saure, und einige haben amphotere Eigenschaften. Aus manchen sauren Oxiden und aus den amphoteren Oxiden können sich mit Wasser Hydroxokomplexe bilden, d.h. Komplex-Verbindungen, die Hydroxoionen OH^- als Liganden besitzen. Als Beispiel für die Bildung eines Hydroxokomplexes aus einem sauren Oxid sei die Entstehung des Hexahydroxoantimonations aus Sb_2O_5 angeführt:

$$Sb_2O_5 + 5H_2O + 2OH^- \rightarrow 2[Sb(OH)_6]^-$$

Ein sehr bekanntes Beispiel für die Darstellung eines Hydroxokomplexes aus einem amphoteren Metalloxid liegt bei dem Element Zink vor:

$$ZnO + H_2O + 2OH^- \rightarrow [Zn(OH)_4]^{2-}$$

Es sei der Vollständigkeit halber erwähnt, daß sich Zinkoxid nicht nur in Basen unter Bildung von Hydroxozinkaten, sondern auch — wie es der Klassifizierung als amphoteres Oxid entspricht — in Säuren löst, um dann gewöhnliche Zinksalze zu bilden.

Sehr oft entstehen Hydroxokomplexe durch Hydrolyse von Metallionen:

$$M^{n+} + H_2O \rightleftharpoons [M(OH)]^{(n-1)+} + H^+$$

Da die Metallionen jedoch hydratisiert als Aquokomplex vorliegen, kommt die folgende Formulierung den tatsächlichen Gegebenheiten näher:

$$[M(H_2O)_x]^{n+} \rightleftharpoons [M(OH)(H_2O)_{x-1}]^{(n-1)+} + H^+$$

Ähnlich wie die Liganden Cl^-, Br^- usw. können OH^--Gruppen dabei sowohl als einfache Liganden als auch als Brücken zwischen zwei Zentralatomen fungieren, so daß dann auch Hydroxokomplexe entstehen können, die dimer, trimer oder polymer gebaut sind. Da bei der oben angegebenen Bildungsreaktion Protonen frei werden, ist die Art der gebildeten Produkte sehr vom jeweiligen pH-Wert der Lösung abhängig. So kann man ausgehend von dem Komplex $[Fe(H_2O)_6]^{3+}$ mit zunehmendem pH-Wert die Bildung der Komplexe $[Fe(OH)(H_2O)_5]^{2+}$, $[Fe(OH)_2(H_2O)_4]^+$ und $[Fe(H_2O)_4 \cdot (OH)_2Fe(H_2O)_4]^{4+}$ beobachten. Bei einem pH-Wert von 4 und größer werden noch höher polymere Einheiten mit sehr hohem Molekulargewicht gebildet [1—5]. Schließlich entsteht über ein kolloidales Gel ein Niederschlag von amorphem, wasserhaltigem Eisen(III)-hydroxid in Form einer gallertartigen braunen Masse. Man kennt übrigens nicht nur hydratisierte Hydrokomplexe des Eisens der Oxidationsstufe $+3$, sondern auch reine kristallisierte Hexahydroxoferrate(III), nämlich $Sr_3[Fe(OH)_6]_2$ und $Ba_3[Fe(OH)_6]_2$.

Beim Beryllium deutet sich die Existenz von Hydroxokomplexen bereits dadurch an, daß beim Versetzen von Berylliumsalzlösungen mit OH^--Ionen zunächst kein $Be(OH)_2$ ausfällt. In verdünnten Lösungen liegen dabei hauptsächlich $[Be(OH)]_3^{3+}$-Ionen vor, wobei das Berylliumzentralatom noch hydratisiert ist. Es wird folgende Struktur dafür vorgeschlagen [6, 7]:

$$\left[\begin{array}{c} H \\ O\text{—}Be(H_2O)_2 \\ (H_2O)_2Be \qquad OH \\ O\text{—}Be(H_2O)_2 \\ H \end{array} \right]^{3+}$$

Auch bei vielen anderen Elementen ist die Existenz von Hydroxokomplexen wahrscheinlich oder gesichert. So gibt es beim Aluminium und Gallium die Aluminate und Gallate $[M^{III}(OH)_4]^-$ oder $[M^{III}(OH)_4(H_2O)_2]^-$; beim Germanium die Germanate $[GeO(OH)_3]^-$ und $[GeO_2(OH)_2]^{2-}$; beim Zinn Stannate(IV) $[Sn(OH)_6]^{2-}$ und Stannate(II) $[Sn(OH)_6]^{4-}$ und andere; beim Blei die Plumbate $[Pb(OH)_6]^{2-}$; beim Titan z.B. das Ion $[Ti(OH)_2 \cdot (H_2O)_4]^{2+}$; beim Zink die Zinkate $[Zn(OH)_3(H_2O)]^-$, $[Zn(OH)_3 \cdot (H_2O)_3]^-$ oder $[Zn(OH)_4]^{2-}$ und andere mehr. Viele dieser Ionen sind nicht nur in Lösung stabil, sondern konnten auch trotz einiger experimenteller Schwierigkeiten besonders als Alkali- und Erdalkalisalze dargestellt werden. So gelang Scholder [8–10] und seinen Schülern die Synthese — um nur einige wenige Beispiele zu nennen — von Hydroxozinkaten, -cadmaten, -stannaten, -cobaltaten, -cupraten, -chromaten und -ferraten in reiner kristalliner Form.

Eine Zusammenstellung der wichtigsten isolierten Alkali- oder Erdalkalikomplexsalze, die nur Hydroxogruppen als Liganden haben, ergibt folgendes Bild:

Cr:	$Na_3[Cr^{III}(OH)_6]$	dunkelgrün
	$Ba_3[Cr^{III}(OH)_6]_2 \cdot H_2O$	graublau
Fe:	$Na_2[Fe^{II}(OH)_4]$	blaugrün
	$Ba_3[Fe^{III}(OH)_6]_2$	weiß
Co:	$Na_2[Co^{II}(OH)_4]$	hellweinrot
	$Ba_2[Co^{II}(OH)_6]$	hellrot
	$K_3[Co^{III}(OH)_6]$	smaragdgrün
Ni:	$Na_2[Ni^{II}(OH)_4]$	blaßgrün oder gelbgrün
	$Ba_2[Ni^{II}(OH)_6]$	hellgelbgrün
Pt:	$Na_2[Pt^{IV}(OH)_6]$	goldgelb
Cu:	$Na_2[Cu^{II}(OH)_4]$	tiefblau
	$Ba_2[Cu^{II}(OH)_6]$	himmelblau
Zn:	$Na[Zn(OH)_3]$	weiß
	$Na_2[Zn(OH)_4]$	weiß
	$Ba_2[Zn(OH)_6]$	weiß
Cd:	$Na_2[Cd(OH)_4]$	weiß
	$Ba_2[Cd(OH)_6]$	weiß
Sn:	$Na[Sn^{II}(OH)_3]$	weiß
	$Na_2[Sn^{IV}(OH)_6]$	weiß
Pb:	$Na_2[Pb^{II}(OH)_4]$	weiß
	$Na_2[Pb^{IV}(OH)_6]$	weiß
Sb:	$Na[Sb^{V}(OH)_6]$	weiß

In einigen solcher Komplexe treten Hydroxoionen als einzige Liganden auf, in anderen ist O neben OH vorhanden. Außerdem gibt es auch Komplexe, die nur Sauerstoff als Liganden enthalten. Man spricht in diesem Fall von Oxokomplexen [11]. Als allgemeine Formel für die Zusammensetzung solcher Substanzen kann man $M_m[ZO_n]$ angeben. Dabei bedeutet M ein Metallion — vorwiegend ein Alkali- oder Erdalkaliion — und Z das Zentralatom des Komplexes. n kann Werte von 1 bis 6 annehmen.

Insgesamt können von einer sehr großen Zahl von Elementen — oft auch in verschiedenen Wertigkeitsstufen — Oxosalze erhalten werden. Es seien einige wenige Beispiele für Oxosalze angeführt:

$Ba_3(FeO_3)_2$, $Ba_9(FeO_6)_2$, $BaFeO_3$, Ba_2FeO_4, Ba_3FeO_5, K_3FeO_4, $BaFeO_4$;

$NaBiO_3$, Na_3BiO_4, Na_5BiO_5, Na_7BiO_6;

Na_4MnO_4, Ba_3MnO_5, Na_3MnO_4, $Ba_3(MnO_4)_2$, Na_5MnO_5, Na_2MnO_4,

$BaMnO_4$, $NaMnO_4$.

Nicht alle Oxosalze bestehen allerdings aus in äußerer Sphäre gebundenen Kationen und aus komplexen Anionen, die den gesamten Sauerstoff als Liganden enthalten — mit Koordinationszahlen, wie sie sich aus den Formeln zu ergeben scheinen. Sicher ist eine erhebliche Anzahl dieser Substanzen dann so gebaut, wenn stark polarisierende Zentralionen vorhanden sind; aber bei anderen Oxosalzen fand man auch Perowskit- oder Spinellgitter und sogar (bei $LiFeO_2$) Steinsalzgitter. Die oft gebrauchte Bezeichnung „Doppeloxide" für derartige Stoffe ist also mitunter nicht ungerechtfertigt. Nur die Röntgenstrukturuntersuchung gibt bei solchen Stoffen Aufschluß über die Koordinationsverhältnisse. Dies sei noch an folgenden Beispielen verdeutlicht:

In der farblosen Verbindung KAgO, deren Struktur von Hoppe und Sabrowski beschrieben wurde [12], liegen isolierte Baueinheiten $[Ag_4O_4]$ vor, in denen Silber die Koordinationszahl 2 besitzt. Die $[Ag_4O_4]$-Gruppen sind über ihre Sauerstoffatome mit dem Kalium verbunden. Es entsteht so eine Kristallstruktur mit ziemlich großen Kanälen oder Röhren. Analog gebaut sind die Verbindungen NaCuO, KCuO, RbAgO, CsAgO und CsAuO [13—16].

Die Strukturen der Komplexe $NaCuO_2$, $KCuO_2$, $RbCuO_2$ und $CsCuO_2$ mit Kupfer der Oxidationszahl $+3$ sind dagegen aus eindimensionalen unendlichen Ketten aufgebaut, wobei jedes Kupferzentralion von vier Sauerstoffen umgeben ist [17].

Literatur

1. Jander, G., Winkel, A.: Z. Anorg. Allgem. Chem. **193**, 1 (1930).
2. Hedström, B. O. A.: Arkiv Kemi **6**, 1 (1954).
3. Milburn, R. M., Vosburgh, W. C.: J. Am. Chem. Soc. **77**, 1352 (1955).
4. Spiro, T. G., Allerton, S. E., Renner, J., Terzis, A., Bils, R., Saltman, P.: J. Am. Chem. Soc. **88**, 2721 (1966).
5. — Saltman, P.: Structure and bonding, Bd. 6, S. 116 ff. Berlin-Heidelberg-New York: Springer 1969.
6. Kakihana, H., Sillén, L. G.: Acta Chem. Scand. **10**, 985 (1956).
7. Everest, D. A., Mercer, R. A., Miller, R. P., Milward, G. L.: J. Inorg. Nucl. Chem. **24**, 525 (1962).
8. Scholder, R., Weber, H.: Z. Anorg. Allgem. Chem. **215**, 355 (1933); **216**, 159 (1933).
9. — Felsenstein, R., Apel, A.: Z. Anorg. Allgem. Chem. **216**, 138 (1933).
10. — Pätsch, R.: Z. Anorg. Allgem. Chem. **216**, 176 (1933); **217**, 214 (1934; **220**, 411 (1934).
11. — Angew. Chem. **70**, 583 (1958).
12. Sabrowski, H., Hoppe, R.: Z. Anorg. Allgem. Chem. **358**, 241 (1968).
13. Hoppe, R., Hestermann, K., Schenk, F.: Z. Anorg. Allgem. Chem. **367**, 275 (1969).
14. Sabrowski, H.: Z. Anorg. Allgem. Chem. **365**, 146 (1969).
15. Wasel-Nielen, H. D., Hoppe, R.: Z. Anorg. Allgem. Chem. **359**, 36 (1968).
16. Hestermann, K., Hoppe, R.: Z. Anorg. Allgem. Chem. **360**, 113 (1968).
17. — — Z. Anorg. Allgem. Chem. **367**, 249, 261 (1969).

2.10. Komplex-Verbindungen, die Sauerstoff in Form von O_2-Gruppen enthalten

Komplex-Verbindungen können das Element Sauerstoff nicht nur in Form von O-Atomen enthalten, sondern auch in Form von O_2-Gruppen. Am häufigsten ist die O_2-Gruppe als Peroxo-Gruppe enthalten. Es kann aber auch molekularer Sauerstoff gebunden sein, und schließlich kann das Kation O_2^+ in äußerer Sphäre gebunden sein.

2.10.1. Komplex-Verbindungen, die Peroxo-Gruppen enthalten

Am häufigsten sind Komplex-Verbindungen mit Peroxo-Gruppen bei Zentralatomen der 4., 5. und 6. Nebengruppe [1—3] zu beobachten.

Obwohl viele dieser Substanzen nur wenig stabil sind und manche sogar beim Erwärmen explodieren, konnten die Strukturen einiger dieser Verbindungen aufgeklärt werden.

90

So gelang es 1960 Stomberg und Brosset, die Struktur von Kalium-
perchromat(V) K_3CrO_8 mit Hilfe von Röntgenstrukturuntersuchungen aufzuklären. Dabei hat sich gezeigt, daß die Anordnung der
Sauerstoffatome um das Zentralatom dodekaedrisch ist [4–8].

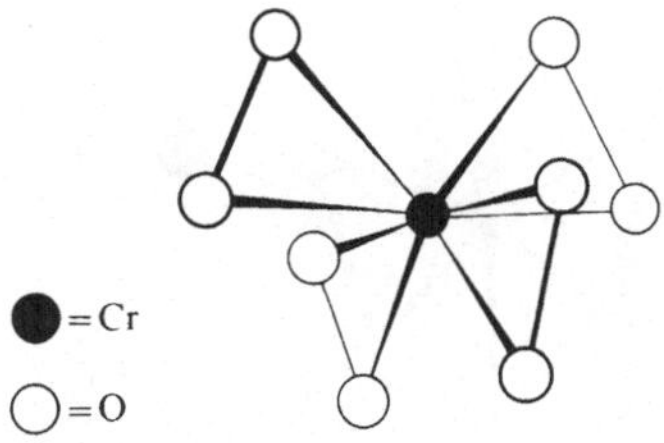

Abb. I, 2.10. Struktur von $[CrO_8]^{3-}$ [5]

Das Hydrat von Kalium-tetraperoxodiwolframat, $K_2W_2O_{11} \cdot$
$4 H_2O$, hat dagegen pentagonal bipyramidale Struktur. In diesem
Fall sind zwei der vier Wassermoleküle in innerer Sphäre an das
Zentralatom gebunden. Die beiden Zentralatome Wolfram werden
durch eine Sauerstoffbrücke miteinander verbunden. Je zwei Peroxo-
Gruppen liegen in den beiden pentagonalen Ringen um die Zentralatome. Diese Struktur zeigt, daß man diesen Komplex als $K_2[(H_2O) \cdot$
$O(O_2)_2WOW(O_2)_2O(H_2O)] \cdot 2 H_2O$ formulieren muß [3, 9].

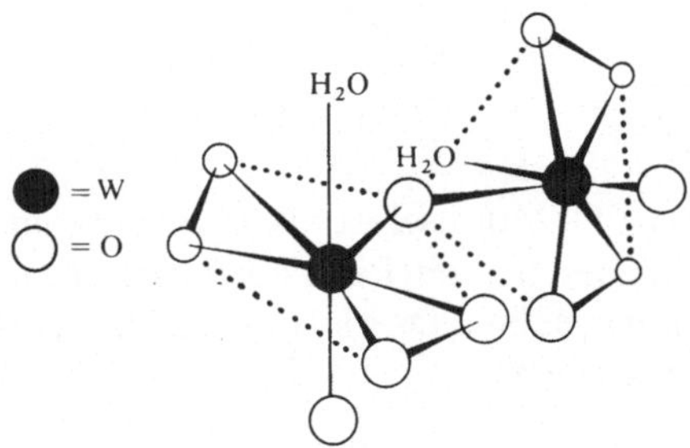

Abb. II, 2.10. Struktur von $[(H_2O)O(O_2)_2WOW(O_2)_2O(H_2O)]^{2-}$ [3]

Eine ganz ähnliche Struktur hat der Komplex $[Cr(O_2)_2(NH_3)_3]$,
Diperoxotriamminchrom(IV). Auch hier liegt eine etwas verzerrte
pentagonale Bipyramide vor, wobei zwei Peroxo-Gruppen und ein
Ammoniakmolekül das Fünfeck aufbauen [10]. Im Gegensatz zu

der vorher beschriebenen Wolframverbindung handelt es sich hier um einen einkernigen Komplex.

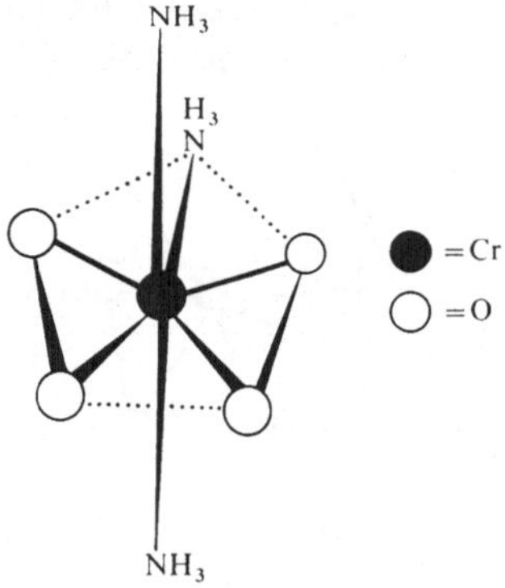

Abb. III, 2.10. Struktur von $[Cr(O_2)_2(NH_3)_3]$ [10]

Eine etwas deformierte pentagonale Pyramide bildet der Peroxo-komplex $[CrO(O_2)_2py]$, Oxodiperoxopyridinochrom(VI), ein Derivat des in der qualitativen Analyse für den Nachweis von Chrom wichtigen blauen CrO_5 [11].

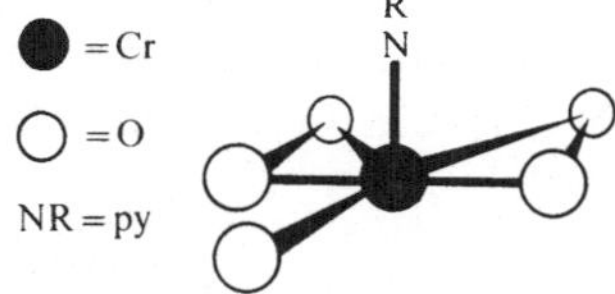

Abb. IV, 2.10. Struktur von $[CrO(O_2)_2py]$ [11]

Ebenso wie das O-Atom selbst als Brückenatom zwischen zwei Zentralatomen fungieren kann, kann auch eine Peroxo-Gruppe eine derartige Funktion ausüben. Dies ist z. B. der Fall in dem komplexen Ion $[(NH_3)_5Co(O_2)Co(NH_3)_5]^{5+}$ [12].

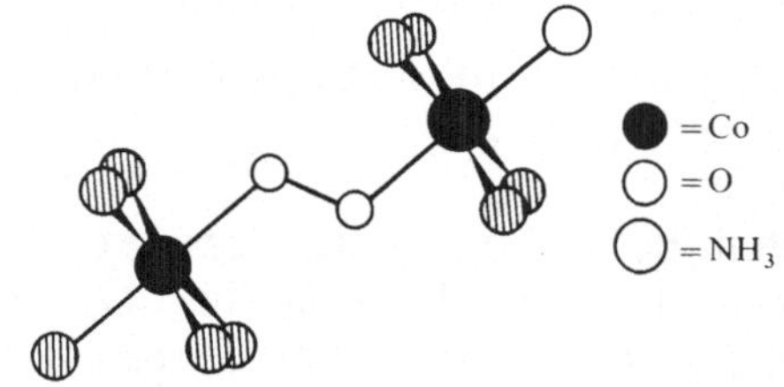

Abb. V, 2.10. Struktur von $[(NH_3)_5Co(O_2)Co(NH_3)_5]^{5+}$ [12]

92

2.10.2. *Komplexe, die elementaren Sauerstoff binden können*

Es gibt eine Reihe von Komplex-Verbindungen, die in der Lage sind, reversibel elementaren Sauerstoff aufzunehmen und wieder abzugeben. Dies ist ja auch schon bei dem allerdings sehr kompliziert gebauten Hämoglobin (s. Abschnitt 2.4) möglich. Die Komplexe, die im Folgenden betrachtet werden sollen, werden häufig als Salcomine bezeichnet. Dies ist ein zusammengesetztes Kunstwort, das aus den Bestandteilen *Sal*icylaldehyd, *Co*balt und Äthylendia*min* gebildet wurde. Salcomin I ist 1933 von Pfeiffer und Mitarbeitern hergestellt worden [13]. Der Komplex selbst, Salicylaldehydäthylendiiminkobalt(II) (Salcomin I) mit X = H,

X = H: Salcomin I

stellt eine rotbraune kristalline Substanz dar; die Verbindung ist ein Innerkomplex. Pfeiffer maß der Verbindung bei ihrer Entdeckung keine besondere Bedeutung zu. Er bemerkte lediglich, daß sich die Substanz an der Luft dunkel färbte. Erst fünf Jahre später konnte Tsumaki nachweisen, daß diese Farbvertiefung durch eine reversible Aufnahme von Sauerstoff aus der Luft verursacht wird [14].

Neben dem oben erwähnten Salcomin I fand man noch einen ähnlich aufgebauten Komplex Salcomin II, der ebenfalls als Sauerstoffträger wirken kann.

Salcomin II

Salcomin I vermag ein halbes Molekül Sauerstoff pro Kobaltatom, Salcomin II ein Molekül Sauerstoff pro Kobaltatom reversibel zu binden [15, 16]. Der Sauerstoff wird nicht nur in Lösung adsorbiert, sondern auch im festen, kristallisierten Zustand. Der Vorgang der Sauerstoffaufnahme ist stark von der Größe und der Beschaffenheit der Kristalle abhängig.

Es wurden ausführliche Messungen des Sauerstoffgleichgewichtsdruckes über den Salcominen durchgeführt [17]. Dabei zeigte sich, daß manche Sauerstoff tragenden Komplexe vom Typ des Salcomin I mit bestimmten Substituenten X stabiler sind als die unsubstituierte Verbindung mit $X=H$. Im einzelnen konnten folgende Werte für den Sauerstoffgleichgewichtsdruck bei 25° C bei 50%iger Sättigung des jeweiligen Komplexes mit Sauerstoff gemessen werden:

Substituent bei Salcomin I	Sauerstoffgleichgewichtsdruck bei 25° C und 50%iger Sättigung
$X=H$	50 mm Hg
$X=OCH_3$	60 mm Hg
$X=NO_2$	30 mm Hg
$X=OC_2H_5$	2 mm Hg

Ein und dieselbe Substanz kann mehrmals Sauerstoff aufnehmen und wieder abgeben. Allerdings werden die Komplex-Verbindungen durch diese Operationen mit der Zeit zunehmend oxidativ zerstört.

Weiter ist interessant, daß die Verbindung mit *einem* Molekül O_2, das mit zwei Molekülen Salcomin I verbunden ist, diamagnetisch ist. Die Verbindung dagegen, die ein Molekül O_2 pro Molekül Salcomin II enthält, zeigt Paramagnetismus, wie er für einen Komplex mit einem Elektron mit ungepaartem Spin charakteristisch ist. Immer verschwindet bei der Verbindungsbildung der Paramagnetismus des Sauerstoffmoleküls.

Dieses Verhalten der Verbindungen zeigt, daß es wohl nicht nur elektrostatische Kräfte sein können, die das Sauerstoffmolekül in den Komplexen festhalten. Andererseits handelt es sich aber auch nicht um Peroxokomplexe, da bei der Hydrolyse mit Säure kein Wasserstoffperoxyd entsteht; dies wäre aber bei der Hydrolyse eines so instabilen Peroxokomplexes, der in der Lage ist, Sauerstoff reversibel aufzunehmen und abzugeben, zu erwarten. Der Bindungszustand des Sauerstoffs in den Salcomin-Komplexen ist also noch nicht klar.

Man fand, daß außer den bereits erwähnten Verbindungen noch andere synthetische Chelatkomplexe in der Lage sind, Sauerstoff reversibel anzulagern und wieder abzugeben. Zu dieser Verbindungsklasse gehören z. B. Kobalt(II)aminosäurechelate, Eisen(II)dimethylglyoxim in 50%iger wäßriger basischer Dioxanlösung, Nickel(II)dimethylglyoxim in stark alkalischer Lösung und Mangan(II)phthalocyanin in Pyridin [16].

Im Jahre 1963 gelang Vaska [18] die Entdeckung eines Komplexes, der ebenfalls zur Anlagerung und Abgabe von Sauerstoff befähigt ist, der aber wesentlich einfacher gebaut ist als die vorher bekannten Verbindungen mit dieser Eigenschaft. Es handelt sich hierbei um Chlorocarbonyl-bis(triphenylphosphin)iridium, $[IrCl \cdot (CO)\{(C_6H_5)_3P\}_2]$, eine gelbe kristalline Substanz, die durch die Sauerstoffaufnahme orange gefärbt wird. Unter gewöhnlichen Bedingungen reagiert diese Komplex-Verbindung nicht mit Sauerstoff, aber in benzolischer Lösung wird von dieser Substanz ein Molekül Sauerstoff pro Iridiumatom aufgenommen. Wenn der Sauerstoffdruck über der Lösung verringert wird, kommt es wieder zur Abgabe des Sauerstoffs. Es ist möglich, das Sauerstoffaddukt $[O_2IrCl(CO) \cdot \{(C_6H_5)_3P\}_2]$ aus der benzolischen Lösung auskristallisieren zu lassen. Das dann kristalline O_2-Addukt gibt unter vermindertem Druck bei Zimmertemperatur keinen Sauerstoff mehr ab, sondern nur noch bei erhöhter Temperatur. Es war möglich, von dem Sauerstoff enthaltenden Komplex $[O_2IrCl(CO)\{(C_6H_5)_3P\}_2]$ eine Röntgenstrukturanalyse zu erhalten [19, 20]. Die Struktur wird durch Abb. VI, 2.10 wiedergegeben.

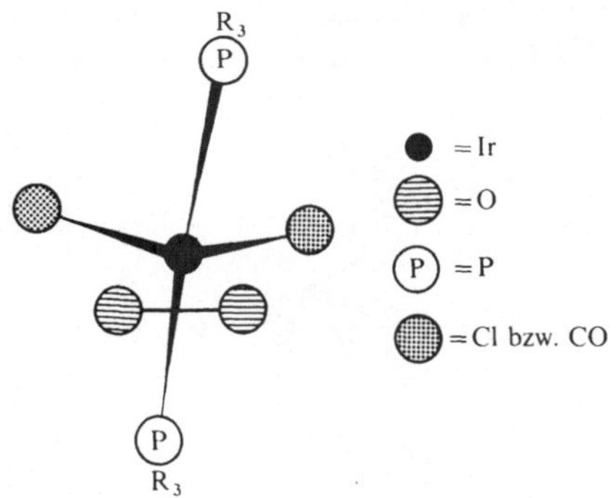

Abb. VI, 2.10. Struktur von $[O_2IrCl(CO)\{(C_6H_5)_3P\}_2]$ [19]

Durch die Röntgenstrukturuntersuchungen konnte man die Bindungsabstände bestimmen. Die beiden Sauerstoffatome sind gleich weit vom Ir-Atom entfernt. Der Abstand der beiden Sauerstoffatome voneinander beträgt 1,30 Å. Er ist somit länger als im molekularen Sauerstoff (1,21 Å), aber viel kürzer als in einem typischen Peroxyd (1,49 Å). Sehr nahe kommt der in der Verbindung gefundene O—O-Abstand von 1,30 Å demjenigen, der bei dem Ion O_2^- mit 1,28 Å festgestellt wurde.

Wenn auch in den Salcomin-O_2-Verbindungen O_2^- vorliegt, dann würde die Aufnahme von Sauerstoff eine Oxydation von Kobalt(II) zu Kobalt(III) bedeuten. Das magnetische Verhalten ist allerdings durch die Annahme eines O_2^- als Liganden auch nicht deutbar.

2.10.3. Komplex-Verbindungen,
die O_2 in äußerer Sphäre gebunden enthalten

Das Element Sauerstoff kann nicht nur in innerer Sphäre an ein Zentralatom gebunden sein, es kann sich vielmehr auch als Dioxigenyl-Kation O_2^+ in äußerer Sphäre am Aufbau einer Komplex-Verbindung beteiligen. Verbindungen mit diesem Kation gibt es sogar nur bei Beteiligung komplexer Anionen. Eine solche Verbindung, nämlich Dioxigenylhexafluoroplatinat(V), $[O_2]^+[PtF_6]^-$ wurde von Bartlett und Lohmann gefunden, als sie den rotbraun aussehenden Dampf von PtF_6 bei Zimmertemperatur mit Sauerstoff reagieren ließen [21, 22]. Bei dieser Reaktion entstand $[O_2]^+[PtF_6]$ in Form einer roten paramagnetischen festen Substanz, die im Vakuum über 90°C unzersetzt sublimierbar ist. Die Verbindung

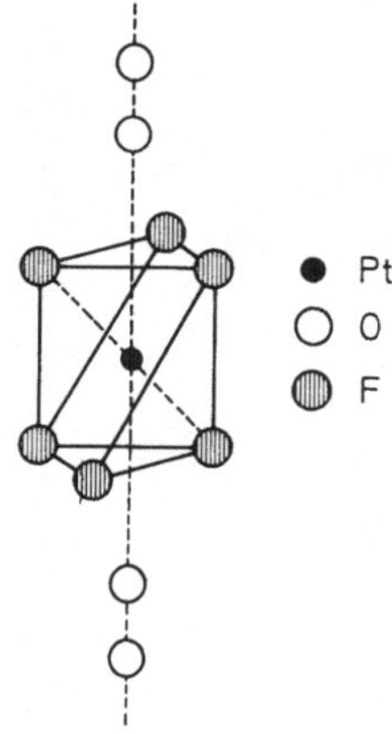

Abb. VII,2.10. Struktur von $[O_2]^+[PtF_6]^-$ [22]

96

existiert in zwei Modifikationen. Eine Röntgenstrukturuntersuchung hat gezeigt, daß in dem festen Stoff etwas deformierte PtF_6-Oktaeder enthalten sind, die übereinanderliegen und auf deren Symmetrieachse die Dioxigenyl-Kationen, wie in Abb. VII, 2.10 gezeigt, liegen.

Das Bild zeigt, daß die O_2^+-Gruppe nicht koordinativ an das Platinatom gebunden ist, sondern daß es als Ion in äußerer Sphäre sitzt.

Bei dieser Gelegenheit sei erwähnt, daß die Tatsache, daß Platinhexafluorid PtF_6 eine derart große Elektronenaffinität besitzt, daß es imstande ist, dem Sauerstoffmolekül ein Elektron zu entreißen und das Dioxigenyl-Kation O_2^+ zu bilden, Bartlett 1962 zur Entdeckung der Edelgasverbindungen geführt hat. Da die Ionisationspotentiale des Sauerstoffmoleküls und des Xenons ähnlich sind, erwartete Bartlett bei der Umsetzung von Xenon mit Platinhexafluorid eine dem Komplex $[O_2]^+[PtF_6]^-$ analoge Verbindung. Er konnte auch eine rote, kristalline Substanz isolieren, die er als $Xe[PtF_6]$ formulierte. Die Darstellung dieser Verbindung war der Ausgangspunkt für die stürmische Entwicklung in der Chemie des Xenons.

Literatur

1. Fergusson, J. E., Wilkins, C. J., Young, J. F.: J. Chem. Soc. **1962**, 2136.
2. Griffith, W. P.: J. Chem. Soc. **1964**, 5248.
3. Connor, J. A., Ebsworth, E. A. V.: Advan. Inorg. Chem. Radiochem. **6**, 279 (1964).
4. Wilson, I. A.: Arkiv Kemi Mineral. Geol. **15**B, No. 5 (1942).
5. Stomberg, R., Brosett, C.: Acta Chem. Scand. **14**, 441 (1960).
6. Swalen, J. D., Ibers, J. A.: J. Chem. Phys. **37**, 17 (1962).
7. Stomberg, R.: Acta Chem. Scand. **17**, 1563 (1963).
8. Hoard, J. L., Silverton, J. V.: Inorg. Chem. **2**, 235 (1963).
9. Einstein, F. W. B., Penfold, B. R.: Acta Cryst. **17**, 1127 (1964).
10. Stomberg, R.: Arkiv Kemi **22**, 49 (1964).
11. — Arkiv Kemi **22**, 29 (1964).
12. Schaefer, W. P., Marsh, R. E.: J. Am. Chem. Soc. **88**, 178 (1966).
13. Pfeiffer, P., Breith, E., Lübbe, E., Tsumaki, T., Liebigs Ann. Chem. **503**, 84 (1933).
14. Tsumaki, T.: Bull. Chem. Soc. Japan **13**, 252 (1938).
15. Martell, A. E., Calvin, M.: Chemistry of the metal chelate compounds, S. 336 ff. New York: Prentice-Hall Inc. 1952.
16. Vogt, L. H., Jr., Faigenbaum, H. M., Wiberley, S. E.: Chem. Rev. **63**, 269 (1963).
17. Calvin, M., Bailes, R. H., Wilmarth, W. K., Barkelew, C. H., Aranoff, S., Hughes, E. W.: J. Am. Chem. Soc. **68**, 2254, 2257, 2263, 2267, 2273 (1946).
18. Vaska, L.: Science **140**, 809 (1963).
19. Ibers, J. A., La Placa, S. J.: Science **145**, 920 (1964).
20. La Placa, S. J., Ibers, J. A.: J. Am. Chem. Soc. **87**, 2581 (1965).
21. Bartlett, N., Lohmann, D. H.: Proc. Chem. Soc. **1962**, 115.
22. — — J. Chem. Soc. **1962**, 5253.

2.11. Metallcarbonyle

Ein recht interessanter und sehr wichtiger Ligand, der bereits im vorigen Kapitel einmal erwähnt wurde, ist die Carbonyl-Gruppe CO.

Im Jahre 1888 machte C. Langer im Laboratorium des Industriellen L. Mond bei Versuchen, technischen Wasserstoff von Kohlenoxid zu befreien, die Beobachtung, daß Kohlenstoffmonoxid mit grünlicher Flamme brennt, wenn es vorher über fein verteiltes Nickel geleitet worden ist. Leitet man das so vorbehandelte CO durch ein erhitztes Rohr, dann scheidet sich metallisches Nickel ab. Diese erste Beobachtung zeigte, daß offenbar metallisches Nickel mit Kohlenmonoxid reagiert. Später konnten Mond, Langer und Quincke dann durch Abkühlen die nach der Gleichung

$$Ni + 4\,CO \rightarrow Ni(CO)_4$$

entstandene Verbindung Nickeltetracarbonyl isolieren [1].

Dieses Nickeltetracarbonyl — oder wie die Verbindung nach der neuen Nomenklatur heißen muß: Tetracarbonylnickel — ist bei Normalbedingungen eine farblose Flüssigkeit, die bei $-25°C$ erstarrt und bei $+43°C$ siedet. Es ist — wie alle Carbonyle — sehr giftig. $Ni(CO)_4$ zerfällt ziemlich leicht in Nickel und Kohlenstoffmonoxid. Diese Eigenschaften des Tetracarbonylnickels führten zur Entwicklung des sogenannten Mond-Verfahrens, das zur Herstellung von reinem Nickel dient. Bei diesem Verfahren wird bei mäßiger Temperatur aus unreinem Nickel und Kohlenstoffmonoxid Tetracarbonylnickel gebildet, welches in der Gasphase durch Überleiten über Reinnickelkugeln mit einer Temperatur von 180 – 200°C wieder in reines Nickel und Kohlenstoffmonoxid zerlegt wird. Insbesondere ist mit diesem Verfahren die Trennung von Nickel und Kobalt sehr leicht möglich, da Kobalt unter den gewählten Reaktionsbedingungen keine Carbonylverbindung zu bilden vermag. Die Trennung des Nickels von Eisen ist allerdings auf diesem Wege nicht glatt möglich; denn Eisen bildet unter diesen Bedingungen ebenfalls eine geringe Menge eines flüchtigen Carbonyls.

Zur Herstellung des Pentacarbonyleisens, $Fe(CO)_5$, das ebenfalls von Mond und Quincke und unabhängig davon gleichzeitig von Berthelot entdeckt wurde [2, 3], wendet man zweckmäßigerweise erhöhten Druck an. Da die Reaktion unter Volumenverminderung verläuft, begünstigt Druckerhöhung nach dem Prinzip von Le Chatelier die Bildung des Carbonyls. $Fe(CO)_5$ ist eine gelbe giftige

Flüssigkeit, die bei $-20°C$ erstarrt und bei $+103°C$ siedet. Beim Belichten, insbesondere mit ultraviolettem Licht, geht $Fe(CO)_5$ unter Abspaltung von Kohlenstoffmonoxid in das goldfarbene, kristalline $Fe_2(CO)_9$ über. Auch die grüne Verbindung $Fe_3(CO)_{12}$ ist bekannt. Carbonyleisen bildet sich immer dann langsam, wenn metallisches Eisen bei höheren Drucken mit Kohlenstoffmonoxid zusammenkommt. So findet man Carbonyleisen etwa in Gasflaschen, in denen CO oder ein mit CO verunreinigtes Gas aufbewahrt wird, sowie in Rohrleitungen, in denen ein CO-haltiges Gasgemisch transportiert wird. Pentacarbonyleisen stellt man in größerem Maßstab technisch her, da durch die Zersetzung dieses Carbonyls die Gewinnung eines äußerst fein verteilten und sehr reinen Eisens möglich ist. 1924 entdeckte man die Fähigkeit von $Fe(CO)_5$, bei Zumischung zum Benzin das Klopfen der Motoren zu verhindern. So wurde Pentacarbonyleisen als „Klopffeind" einige Zeit verwendet. Die industrielle Tagesproduktion betrug Ende 1924 mehr als 1000 kg $Fe(CO)_5$ [4].

Auch die Carbonyle anderer Metalle werden heute in größeren Mengen technisch hergestellt.

Verbindungen zwischen Kobalt und Kohlenstoffmonoxid sind ebenfalls seit langer Zeit bekannt [5]. Oktacarbonyldikobalt, $Co_2(CO)_8$, eine orangegelbe bis rote kristalline Substanz, bildet sich bei der Einwirkung von Kohlenstoffmonoxid auf frisch reduziertes, feinst verteiltes Kobalt bei 200 atm Druck und $120-140°C$. Auch aus Kobaltcarbonat, Kohlenstoffmonoxid und Wasserstoff ist bei $250-300$ atm Druck und bei $120-200°C$ die Darstellung von $Co_2(CO)_8$ möglich:

$$2\,CoCO_3 + 2\,H_2 + 8\,CO \rightarrow Co_2(CO)_8 + 2\,CO_2 + 2\,H_2O$$

Außer $Co_2(CO)_8$ kennt man das schwarze Dodekacarbonyltetrakobalt $Co_4(CO)_{12}$.

Carbonyle von anderen Metallen können gewonnen werden, indem man von den Metallhalogeniden ausgeht. Vielfach benutzt man Suspensionen der Metallhalogenide in organischen Lösungsmitteln (z.B. Tetrahydrofuran) und behandelt diese Suspensionen bei $200-300$ atm Druck und bei Temperaturen bis zu $300°C$ im Autoklaven mit Kohlenstoffmonoxid. Zweckmäßig setzt man hierbei ein Reduktionsmittel — wie Natrium, Aluminium oder Magnesium, gelegentlich auch Trialkylaluminium — zu.

So wird z.B. $V(CO)_6$ aus VCl_3, CO und Mg- und Zn-Pulver hergestellt. Auch Carbonylruthenium kann man aus den Halogeniden gewinnen [6]. RuJ_3 nimmt CO auf, und es bildet sich $[RuJ_2(CO)_2]$. Mischt man diese Substanz mit elementarem Silber und erhitzt in einer CO-Atmosphäre auf 170°C, so wird Jod frei und es entsteht schließlich $Ru(CO)_5$.

$$2\,RuJ_3 + 4\,CO \rightarrow 2\,[RuJ_2(CO)_2] + J_2$$

$$[RuJ_2(CO)_2] \underset{+J_2}{\overset{+Ag+CO}{\rightleftharpoons}} Ru(CO)_5$$

Dieses Pentacarbonylruthenium erleidet am Licht ganz analog dem Pentacarbonyleisen eine Zersetzung.

Die Hexacarbonyle der Metalle der 6. Nebengruppe des periodischen Systems der Elemente kann man entweder aus dem Metall mit Kohlenstoffmonoxid unter Druck erhalten oder aus Halogeniden wie $CrCl_3$, $MoCl_5$, WCl_6 unter Zuhilfenahme einer Grignard-Reaktion [7−9].

Hieber, der an der Erforschung der Carbonyle maßgeblichen Anteil hat, versuchte, diese Bildungsweise der Metallcarbonyle dem Verständnis näher zu bringen.

Der Reaktionsablauf dürfte hier ziemlich verwickelt sein. Möglicherweise bewirkt das Grignard-Reagenz (z. B. Phenylmagnesiumbromid) eine primäre Reduktion des Metallhalogenids unter Bildung von Komplex-Verbindungen, an die dann Kohlenstoffmonoxid angelagert werden kann. Bei einer sauren Hydrolyse kann dann eine Disproportionierung unter Bildung des halogenfreien Carbonyls erfolgen, z. B. [10]:

$$3\,Cr(CO)_2R_4 + 6\,H^+ \rightarrow Cr(CO)_6 + 2\,Cr^{3+} + 12\,R + 3\,H_2$$

wobei R ein organischer Rest ist, der anschließend weiterreagiert.

Eine analoge Reaktion konnte man auch beim Nickel beobachten. Im Jahre 1902 stellte Mittasch fest, daß die Anwesenheit von Schwefelwasserstoff sich günstig auf die Synthese von $Ni(CO)_4$ auswirkte [11]. So absorbiert z. B. auch in Natronlauge suspendiertes Nickelsulfid Kohlenstoffmonoxid [12]. Man nahm an, daß diese Entstehung des Tetracarbonylnickels über eine primäre Bildung einer Verbindung des einwertigen Nickels verläuft:

$$2\,Ni(SH)_2 + 2n\,CO \rightarrow 2\,Ni(CO)_nSH + H_2S_2$$

$$2\,Ni(CO)_nSH + (4-2n)\,CO \rightarrow Ni(CO)_4 + Ni(SH)_2$$

Die gleiche Reaktion läßt sich außer mit Nickelsulfid auch noch mit Nickelcyanid und mit Nickelmercaptid als Ausgangsverbindung durchführen.

In Übereinstimmung mit dieser Annahme, daß die Reaktion intermediär über einen Nickel(I)komplex verläuft, absorbiert das Salz von Bellucci [13], $K_4[Ni_2(CN)_6]$, das Nickel der Oxydationsstufe $+1$ enthält, Kohlenstoffmonoxid unter Bildung des Komplexes $K_2[Ni(CN)_3(CO)]$ [14]. Diese Verbindung vermag dann nach

$$4[Ni(CN)_3(CO)]^{2-} + 2H^+ \rightarrow 3[Ni(CN)_4]^{2-} + Ni(CO)_4 + H_2$$

zu disproportionieren.

Eine analoge Reaktion beobachtet man weiter, wenn man Nickel(II)dithiobenzoat mit Sulfidionen in Gegenwart von Kohlenstoffmonoxid reagieren läßt. Es findet dann folgende Reaktion statt [15]:

$$4[Ni^{II}(SSCC_6H_5)_2] + 4SH^- + 8CO$$

$$\rightarrow 2Ni^0(CO)_4 + 4C_6H_5CSS^- + [(C_6H_5CSS)_2Ni^{IV}S_2Ni^{IV}(SSCC_6H_5)_2] + H_2S.$$

Nickel(II)dithiobenzoat $[Ni(SSCC_6H_5)_2]$ besitzt folgende Struktur:

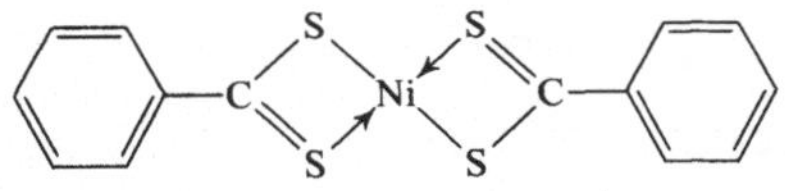

Hieber und Brück [15], die diese Reaktion mit SH^- näher untersucht haben, zeigten, daß zunächst durch eine Anlagerung von Sulfidionen ein anionischer Nickel(II)-Komplex entsteht, in dem Nickel die Koordinationszahl 6 hat und in dieser Form leicht in die Oxydationszahl $+4$ überführt werden kann. Der schließlich entstehende Komplex mit Ni^{IV} als Zentralatom ist zweikernig.

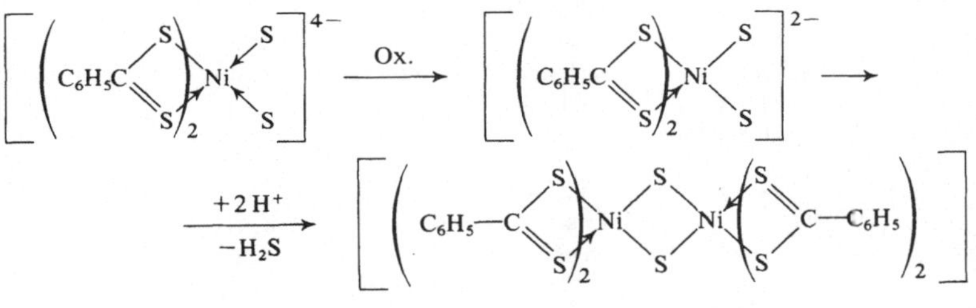

Es sei noch erwähnt, daß auch die Herstellung von Carbonylen gelungen ist, die verschiedene Metallatome im Molekül enthalten, so z.B. $Mn_2Fe(CO)_{14}$ und $ReFeMn(CO)_{14}$ [16, 17].

Die bekanntesten Carbonyle seien hier in einer kurzen Übersicht zusammengestellt:

V(CO)$_6$	Cr(CO)$_6$	Mn$_2$(CO)$_{10}$	Fe(CO)$_5$	Co$_2$(CO)$_8$	Ni(CO)$_4$
krist. dunkelblau b. schwarz subl. i. V. Zers. 70°	krist. farblos subl. i. V. best. bis 180°	krist. goldgelb subl. i. V. Fp. 155°	flüssig gelb Fp. $-20°$ Kp. 103°	krist. orange subl. i. V. Fp. 51°	flüssig farblos Fp. $-25°$ Kp. $+43°$
			Fe$_2$(CO)$_9$ krist. golden best. bis 100° Fe$_3$(CO)$_{12}$ krist. dkl. grün Zers. ab 140°	Co$_4$(CO)$_{12}$ krist. schwarz Zers. 60°	
	Mo(CO)$_6$ krist. farblos subl. i. V. best. bis 180°	Tc$_2$(CO)$_{10}$ krist. farblos Fp. 160°	Ru(CO)$_5$ flüssig farblos Fp. $-22°$	Rh$_2$(CO)$_8$ krist. orange Fp. 76°	
			Ru$_2$(CO)$_9$ krist. orange Ru$_3$(CO)$_{12}$ krist. grün	[Rh(CO)$_3$]$_n$ krist. rot Rh$_6$(CO)$_{16}$ krist. schwarz Zers. $\sim$200°	
	W(CO)$_6$ krist. farblos subl. i. V. best. bis 180°	Re$_2$(CO)$_{10}$ krist. farblos subl. i. V. Fp. 177°	Os(CO)$_5$ flüssig farblos	Ir$_2$(CO)$_8$ krist. grüngelb subl.	
		[Re(CO)$_4$]$_n$ krist. weiß	Os$_2$(CO)$_9$ krist. gelb sublimierbar Os$_3$(CO)$_{12}$ gelb Fp. 224°	[Ir(CO)$_3$]$_n$ krist. gelb Zers. 210°	

Das chemische Verhalten der Carbonyle ist gut untersucht. Zahlreiche Reaktionen sind studiert worden. Generell kann man sagen, daß die Carbonylverbindungen sehr reaktionsfreudig sind. Es ist bemerkenswert, daß die Carbonylgruppen durch andere Liganden ersetzt werden können. Hier können nur einige der sehr zahlreichen Reaktionen, die Metallcarbonyle einzugehen vermögen, aufgezählt werden [18–24].

So erhält man z. B. aus $Fe(CO)_5$ mit Jod zunächst ein Additionsprodukt $Fe(CO)_5J_2$, das sehr leicht unter Abgabe von Kohlenstoffmonoxid in die Verbindung $Fe(CO)_4J_2$ übergeht. Das Jod kann auch durch Brom oder Chlor ersetzt werden, wobei die Beständigkeit dieser Substanzen von der jod- zur chlorhaltigen Verbindung hin stark abnimmt.

Läßt man Pentacarbonyleisen mit Lösungen von Quecksilbersalzen reagieren, so entsteht zunächst $HgFe(CO)_4$, das mit weiterem Quecksilber(II)salz Verbindungen vom Typus $HgFe(CO)_4 \cdot HgX_2$ bildet. Quecksilbertetracarbonyleisen, $HgFe(CO)_4$, ist eine beständige, gelbe Substanz, die sich erst bei 150° C zersetzt. Mit Jod reagiert diese Substanz schon bei Zimmertemperatur unter Bildung von $Fe(CO)_4J_2$. Die Existenz des Quecksilbertetracarbonyleisens legte die Idee nahe, daß es sich hierbei um das Quecksilberderivat einer Wasserstoffverbindung $FeH_2(CO)_4$ handeln könnte. Tatsächlich konnte dieses Tetracarbonyldihydridoeisen, oder einfacher Eisencarbonylhydrid, isoliert werden. Hieber fand, daß bei der Einwirkung von Basen auf Pentacarbonyleisen hauptsächlich eine Hydrolysereaktion erfolgt. Es wird dabei Carbonat gebildet und offenbar ein Carbonylmetallat-Anion.

$$Fe(CO)_5 + 4OH^- \rightarrow [Fe(CO)_4]^{2-} + CO_3^{2-} + 2H_2O.$$

Beim anschließenden Ansäuern einer so erhaltenen Lösung entsteht dann $FeH_2(CO)_4$ als blaßgelbe, flüchtige Flüssigkeit.

$$[Fe(CO)_4]^{2-} + 2H^+ \rightarrow FeH_2(CO)_4$$

Eine schematische Übersicht über einige Reaktionen des Pentacarbonyleisens gibt das folgende Bild (s. S. 104).

Carbonylhydride anderer Metalle sind in analoger Weise hergestellt worden.

$$3Co_2(CO)_8 + 4OH^- \rightarrow 4CoH(CO)_4 + 2Co(CO)_3 + 2CO_3^{2-}.$$

$CoH(CO)_4$ ist bei tiefen Temperaturen eine hellgelbe, kristalline Substanz, die bei $-26{,}2°$ C zu einer klaren, gelblichen Flüssigkeit schmilzt. Bei etwas höheren Temperaturen zersetzt sie sich unter

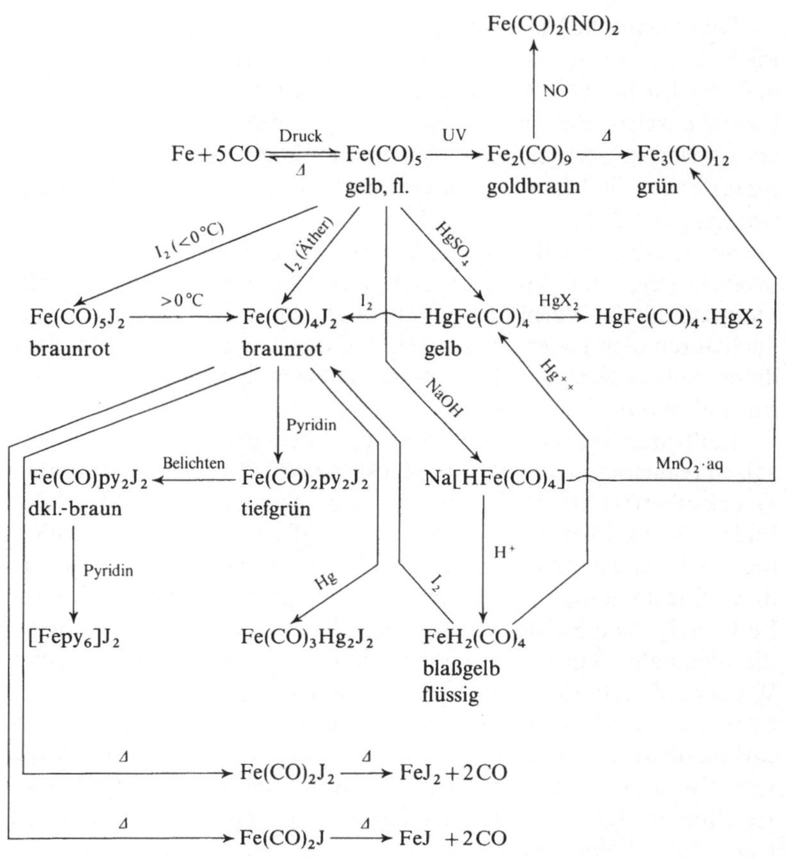

Entwicklung von Wasserstoff und unter Bildung von reinstem $Co_2(CO)_8$ [25]. Hydridotetracarbonylkobalt ist auch direkt herstellbar, wenn man Oktacarbonyldikobalt mit Wasserstoff und Kohlenoxyd unter Druck erhitzt. Auch bei der gleichzeitigen Einwirkung von CO und H_2 auf fein verteiltes, metallisches Kobalt kann man die Verbindung $CoH(CO)_4$ direkt synthetisieren.

Einige weitere bekannte Carbonylhydride sind folgende: $MnH(CO)_5$, $ReH(CO)_5$, $Fe_3H_2(CO)_{11}$, $OsH_2(CO)_4$, $RhH(CO)_4$, $IrH(CO)_4$.

Die Carbonylhydride lösen sich zwar nicht besonders gut in Wasser; aber sie verhalten sich darin als Säuren und bilden Carbonylmetallat-Anionen, so daß eine große Zahl weiterer salzähnlicher Verbindungen bekannt ist.

Der Bau vieler Carbonyle ist bekannt: $Cr(CO)_6$, $Mo(CO)_6$ und $W(CO)_6$ sind oktaedrisch. Das Kohlenstoffatom der CO-Molekel ist dem Metall zugekehrt [26]. Auch $V(CO)_6$ ist oktaedrisch gebaut [27]. Im festen Zustand bei Zimmertemperatur ist die Verbindung monomer und, wie theoretisch zu erwarten, paramagnetisch.

$Ni(CO)_4$ hat tetraedrischen Bau [28].

Im Pentacarbonyleisen, $Fe(CO)_5$, sind die CO-Moleküle in Form einer trigonalen Bipyramide um das Zentralatom angeordnet [29, 30]. Dabei sind die axialen Abstände zwischen Eisen und Kohlenstoff kleiner als die äquatorialen [31].

$Fe_2(CO)_9$ ist ein zweikerniger Komplex, bei dem die beiden Eisen-Zentralatome durch drei CO-Brücken verknüpft sind [32, 33].

Abb. I, 2.11. $Fe(CO)_5$

Abb. II, 2.11. $Fe_2(CO)_9$

Dem $Fe_3(CO)_{12}$ hatte man früher [34] einen linearen Bau zugeschrieben. Nach neueren Arbeiten von Dahl u. Mitarb. [35, 36] besitzt aber diese Verbindung eine zyklische Struktur, die in Abb. III, 2.11 wiedergegeben ist.

Abb. III, 2.11. $Fe_3(CO)_{12}$ [36]

Ganz ähnlich wie $Fe_3(CO)_{12}$ sind auch $Os_3(CO)_{12}$ und $Ru_3(CO)_{12}$ gebaut [37]. Die Osmiumatome besetzen wie die Eisenatome die Ecken eines gleichseitigen Dreiecks, im Falle von $Os_3(CO)_{12}$ werden die Zentralatome freilich nicht durch CO-Brücken verknüpft.

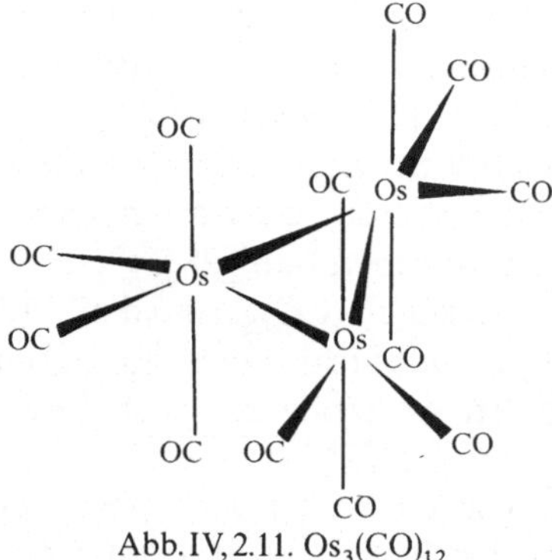

Abb. IV, 2.11. $Os_3(CO)_{12}$

Eine Metall-Metall-Bindung findet sich auch im Molekül des kristallisierten Oktacarbonyldikobalts $Co_2(CO)_8$. Außer über eine direkte Bindung sind in diesem Fall die Metallatome auch noch durch zwei CO-Brücken verknüpft [38].

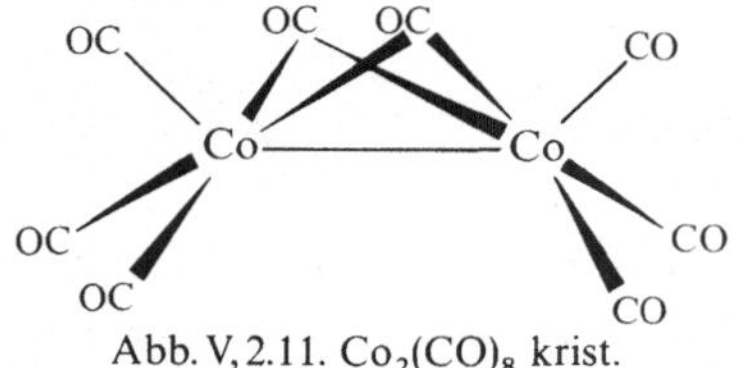

Abb. V, 2.11. $Co_2(CO)_8$ krist.

In Lösung wurde für $Co_2(CO)_8$ außerdem eine nichtverbrückte Struktur mit Hilfe des Infrarotspektrums nachgewiesen [39, 40].

Kobalt vermag neben $Co_2(CO)_8$ noch eine zweite reine Carbonylverbindung zu bilden, $Co_4(CO)_{12}$. Die Struktur dieser Verbindung

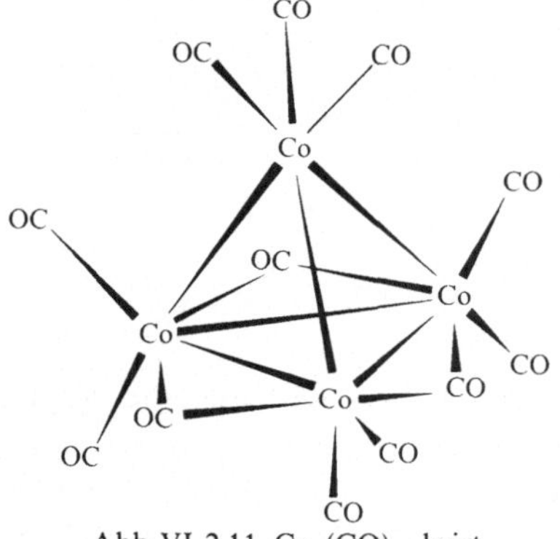

Abb. VI, 2.11. $Co_4(CO)_{12}$ krist.

106

ist in Abb. VI, 2.11 wiedergegeben. Sie besteht aus einem Tetraeder von Kobaltatomen [36]. Drei der Kobaltatome sind durch CO-Gruppen verbrückt.

In Lösung wurde auch bei dieser Verbindung eine andere Struktur nachgewiesen.

Kobaltcarbonyl-Komplexe, die außer CO-Gruppen noch organische Phosphine als Liganden tragen, sind gute Katalysatoren für die Hydroformylierung, also für die Synthese von Aldehyden aus Olefinen, Wasserstoff und Kohlenmonoxid. In gleicher Weise ist der Komplex $[RhCl(CO)(P\{C_6H_5\}_3)_2]$ wirksam.

Eine zweikernige Carbonylverbindung, die auch im kristallisierten Zustand keine CO-Brücken zwischen den Zentralatomen ausbildet, ist offenbar das Dekacarbonyldimangan $Mn_2(CO)_{10}$ [41, 42].

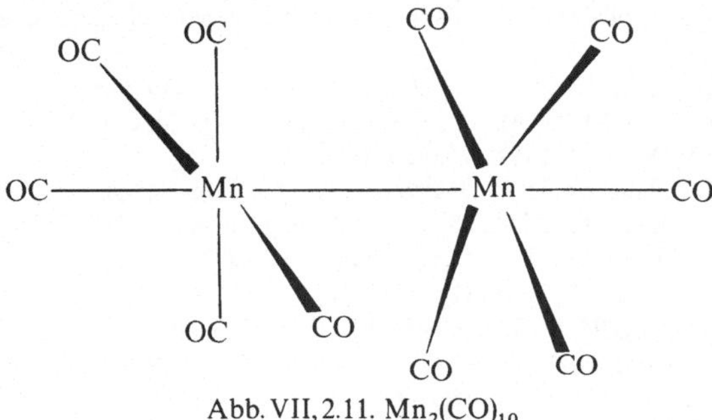

Abb. VII, 2.11. $Mn_2(CO)_{10}$

Es sei noch erwähnt, daß auch die Struktur des sechskernigen Carbonyls $Rh_6(CO)_{16}$ aufgeklärt werden konnte [43]. In diesem Komplex bilden die Rhodiumatome einen Oktaeder. Drei der Zentralatome werden in diesem Molekül teilweise durch CO-Gruppen verbrückt.

Literatur

1. Mond, L., Langer, C., Quincke, F.: J. Chem. Soc. **57**, 749 (1890).
2. – Quincke, F.: J. Chem. Soc. **59**, 604 (1891); – Chem. Ber. **24**, 2248 (1891).
3. Berthelot, M.: Compt. Rend. **112**, 1343 (1891).
4. Mittasch, A.: Angew. Chem. **41**, 827 (1928).
5. Mond, L., Hirtz, H., Cowap, M. D.: J. Chem. Soc. **97**, 798 (1910).
6. Manchot, W., Manchot, W. J.: Z. Anorg. Allgem. Chem. **226**, 385 (1936).
7. Job, A., Cassal, A.: Compt Rend. **183**, 392 (1926).
8. – – Bull. Soc. Chim. **41**, 1041 (1927).
9. – Rouvillois, J.: Compt. Rend. **187**, 564 (1928).
10. Hieber, W., Romberg, E.: Z. Anorg. Allgem. Chem. **221**, 321 (1935).

11. Mittasch, A.: Z. Physik. Chem. **40**, 70 (1902).
12. Manchot, W., Gall, H.: Chem. Ber. **62**, 678 (1929).
13. Bellucci, I., Corelli, R.: Z. Anorg. Allgem. Chem. **86**, 88 (1914).
14. Manchot, W., Gall, H.: Chem. Ber. **59**, 1060 (1926).
15. Hieber, W., Brück, R.: Naturwissenschaften **36**, 312 (1949).
16. Schubert, E. H., Sheline, R. K.: Z. Naturforsch. **20**b, 1306 (1965).
17. Evans, G. O., Sheline, R. K.: J. Inorg. Nucl. Chem. **30**, 2862 (1968).
18. Hieber, W., Bader, G.: Chem. Ber. **61**, 1717 (1928).
19. Hock, H., Stuhlmann, H.: Chem. Ber. **62**, 431 (1929).
20. – – Chem. Ber. **62**, 2690 (1929).
21. Hieber, W., Bader, G.: Z. Anorg. Allgem. Chem. **190**, 193 (1930).
22. – Z. Elektrochem. Angew. Physik. Chem. **43**, 390 (1937).
23. – Lagally, H.: Z. Anorg. Allgem. Chem. **245**, 295 (1940).
24. – – Z. Anorg. Allgem. Chem. **245**, 305 (1940).
25. – Schulten, H.: Z. Anorg. Allgem. Chem. **232**, 29 (1937).
26. Rüdorff, W., Hofmann, U.: Z. Physik. Chem. (B) **28**, 351 (1935).
27. Keller, H. J., Laubereau, P., Nöthe, D.: Vortrag Chemiedozententagg. Karlsruhe 1969.
28. Brockway, L. O., Cross, P. C.: J. Chem. Phys. **3**, 828 (1935).
29. Ewens, R. V. G., Lister, M. W.: Trans. Faraday Soc. **35**, 681 (1939).
30. Hanson, A. W.: Acta Cryst. **15**, 930 (1962).
31. Davis, M. I., Hanson, H. P.: J. Phys. Chem. **69**, 3405 (1965).
32. Brill, R.: Z. Krist. **65**, 85 (1927); – Nach Strukturber. **1**, 285 (1931).
33. Powell, H. M., Ewens, R. V. G.: J. Chem. Soc. **1939**, 286.
34. Brill, R.: Z. Krist. **77**, 36 (1931).
35. Dahl, L. F., Rundle, R. E.: J. Chem. Phys. **26**, 1751 (1957).
36. Wei, C. H., Dahl, L. F.: J. Am. Chem. Soc. **88**, 1821 (1966).
37. Corey, E. R., Dahl, L. F.: Inorg. Chem. **1**, 521 (1962).
38. Sumner, G. G., Klug, H. P., Alexander, L. E.: Acta Cryst. **17**, 732 (1964).
39. Bor, G.: Spectrochim. Acta **19**, 2065 (1963).
40. Noack, K.: Helv. Chim. Acta **47**, 1555 (1964).
41. Brimm, E. O., Lynch, M. A., Jr., Sesny, W. J.: J. Am. Chem. Soc. **76**, 3831 (1954).
42. Dahl, L. F., Ishishi, E., Rundle, R. E.: J. Chem. Phys. **26**, 1750 (1957).
43. Corey, E. R., Dahl, L. F., Beck, W.: J. Am. Chem. Soc. **85**, 1202 (1963).

2.12. π-Komplexe

Als π-Komplexe bezeichnet man Verbindungen, bei denen Bindungen von einem Koordinationszentrum zu einem Liganden bestehen, der π-Bindungen enthält. Diese Bindungen zwischen Zentralatom und Ligand haben die Besonderheit, daß sie nicht zu einem bestimmten Atom des Liganden hin gerichtet sind, sondern sich vielmehr dahin orientieren, wo die Elektronendichte der π-Elektronen des Liganden am größten ist. Die π-Elektronen des Liganden werden zur Bindung an das Zentralatom des Komplexes herangezogen. Es entstehen so Komplexe mit Strukturen, die nirgendwo sonst in der Chemie ein Analogon aufzuweisen haben. Die Besonderheiten der Theorie dieser Bindung werden später im Abschnitt 4. kurz behandelt werden. In diesem Abschnitt wird nur das Phänomenologische dieser Verbindungsklasse beschrieben.

Die Gruppe der Verbindungen, die man heute als π-Komplexe bezeichnet, ist schon recht alt. Im Jahre 1827 entdeckte Zeise, daß Platinchlorid mit Alkohol zu reagieren vermag [1]. Er erhielt dabei die Verbindung $PtCl_2 \cdot C_2H_4$, bzw. nach Zusatz von KCl die blaßgelbe, kristalline, wasserlösliche Substanz $KCl \cdot PtCl_2 \cdot C_2H_4$ [2]. Diese Entdeckung war lange Zeit umstritten. Erst als Grieß und Martius bei der thermischen Zersetzung der Zeiseschen Verbindungen das Auftreten von Olefin nachweisen konnten [3], war sichergestellt, daß die Verbindung Olefin enthielt. Die letzten Zweifel verstummten in dem Moment, als Birnbaum 1868 die Darstellung analoger Propylen- und Penten-Verbindungen gelang [4].

Später hat man durch Röntgenstrukturanalyse die Struktur der Substanz $PdCl_2 \cdot C_2H_4$ aufklären können, und es ist sehr wahrscheinlich, daß die Verbindung $PtCl_2 \cdot C_2H_4$ analog gebaut ist [5]. Die Struktur wird durch das folgende Bild wiedergegeben:

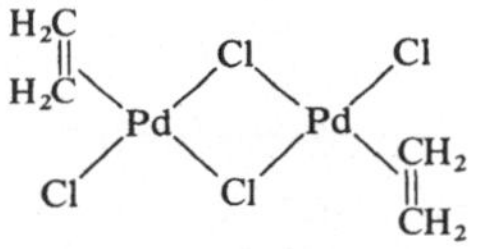

Interessant ist an dieser Struktur, daß die Palladiumatome und die Chloratome in einer Ebene liegen, aber die Doppelbindungen des Äthylens senkrecht zu dieser Koordinationsebene angeordnet sind. Eine analoge Anordnung findet sich auch im Anion des Zeiseschen Salzes $[PtCl_3(C_2H_4)]^-$ [6].

In Platin(II)-olefinkomplexen konnte man eine Olefinrotation um die Pt-Olefin-Bindungsachse durch H-NMR-Messungen feststellen [7].

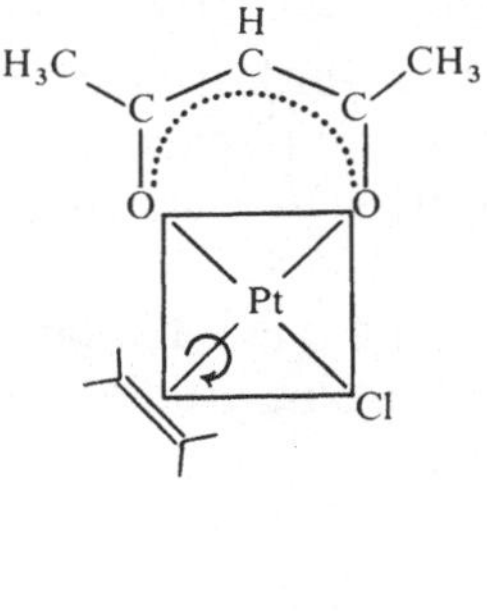

Bis zum Jahre 1951 waren nur sehr wenige solcher π-Komplexe bekannt. Dann aber erfolgte eine stürmische Entwicklung auf diesem Teilgebiet der Chemie der Koordinationsverbindungen. Den Anstoß dazu gab die Entdeckung des sog. Ferrocens, des ersten Vertreters der Sandwich-Komplexe, durch Miller, Tebboth und Tremaine sowie durch Kealy und Pauson [8, 9].

Die Bezeichnung „Sandwich-Komplex" wird verständlich, wenn man die Struktur des Ferrocens — oder besser des di-π-Cyclopentadienyleisens — betrachtet. Wie bei einem Sandwich der Belag ist nämlich das Zentralatom Eisen zwischen zwei Cyclopentadienyl-Anionen eingeschlossen. Die Cyclopentadienylringe stehen beim Eisenkomplex auf Lücke, während sie bei dem entsprechenden Rutheniumkomplex („Ruthenocen") deckungsgleich angeordnet sind.

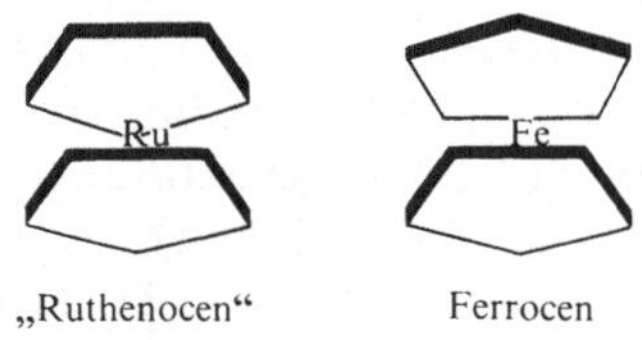

Abb. I, 2.12. „Ruthenocen" und Ferrocen

Vor der Ermittlung dieser Struktur hatte man angenommen, daß C_5H_5-Gruppen vorliegen könnten, die über σ-Bindungen an das Eisen gebunden sind, wie dies die beiden folgenden Formeln wiedergeben:

Diese Formeln sind aber mit der Struktur nicht zu vereinbaren.

Eine Sandwich-Struktur wurde frühzeitig von Wilkinson, Woodward u. Mitarb. [10] sowie von Fischer und Pfab [11] vorausgesagt, und tatsächlich konnte diese Voraussage durch Röntgenstrukturanalyse bestätigt werden [12—14].

Im folgenden seien kurz die Methoden zur Herstellung der Aromaten-Komplexe, die ja eine große Gruppe unter den π-Komplexen darstellen, geschildert.

110

Ferrocen entsteht entweder bei der Einwirkung von Cyclopentadien auf ferrum reductum bei 300° C oder auch bei der Reaktion

$$FeCl_2 + 2 C_5H_5MgBr \rightarrow [Fe(C_5H_5)_2] + 2 MgBrCl$$

In der Folgezeit hat man viele dem Ferrocen analoge Verbindungen herstellen können. Als Darstellungsverfahren kommen vier verschiedene Methoden in Frage, die durch die folgenden Gleichungen zu beschreiben sind:

1. $2 C_5H_5MgBr + MX_n \rightarrow [M(C_5H_5)_2]X_{n-2} + 2 MgBrX$
2. $2 C_5H_6 + 2 M \rightarrow 2 MC_5H_5 + H_2$ (M = Cs, Rb, K, Na, Li)
3. $M(CO)_x + 2 C_5H_6 \rightarrow [M(C_5H_5)_2] + x CO + H_2$
4. $2 C_5H_6 + FeCl_2 + 2 Base(Amin) \rightarrow [Fe(C_5H_5)_2] + 2 Base \cdot HCl$

Nach diesen Verfahren erhält man verschiedene Typen von Aromaten-Verbindungen.

a) Es können Alkali-Salze mit dem Anion $C_5H_5^-$ hergestellt werden, z. B. KC_5H_5 aus Kalium und Cyclopentadien.

Diese Verbindung wurde bereits 1901 von Thiele hergestellt [15]. Die Alkali-Salze sind farblos und sehr hydrolyseempfindlich.

b) Erdalkali-Salze mit ähnlichen Eigenschaften, wie sie die Alkali-Salze besitzen, lassen sich herstellen.

$Mg(C_5H_5)_2$ entsteht aus Magnesium und Cyclopentadien bei 500° C.

$Ca(C_5H_5)_2$ kann man nach folgender Reaktionsgleichung erhalten: $CaC_2 + 2 C_5H_6 \rightarrow C_2H_2 + Ca(C_5H_5)_2$.

Es handelt sich um farblose Salze. Die Magnesiumverbindung schmilzt bei 178° C.

c) Die dritte Hauptgruppe liefert Verbindungen, die sich wie die unter a) und b) genannten Substanzen verhalten. Dies trifft im wesentlichen für die gelben Salze $Sc(C_5H_5)_3$ und $Y(C_5H_5)_3$, sowie für die entsprechenden Verbindungen der Lanthaniden zu. Die gelblichen Verbindungen $In(C_5H_5)_3$, $In(C_5H_5)$ und $Tl(C_5H_5)$ sind nicht mehr rein salzartig gebaut. Sie sind wasserunlöslich.

d) Die Elemente der 4. Hauptgruppe reagieren zu verschiedenen Verbindungen. Vom Silicium existiert die Verbindung $(C_5H_5) \cdot Si(CH_3)_3$. Hier handelt es sich wohl um eine silizium-organische Verbindung mit σ-Bindungen zwischen C und Si ohne Beteiligung von π-Bindungen. Vom Zinn und Blei gibt es Verbindungen mit $2 C_5H_5$-Gruppen pro Metallatom, nämlich das farblose $Sn(C_5H_5)_2$ und das gelbe $Pb(C_5H_5)_2$. Diese kristallinen Substanzen sind unlöslich in Wasser, aber löslich in organischen Lösungsmitteln. Es kann sich auch hier nicht mehr um rein salzartig gebaute Verbindungen handeln, sondern es muß eine Art Übergangsstruktur zwischen Salz und π-Komplex vorliegen.

e) Nebengruppenelemente bilden mit Cyclopentadien Sandwich-Komplexe. Viele derartigen Verbindungen sind seit 1951 dargestellt worden. Es seien einige Bis(π-cyclopentadienyl)-metall-Verbindungen als Beispiel angeführt:

$[Fe(C_5H_5)_2]$, das bereits erwähnte Ferrocen, bildet orangefarbige Kristalle vom Schmelzpunkt $173-174°C$. Die Verbindung ist thermisch bis über $500°C$ stabil.

$[Cr(C_5H_5)_2]$ bildet rote Kristalle vom Schmelzpunkt $173°C$. Es ist sehr luftempfindlich.

$[Ni(C_5H_5)_2]$ bildet grüne Kristalle vom Zersetzungspunkt $173°C$. Die Verbindung ist an trockener Luft beständig.

Das Metallatom kann in Sandwich-Verbindungen auch andere Oxydationszahlen als $+2$ haben. Ein Beispiel hierfür ist die leuchtend rote, kristalline Substanz $(C_5H_5)_2TiCl_2$, die Titan in der Oxydationsstufe $+4$ enthält.

Neben den Verbindungen, in denen *zwei* Cyclopendienyl-Reste mit einem Metallatom verbunden sind, gibt es zahlreiche Verbindungen mit nur *einem* Cyclopentadienylring. Neben diesem einen Cyclopentadienylring sind dann noch andere Liganden in der Komplex-Verbindung enthalten. So existieren z.B. die Verbindungen

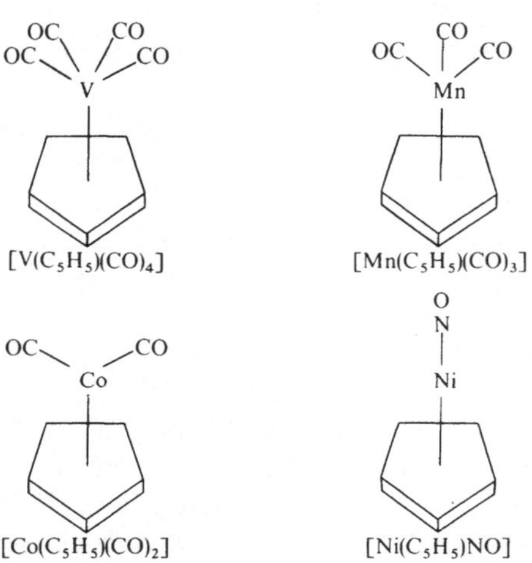

Abb. II, 2.12. Strukturen von $[V(C_5H_5)(CO)_4]$, $[Mn(C_5H_5)(CO)_3]$, $[Co(C_5H_5)(CO)_2]$ und $[Ni(C_5H_5)NO]$

$[V(C_5H_5)(CO)_4]$, $[Mn(C_5H_5)(CO)_3]$, $[Co(C_5H_5)(CO)_2]$ und $[Ni(C_5H_5)NO]$.

Auch hier können die Zentralatome verschiedene Oxydationsstufen besitzen. So enthält die letztgenannte Verbindung z.B. Nickel der Oxydationszahl 0. In der Verbindung $[Co(C_5H_5)(CO)_2]$ liegt Kobalt der Oxydationszahl $+1$ vor [16–20].

Ein interessantes Phänomen kann man bei der Substanz $[Fe(C_5H_5)_2(CO)_2]$ beobachten. In dieser Verbindung liegt nur ein Cyclopentadienrest in der beschriebenen Weise durch „Sandwich-Bindung" an das Metall gebunden vor. Das zweite Cyclopentadien ist normal, d.h. über eine σ-Bindung gebunden [21].

Abb. III, 2.12. Struktur von $[Fe(C_5H_5)_2(CO)_2]$

Die Struktur dieser Verbindung konnte u.a. dadurch bewiesen werden, daß zwei Isomere gefunden wurden, wenn einer der Cyclopentadienyl-Liganden substituiert war [22].

Man nimmt an, daß in den Verbindungen $Nb(C_5H_5)_4$ und $Ta(C_5H_5)_4$ analoge Verhältnisse vorliegen. In diesen Verbindungen sollen nur je zwei Ringe über π-Bindungen und die zwei weiteren Cyclopentadien-Ringe über σ-Bindungen an das Zentralatom gebunden sein. Beim $Mo(C_5H_5)_4$ sind drei Ringe π- und einer σ-gebunden, während im $U(C_5H_5)_4$ und im $Th(C_5H_5)_4$ alle Ringe über π-Bindungen gebunden vorliegen.

Da das Cyclopentadienyl-Anion ein π-Elektronensextett besitzt, war zu erwarten, daß andere Verbindungen mit der gleichen Eigenschaft ebenfalls Sandwich-Komplexe von der gleichen Art, wie sie die π-C_5H_5-Verbindungen darstellen, bilden würden.

Tatsächlich gelang es, analog gebaute Komplexe mit Derivaten des hypothetischen Cyclobutadienylanions mit Benzol und Diphenyl und mit dem Cycloheptatrienyl-Kation als Liganden darzustellen.

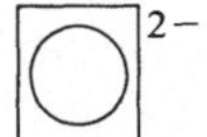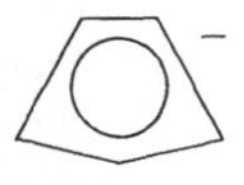

Cyclobutadienylion $C_4H_4^{--}$ Cyclopentadienylion $C_5H_5^-$ Benzol C_6H_6 Cycloheptatrienylion $C_7H_7^+$

Als Beispiele seien hierfür angeführt:

$$[Fe\{(C_6H_5)_4C_4\}(CO)_3], \quad [Fe(C_5H_5)_2], \quad [Cr(C_6H_6)_2], \quad [Mo(C_7H_7)(CO)_3]^+$$

Von heterocyclischen Ringen sind nur sehr wenige Sandwich-Komplexe bekannt. Dies mag zum Teil daran liegen, daß ein Hetero-Atom, wie z. B. Stickstoff in Pyridin, mit seinem freien Elektronen-paar bessere Donoreigenschaften besitzt als das gesamte π-Elektro-nensystem des Pyridins. Dies hat zur Folge, daß z. B. der Ligand Pyridin prinzipiell das freie Elektronenpaar am Stickstoff zu einer Donorbindung zur Verfügung stellt und also über das N-Atom koordinativ gebunden wird.

Neben Alkenen und Aromaten vermögen auch Alkine als Ligan-den in π-Komplexen zu fungieren. Es scheint mit Acetylen drei ver-schiedene Typen von Verbindungen zu geben:

a) Die erste Klasse ist den Olefin-Komplexen analog gebaut, d. h. das Acetylen bleibt in der Komplex-Verbindung erhalten und ist mit der gleichen Art π-Bindung an das Metall gebunden wie ein Olefin. So reagiert z. B. Diphenylacetylen mit Dodekacarbonyltri-eisen $[Fe_3(CO)_{12}]$ zu einer roten, kristallisierten Verbindung der Zusammensetzung $[Fe_2(CO)_6(C_6H_5C\equiv CC_6H_5)]$. Hier werden offenbar die π-Elektronen zur Bindung an die beiden Eisenatome herangezogen [23].

$$\begin{array}{ccc}
 & R & \\
 & | & \\
 & C & \\
OC & \| & CO \\
 & C & \\
OC\text{---}Fe & | & Fe\text{---}CO \\
 & R & \\
OC & & CO
\end{array}$$

Die diamagnetische Verbindung ist thermisch recht stabil. Es scheint deshalb auch eine Eisen-Eisen-Bindung vorhanden zu sein.

Eine Kobalt-Verbindung analoger Art entsteht nach folgender Reaktionsgleichung [24, 25]:

$$RC\equiv CR' + Co_2(CO)_8 \rightarrow [Co_2(RC\equiv CR')(CO)_6] + 2\,CO.$$

Neben zahlreichen analogen Verbindungen konnte auch der perfluo-rierte Komplex $[Co_2(CF_3C\equiv CCF_3)(CO)_6]$ dargestellt werden [26].

b) Neben diesem Typ von Komplexen existiert eine zweite Klasse, in der die Kohlenstoff-Kohlenstoff-Bindung offensichtlich nicht mehr

Dreifachbindungscharakter besitzt, sondern lediglich noch Doppelbindungscharakter. Verbindungen dieser Art gibt es z. B. beim Platin:

Ein ähnliches Beispiel, in dem σ-Bindungen zwischen Kohlenstoff und Kobalt vorliegen, finden wir bei dem Reaktionsprodukt zwischen Pentacyanokobaltat(II) und Acetylen [27].

Dies ist wohl nichts anderes als ein zweikerniger Komplex mit einem substituierten Olefin.

c) Neben diesen Komplex-Verbindungen gibt es dann noch die Acetylide mit der Gruppierung $M-C\equiv C-R$.

Das interessante Gebiet der Metall-π-Komplexe ist z. Z. noch in voller Entwicklung begriffen. Einige Übersichtsartikel seien dem an diesem Gebiet interessierten Leser empfohlen [28−33].

Literatur

1. Zeise, W. C.: Pogg. Ann. **9**, 632 (1827).
2. — Pogg. Ann. **21**, 497 (1831).
3. Grieß, P., Martius, C. A.: Liebigs Ann. Chem. **120**, 324 (1861).
4. Birnbaum, K.: Liebigs Ann. Chem. **145**, 67 (1868).
5. Dempsey, J. N., Baenziger, N. C.: J. Am. Chem. Soc. **77**, 4984 (1955).
6. Wunderlich, J. A., Mellor, P. D.: Acta Cryst. **7**, 130 (1954); **8**, 57 (1955).
7. Holloway, C. E., Hulley, G., Johnson, B. F. G., Lewis, J.: J. Chem. Soc. (A) **1969**, 53.
8. Miller, S. A., Tebboth, J. A., Tremaine, J. F.: J. Chem. Soc. **1952**, 632.
9. Kealy, T. J., Pauson, P. L.: Nature **168**, 1039 (1951).
10. Wilkinson, G., Rosenblum, M., Whiting, M. C., Woodward, R. B.: J. Am. Chem. Soc. **74**, 2125 (1952).
11. Fischer, E. O., Pfab, N.: Z. Naturforsch. **7**b, 377 (1952).
12. Eiland, P. F., Pepinsky, R.: J. Am. Chem. Soc. **74**, 4971 (1952).

13. Dunitz, J. D., Orgel, L. E.: Nature **171**, 121 (1953).
14.   – – Rich, A.: Acta Cryst. **9**, 373 (1956).
15. Thiele, J.: Chem. Ber. **34**, 68 (1901).
16. Fischer, E. O., Hafner, W.: Z. Naturforsch. **9**b, 503 (1954).
17.   – Jira, R.: Z. Naturforsch. **9**b, 618 (1954).
18.   – – Z. Naturforsch. **10**b, 355 (1955).
19.   – Beckert, O., Hafner, W., Stahl. H. O.: Z. Naturforsch. **10**b, 598 (1955).
20. Piper, T. S., Cotton, F. A., Wilkinson, G.: J. Inorg. Nucl. Chem. **1**, 165 (1955).
21.   – Wilkinson, G.: J. Inorg. Nucl. Chem. **3**, 104 (1956).
22. Hallam, B. F., Pauson, P. L.: J. Chem. Soc. **1956**, 3030.
23. Hübel, W., Braye, E. H.: J. Inorg. Nucl. Chem. **10**, 250 (1959).
24. Sternberg, H. W., Greenfield, H., Friedel, R. A., Wotiz, J., Markby, R., Wender, I.:
    J. Am. Chem. Soc. **76**, 1457 (1954).
25. Greenfield, H., Sternberg, H. W., Friedel, R. A., Wotiz, J., Markby, R., Wender, I.:
    J. Am. Chem. Soc. **78**, 120 (1956).
26. Boston, J. L., Sharp, D. W. A., Wilkinson, G.: Chem. & Ind. (London) **1960**, 1137.
27. Griffith, W. P., Wilkinson, G.: J. Chem. Soc. **1959**, 1629.
28. Keller, R. N.: Chem. Rev. **28**, 229 (1941).
29. Wilkinson, G., Cotton, F. A.: Progr. Inorg. Chem. **1**, 1 (1959).
30. Fischer, E. O., Fritz, H. P.: Advan. Inorg. Chem. Radiochem. **1**, 55 (1959).
31. Guy, R. G., Shaw, B. L.: Advan. Inorg. Chem. Radiochem. **4**, 77 (1962).
32. Fischer, E. O., Werner, H.: Metall-π-Komplexe mit di- und oligoolefinischen
    Liganden. Weinheim/Bergstraße: Verlag Chemie GmbH. 1963.
33. Zeiss, H., Wheatley, P. J., Winkler, H. J. S.: Benzoid-metal complexes, structural
    determinations and chemistry. New York: The Ronald Press Company 1966.

2.13. Hydridkomplexe der Übergangsmetalle

Die in diesem Abschnitt zu besprechenden Komplex-Verbindungen enthalten ein oder mehr Wasserstoffatome, die direkt an ein Übergangsmetallatom durch eine Zweielektronenbindung gebunden sind.

Man trifft gewöhnlich bei diesen Hydridkomplexen wegen ihrer großen Anzahl die folgende Einteilung, die sich an den außer Wasserstoff im Komplex befindlichen anderen Liganden orientiert [1, 2]:

1. Komplexe Hydride mit tertiären Phosphinen und verwandten Liganden

2. Carbonyl-Hydride

3. π-Cyclopentadienylcarbonyl-Hydride

4. Bis(π-cyclopentadienyl)-Hydride

5. Komplexe Hydride mit Cyano-Gruppen

6. Komplexe Hydride, die gleichzeitig Stickstoff tragende Liganden enthalten

7. Komplexe mit Wasserstoff als einzigem Liganden.

Das in wissenschaftlicher Hinsicht sehr ergiebige Gebiet der Hydrid-Komplexe von Übergangsmetallen wird z. Z. intensiv bearbeitet. Es kommt laufend zur Entdeckung neuer Substanzen dieser Art.

2.13.1. *Komplexe Hydride mit tertiären Phosphinen und verwandten Liganden*

Komplexe Hydride mit tertiären Phosphinen und verwandten Liganden gibt es noch nicht sehr lange. Der erste bekannte Komplex dieser Klasse wurde von Chatt und seinen Mitarbeitern 1957 hergestellt [3]. Es handelte sich dabei um die Verbindung $[PtClH \cdot \{P(C_2H_5)_3\}_2]$, eine farblose Substanz, die bei 82° C schmilzt und sich im Vakuum bei 130° C unzersetzt destillieren läßt. Beim Vergleich mit den damals schon länger bekannten Carbonylhydriden fiel die außerordentliche Stabilität dieses Komplexes sofort auf, und man merkte, daß tertiäre Phosphine offensichtlich stabilisierend auf eine Metall-Wasserstoff-Bindung wirken.

Von 1957 an wurden dann viele andere Komplex-Verbindungen dieses Typs hergestellt. Man erhielt sie z. B. dadurch, daß man Metall-Halogen-Komplexe reduzierte [4], z. B.:

$$cis\text{-}[PtCl_2\{P(C_2H_5)_3\}_2] \xrightarrow[90\,°C]{N_2H_4 \cdot H_2O} [PtCl(N_2H_4)\{P(C_2H_5)_3\}_2]^+Cl^-$$

$$\xrightarrow{N_2H_4 \cdot H_2O} N_2 + NH_3 + NH_4Cl + trans\text{-}[PtClH\{P(C_2H_5)_3\}_2]$$

Aus einer vorgegebenen cis-Verbindung entsteht bei dieser Reaktion der trans-Komplex:

$$\begin{array}{ccc}
Cl \diagdown \quad \diagup P(C_2H_5)_3 & & H \diagdown \quad \diagup P(C_2H_5)_3 \\
\quad Pt & \longrightarrow & \quad Pt \\
Cl \diagup \quad \diagdown P(C_2H_5)_3 & & (C_2H_5)_3P \diagup \quad \diagdown Cl
\end{array}$$

Als Reduktionsmittel eignen sich außer Hydrazin auch Lithiumaluminiumhydrid $LiAlH_4$ und Natriumborhydrid $NaBH_4$:

$$[IrCl_2H\{P(C_6H_5)_3\}_3] \xrightarrow[THF]{LiAlH_4} [IrH_3\{P(C_6H_5)_3\}_3]$$

$$[RhCl_2(en)_2]^+ \xrightarrow[H_2O]{NaBH_4} [RhClH(en)_2]^+$$

$$(CO)_4Mn \underset{J}{\overset{F_3C \diagdown_P \diagup CF_3}{\diagdown\diagup}} Mn(CO)_4 \xrightarrow[THF]{NaBH_4} (CO)_4Mn \underset{H}{\overset{F_3C \diagdown_P \diagup CF_3}{\diagdown\diagup}} Mn(CO)_4$$

Für solche Umsetzungen werden meist polare Lösungsmittel wie etwa Tetrahydrofuran (THF) benutzt. Bei Verwendung von $NaBH_4$ als Reduktionsmittel kann auch in wäßrigem Medium gearbeitet werden.

Eine andere Möglichkeit zur Darstellung der Wasserstoffkomplexe besteht darin, daß man Metall-Halogen-Komplexe mit Alkoholen in basischem Medium reagieren läßt:

$$RCH_2OH + \text{Metall-Komplex} \rightarrow RCHO + H^+ + \text{H-Metall-Komplex} \quad \text{z. B.:}$$

$$[IrCl_3\{P(C_2H_5)_2(C_6H_5)\}_3] + CH_3CH_2OH + KOH$$
$$\rightarrow [IrCl_2H\{P(C_2H_5)_2(C_6H_5)\}_3] + H_2O + CH_3CHO + KCl$$

oder

$$\text{cis-}[PtCl_2\{P(C_2H_5)_3\}_2] + CH_3CH_2OH + KOH$$
$$\rightarrow \text{trans-}[PtClH\{P(C_2H_5)_3\}_2] + H_2O + CH_3CHO + KCl$$

Die so gebildeten Hydrid-Komplexe sind schwach reduzierende Agenzien; sie reduzieren z. B. Silbersalze zu Silber. Die komplexen Übergangsmetallhydride mit tertiären Phosphinen als Liganden sind anders als die im Abschnitt 2.10 und 2.12.2 behandelten Carbonyl-Hydride meist keine Säuren. Das Wasserstoffatom kann also nicht durch elektropositive Metalle, wie z. B. Natrium, ersetzt werden. Wohl aber können die Wasserstoffatome in diesen Komplexen vielfach durch Liganden wie Cl^-, Br^-, J^-, SCN^- usw. ausgetauscht werden. Eine Substitution durch Chloridionen kann z. B. bei der Reaktion des Hydrid-Komplexes mit HCl stattfinden:

$$[IrClH_2\{P(C_2H_5)_3\}_3] + HCl \rightarrow [IrCl_2H\{P(C_2H_5)_3\}_3] + H_2$$

Auch durch elementares Chlor in Chloroform kann ein solcher Austausch bewirkt werden.

$$[IrClH_2\{P(C_2H_5)_3\}_3] \xrightarrow{Cl_2/CHCl_3} [IrCl_4\{P(C_2H_5)_3\}_2]$$

Bei dieser Reaktion wird außer zwei H-Atomen auch eine Phosphinmolekel aus der inneren Sphäre des Komplexes entfernt.

Bemerkenswert ist die Tatsache, daß mitunter auch schon durch Einwirkung chlorierter aliphatischer Kohlenwasserstoffe ein Ersatz des Hydrid-Liganden durch Chlor erreicht werden kann.

$$[PtClH\{P(C_2H_5)_3\}_2] \xrightarrow{CCl_4} [PtCl_2\{P(C_2H_5)_3\}_2]$$

Nicht immer muß jedoch die Reaktion eines Hydrid-Komplexes mit HCl zur Substitution des Wasserstoffs führen. Auch eine Addition der Salzsäuremolekel ist möglich. Dies gelingt z.B. bei dem Platinkomplex $[PtClH(PR_3)_2]$. Die Koordinationszahl des Platins wächst dabei von 4 auf 6:

$$[PtClH(PR_3)_2] + HCl \rightarrow [PtCl_2H_2(PR_3)_2]$$

Bisweilen kann man an solche Komplex-Verbindungen der Koordinationszahl 4 auch elementaren Wasserstoff addieren.

Ähnliche Additionsreaktionen bei Iridiumkomplexen sind in den folgenden beiden Reaktionsschemata gezeigt [1, 5, 6]:

a) Additionsreaktionen des Komplexes $[IrCl(CO)(PPh_3)_2]$

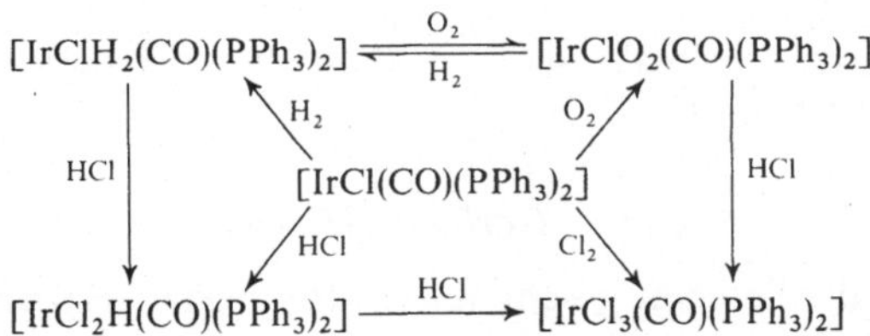

b) Additionsreaktionen des Komplexes $[IrH(CO)(PPh_3)_2]$

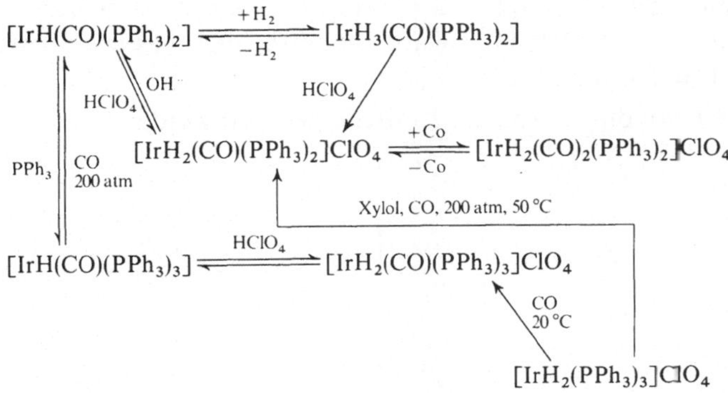

Aus der großen Anzahl bis heute bekannter komplexer Hydride mit tertiären Phosphinen und Arsinen als zusätzlichen Liganden seien einige ausgewählt und in der folgenden Tabelle zusammengestellt.

Verbindung	Fp (°C)	Farbe
$[ReH_3\{P(C_6H_5)_3\}_2]$	178 – 193 Zers.	rot
$[RuHCl(CO)\{P(C_2H_5)_2(C_6H_5)\}_3]$	102,5 – 103,5	farblos
$[OsHBr(CO)\{P(C_6H_5)_3\}_3]$	276	weiß
$[OsHBr(CO)\{As(C_6H_5)_3\}_3]$	195 – 243 Zers.	beige
$[OsHCl(CO)\{As(C_6H_5)_3\}_3]$	200	farblos
$[CoH(CO)_3\{P(C_6H_5)_3\}]$	70 Zers.	gelb
$[RhHCl_2\{As(CH_3)(C_6H_5)_2\}_3]$	172	gelb
$[RhHJ_2\{As(CH_3)(C_6H_5)_2\}_3]$	164	dunkelorange
$[IrH_3\{P(C_6H_5)_3\}_3]$	227 – 229 Zers.	farblos
$[IrH_2\{P(C_6H_5)_3\}_3]$	152 – 159	hellgelb
$[IrH_3\{P(C_6H_5)_3\}_2]$	145 Zers.	weiß
$[IrH_3\{As(C_6H_5)_3\}_2]$	143 Zers.	weiß
$[IrH_2Cl\{P(C_6H_5)_3\}_3]$	218 – 220	farblos
$[IrHJ_2\{P(C_6H_5)_3\}_3]$	220	gelb
$[PtH_2Cl_2\{P(C_2H_5)_3\}_2]$	82 – 100 Zers.	farblos
$[PtH_2\{P(C_6H_5)_3\}_4]$	116 – 118	hellgelb
$[PtH_2\{P(C_6H_5)_3\}_3]$	125 – 130	gelb
trans-$[PtHCl\{P(CH_3)_3\}_2]$	132 – 137	farblos

2.13.2. *Carbonyl-Hydride*

Länger als die eben geschilderten komplexen Hydride sind die Carbonyl-Hydride bekannt. Die ersten Carbonyl-Hydride wurden bereits in den Jahren nach 1930 von Hieber und seinen Mitarbeitern hergestellt. Im Abschnitt 2.10 sind schon einige dieser Verbindungen, besonders $[CoH(CO)_4]$ und $[FeH_2(CO)_4]$, erwähnt worden. Die Struktur von $[CoH(CO)_4]$ wurde hauptsächlich aus spektroskopischen Daten ermittelt [7 – 11].

Sie kann durch Abb. I, 2.13 wiedergegeben werden:

Abb. I, 2.13. $[CoH(CO)_4]$ [1]

Die Abbildung zeigt, daß in diesem Falle die Anordnung der Liganden um das Zentralatom etwa trigonal bipyramidal ist. Die CO-Gruppen sind allerdings zum Wasserstoffatom hin geneigt.

Einige bekannte Carbonyl-Hydride seien hier tabellarisch zusammengestellt:

Verbindung	Fp (°C)	Farbe
$[CrH(CO)_5]^-$-Salze		orange
$[MnH(CO)_5]$	$-24,6$	farblos
$[TcH(CO)_5]$		
$[ReH(CO)_5]$	$12,5$	farblos
$[FeH_2(CO)_4]$	-70	hellgelb
$[CoH(CO)_4]$	$-26,2$	gelb

Die Carbonyl-Hydride, besonders die von Mangan, Eisen und Kobalt, verhalten sich wie Säuren. $[FeH_2(CO)_4]$ ist mit seiner ersten Dissoziationskonstanten $K_1 = 3,6 \cdot 10^{-5}$ bei 0° C eine ähnlich starke Säure wie Essigsäure. Die zweite Dissoziationskonstante $K_2 = 1 \cdot 10^{-14}$ bei 0° C gleicht etwa K_1 von H_2S.

$[CoH(CO)_4]$ ist eine sehr starke Säure, die allerdings in Wasser nur sehr wenig löslich ist. Untersuchungen in Methanol zeigten, daß die Säurestärke von $[CoH(CO)_4]$ mit der der Salpetersäure vergleichbar ist [12—14]. Es sei besonders auf die Tatsache hingewiesen, daß hier der nicht häufige Fall vorliegt, daß eine starke Säure in Wasser nur wenig löslich ist.

Neben den einfachen Carbonyl-Hydriden gibt es auch mehrkernige Komplexe dieser Art. So findet man beim Eisen folgende Reihe:

$$[FeH_2(CO)_4], \quad [Fe_2H_2(CO)_8], \quad [Fe_3H_2(CO)_{11}], \quad [Fe_4H_2(CO)_{13}]$$

Einige mehrkernige Carbonyl-Hydride zeigt die folgende Tabelle:

Verbindung	Farbe
$[FeCo_3H(CO)_{12}]$	dunkelviolett
$[Fe_2H_2(CO)_8]$	rotbraun
$[Fe_3H_2(CO)_{11}]$	rot
$[Fe_4H_2(CO)_{13}]$	rot
$[Ni_4H(CO)_9]^-$-Salze	dunkelrot
$[Mo_2H(CO)_{10}]^-$-Salze	orange
$[W_2H(CO)_6(OH)_3]^{4-}$-Salze	

Interessant ist, daß bei der Behandlung von $[Ni(CO)_4]$ mit Natrium in verflüssigtem Ammoniak das sehr instabile, tiefrote $[NiH(CO)_3]_2$ entsteht, während bei der analogen Reaktion der Carbonyle der Metalle der 6. Nebengruppe nicht die entsprechenden Carbonyl-Hydride isoliert werden können, sondern vielmehr folgende Reaktion stattfindet [15 – 18]:

$$M(CO)_6 \xrightarrow{\text{Na/fl. NH}_3} Na_2[M(CO)_5] \xrightarrow{\text{H}_2\text{O}} [M(CO)_5]_n + H_2$$

2.13.3. π-Cyclopentadienylcarbonyl-Hydride

Diese Komplex-Verbindungen sind mit den Carbonyl-Hydriden verwandt. Sie sind ausnahmslos diamagnetisch. Im allgemeinen entstehen diese Verbindungen bei der Umsetzung von Metallcarbonylen mit Cyclopentadienyl-Natrium, wenn man anschließend ansäuert:

$$[Mo(CO)_6] + Na^+(C_5H_5)^- \rightarrow Na^+[\pi\text{-}C_5H_5Mo(CO)_3]^- \rightarrow [\pi\text{-}C_5H_5Mo(CO)_3H]$$

Auch bei der Reduktion der entsprechenden Halogen-Carbonyl-Komplexe können π-Cyclopentadienyl-Hydride entstehen:

$$[\pi\text{-}C_5H_5Fe(CO)_2Cl] \xrightarrow[\text{THF. 0 °C}]{\text{NaBH}_4} [\pi\text{-}C_5H_5Fe(CO)_2H]$$

Eine Zusammenstellung einiger Komplexe dieses Typs gibt die nächste Tabelle:

Verbindung	Fp (°C)	Farbe
$[Cr(C_5H_5)H(CO)_3]$	57 Zers.	golden
$[Mo(C_5H_5)H(CO)_3]$	50 – 57 Zers.	hellgelb
$[W(C_5H_5)H(CO)_3]$	66	hellgelb
$[Fe(C_5H_5)H(CO)_2]$	−5	gelb
$[Ru(C_5H_5)H(CO)_2]$		gelb

2.13.4. Bis-(π-cyclopentadienyl)-Hydride

Der erste Komplex dieser Verbindungsklasse wurde 1955 hergestellt [19]. Es handelte sich um Bis(π-cyclopentadienyl)-hydrido-rhenium $[Re(\pi\text{-}C_5H_5)_2H]$. Es folgten bald die neutralen Komplexe $[Mo(\pi\text{-}C_5H_5)_2H_2]$, $[W(\pi\text{-}C_5H_5)_2H_2]$ und $[Ta(\pi\text{-}C_5H_5)_2H_3]$. Die

Substanzen entstehen bei der Reduktion der Bis-(π-cyclopentadienyl)-metall-halogenide mit $LiAlH_4$ oder $NaBH_4$.

$$[(C_5H_5)_2WCl_2] \xrightarrow{LiAlH_4} [(C_5H_5)_2WH_2]$$

Auch die direkte Umsetzung der Metallhalogenide mit einer Lösung von Natriumborhydrid und Cyclopentadienylnatrium in Tetrahydrofuran führt zum Ziel.

$$TaCl_5 + 2\,Na^+(C_5H_5)^- + NaBH_4\text{-Überschuß} \xrightarrow{THF} [Ta(C_5H_5)_2H_3]$$

Die so erhaltenen Hydrid-Komplexe sind kristallin und können im Hochvakuum sublimiert werden. Eine Oxydation ist leicht möglich [20].

$$[Mo(\pi\text{-}C_5H_5)_2Cl_2] \xleftarrow[kochen]{CHCl_3} [Mo(\pi\text{-}C_5H_5)_2H_2] \xrightarrow[Br_2]{CHCl_3} [Mo(\pi\text{-}C_5H_5)_2Br_2]^+Br^-$$

So kann z. B. der Wasserstoff durch Halogen ersetzt werden.

Auch Kohlenmonoxid vermag das Wasserstoffatom zu verdrängen [21].

Auch die wichtigsten Bis-(π-cyclopentadienyl)-Hydride seien in einer kleinen Tabelle vermerkt:

Verbindung	Fp (°C)	Farbe
$[Re(C_5H_5)_2H]$	161	gelb
$[Re(C_5H_4Li)_2H]$		hellgelb
$[Mo(C_5H_5)_2H_2]$	183 – 185	gelb
$[W(C_5H_5)_2H_2]$	163 – 165	gelb
$[W(C_5H_4Li)_2H_2]$		goldgelb
$[Ta(C_5H_5)_2H_3]$	187 – 189 Zers.	weiß

123

2.13.5. Komplexe Hydride mit Cyano-Gruppen
als zusätzlichen Liganden

Man weiß seit langem, daß wäßrige Kobaltsalzlösungen in Gegenwart von Cyanid-Ionen molekularen Wasserstoff zu absorbieren vermögen [22 – 24]. Dabei entstehen gelbe Lösungen, die das komplexe Ion $[CoH(CN)_5]^{3-}$ enthalten [25, 26].

$$2\,[Co(CN)_5]^{2-} \rightleftharpoons [Co_2(CN)_{10}]^{6-} \overset{H_2}{\rightleftharpoons} 2\,[CoH(CN)_5]^{3-}$$

Andere Komplexe vom gleichen Typ, die allerdings ebenfalls nur in Lösung zu erhalten sind, sind folgende [1]:

$$[RhH(CN)_5]^{3-}, \quad [IrH(CN)_5]^{3-} \quad und \quad [PtH(CN)_4]^{3-}.$$

2.13.6. Komplexe Hydride,
die gleichzeitig Stickstoff tragende Liganden enthalten

Komplexe dieser Art sind außerordentlich selten. Es hat sich gezeigt, daß die Reaktionslösung von Bis-(Äthylendiamin)dichlororhodium(III)-Ionen mit Natriumborhydrid das komplexe Ion $[RhClH(en)_2]^+$ enthält [27 – 29]. In reinem, kristallisierten Zustand konnten Komplex-Salze mit diesem und ähnlichen Kationen jedoch nicht hergestellt werden.

2.13.7. Komplexe mit Wasserstoff als einzigem Liganden

Wasserstoffverbindungen von Übergangsmetallen sind häufig beschrieben worden. So erhält man z.B. unbeständige, flüchtige Hydride von Kobalt, Silber und Gold, wenn man atomaren Wasserstoff auf diese Metalle einwirken läßt. Gut definiert ist das Hydrid CuH. Diese Verbindung hat Wurtzit-Struktur; man kann sie also nicht eigentlich zu den Komplex-Verbindungen zählen.

Früher sind die Verbindungen CrH_3, FeH_2, FeH_5, CoH_2 und NiH_2 beschrieben worden. Diese Produkte wollten Weichselfelder und Thiede [30] 1926 bei der Reaktion zwischen Phenylmagnesiumbromid, den entsprechenden Metallhalogeniden und Wasserstoff erhalten haben. Es hat sich aber dann gezeigt [31], daß es sich bei den erhaltenen Substanzen um komplizierte Komplex-Verbindungen handelt, die neben Wasserstoff auch organische Reste enthalten. Ebenso sind die früher beschriebenen Hydride Li_4RhH_4 und Li_4RhH_5 bezüglich Formel und Bau noch unsicher [32].

Wesentlich gesicherter ist ein Produkt, das man erhält, wenn man eine Suspension von Kaliumperrhenat in Äthylendiamin mit

Kalium behandelt. Man erhält eine weiße, zerfließliche Substanz, die zunächst als $KRe \cdot 4H_2O$, später als $K_6Re_2H_{14} \cdot 6H_2O$, dann als $K_2ReH_4 \cdot 2H_2O$ und schließlich als K_2ReH_8 formuliert wurde [33–35].

Erst kürzlich – im Jahre 1964 – haben Ginsberg und seine Mitarbeiter das Salz auf Grund von Röntgenstrukturanalyse und Neutronenbeugungsversuchen richtig beschrieben und charakterisiert. Danach hat die Verbindung die Zusammensetzung K_2ReH_9 [36–38].

Die Struktur dieser außergewöhnlichen Verbindung ist in Abb. II, 2.13 gezeigt [38].

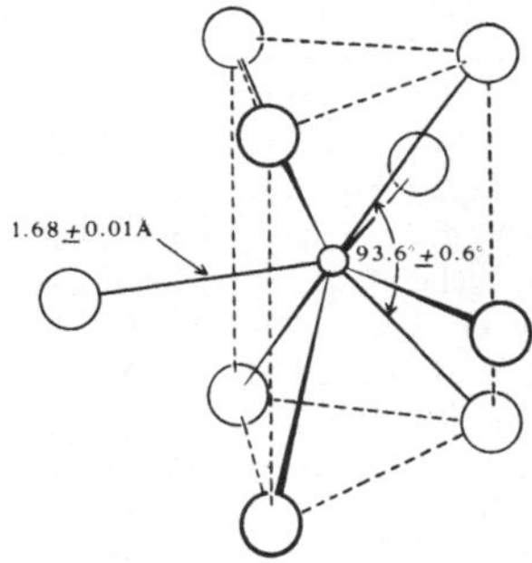

Abb. II, 2.13. $[ReH_9]^{2-}$ [38]

Die Salze dieses Hydrids sind erstaunlich beständig (bis 300° C). Sie sind in alkalischen Lösungen löslich, und diese Lösungen sind, wenn sie frei von Sauerstoff sind, haltbar. Setzt man Säure zu, so entwickelt sich sofort Wasserstoff, und metallisches Rhenium wird niedergeschlagen. Die Lösungen wirken stark reduzierend; sie reduzieren z.B. die Ammin-Komplexe von Silber und Kupfer. Ebenso wird $Bi(OH)_3$ sofort zum Metall reduziert.

Sehr wahrscheinlich existiert ein dem K_2ReH_9 analoges K_2TcH_9.

Literatur

1. Green, M. L. H., Jones, D. J.: Advan. Inorg. Chem. Radiochem. 7, 115 (1965).
2. Ginsberg, A. P.: Transition Metal Chem. 1, 111 (1965).
3. Chatt, J., Duncanson, L. A., Shaw, B. L.: Proc. Chem. Soc. 1957, 343.
4. – Shaw, B. L.: J. Chem. Soc. 1962, 5075.
5. Vaska, L.: Proc. 7th Intern. Conf. Coord. Chem. Stockholm, Uppsala 1962, S. 266.
6. Malatesta, L., Angoletta, M., Caglio, G.: Proc. 8th Intern. Conf. Coord. Chem. Wien 1964, S. 210.

7. Friedel, R. A., Wender, I., Shufler, S. L., Sternberg, H. W.: J. Am. Chem Soc. **77**, 3951 (1955).
8. Edgell, W. F., Magee, Ch., Gallup, G.: J. Am. Chem. Soc. **78**, 4185 (1956).
9. – Gallup, G.: J. Am. Chem. Soc. **78**, 4188 (1956).
10. – Asato, G., Wilson, W., Angell, C.: J. Am. Chem. Soc. **81**, 2022 (1959).
11. Stammreich, H., Kawai, K., Tavares, Y., Krumholz, P., Behmoiras, J., Bril, S.: J. Chem. Phys. **32**, 1482 (1960).
12. Krumholz, P., Stettiner, H. M. A.: J. Am. Chem. Soc. **71**, 3035 (1949).
13. Hieber, W., Hübel, W.: Z. Naturforsch. **7**b, 322 (1952).
14. – – Z. Elektrochem. **57**, 235 (1953).
15. – Abeck, W.: Z. Naturforsch. **7**b, 320 (1952).
16. Behrens, H., Lohöfer, F.: Z. Naturforsch. **8**b, 691 (1953).
17. – Weber, R.: Z. Anorg. Allgem. Chem. **291**, 122 (1957).
18. – Klek, W.: Z. Anorg. Allgem. Chem. **292**, 151 (1957).
19. Wilkinson, G., Birmingham, J. M.: J. Am. Chem. Soc. **77**, 3421 (1955).
20. Cooper, R. L., Green, M. L. H.: Z. Naturforsch. **19**b, 652 (1964).
21. Green, M. L. H., Wilkinson, G.: J. Chem. Soc. **1958**, 4314.
22. Iguchi, M.: J. Chem. Soc. Japan, Pure Chem. Sect. **63**, 634 (1942).
23. Bayston, J., King, N. K., Winfield, E. M.: Advan. Catalysis **9**, 312 (1957).
24. Mills, G. A., Weller, S., Wheeler, A.: J. Phys. Chem. **63**, 403 (1959).
25. Griffith, W. P., Wilkinson, G.: J. Chem. Soc. **1959**, 2757.
26. King, N. K., Winfield, M. E.: J. Am. Chem. Soc. **83**, 3366 (1961).
27. Wilkinson, G.: Proc. Chem. Soc. **1961**, 72.
28. Gillard, R. D., Wilkinson, G.: J. Chem. Soc. **1963**, 3594.
29. Osborn, J. A., Gillard, R. D., Wilkinson, G.: J. Chem. Soc. **1964**, 3168.
30. Weichselfelder, T., Thiede, B.: Liebigs Ann. Chem. **447**, 64 (1926).
31. Sarry, B.: Z. Anorg. Allgem. Chem. **280**, 78 (1955); **286**, 211 (1956); **288**, 41, 48 (1956).
32. Farr, J. D.: J. Inorg. Nucl. Chem. **14**, 202 (1960).
33. Griswold, E., Kleinberg, J., Bravo, J. B.: Science **115**, 375 (1952).
34. Floss, J. G., Grosse, A. V.: J. Inorg. Nucl. Chem. **9**, 318 (1959).
35. Ginsberg, A. P., Miller, J. M., Koubeck, E.: J. Am. Chem. Soc. **83**, 4909 (1961).
36. Knox, K., Ginsberg, A. P.: Inorg. Chem. **1**, 945 (1962).
37. – – Inorg. Chem. **3**, 555 (1964).
38. Abrahams, S. C., Ginsberg, A. P., Knox, K.: Inorg. Chem. **3**, 558 (1964).

2.14. Komplexe mit N_2 als Liganden

Volpin und Shur [1, 2] beobachteten 1964, daß Übergangsmetallkomplexe mit ungesättigten Liganden in Gegenwart von Organoaluminiumverbindungen oder Organomagnesium- und verwandten Verbindungen bei Zimmertemperatur Stickstoff zu binden und zu Ammoniak zu reduzieren vermögen. Diese Beobachtung hat deshalb erhebliche Bedeutung, weil auch in der Natur große Mengen von elementarem Stickstoff in Stickstoffverbindungen verwandelt werden. Der Gedanke liegt nahe, daß auch an diesen Vorgängen Komplexverbindungen teilnehmen [3]. Tatsächlich wurden für solche Reaktionen in den letzten Jahren zwei Modelle vorgeschlagen [4, 5], die beide Metall-Stickstoff-Komplexe als Zwischenprodukte annehmen. Auch aus theoretischen Überlegungen heraus wurde mit der Möglichkeit der Existenz von Komplexen mit Stickstoff als Liganden gerechnet [6, 7].

Der erste Komplex dieser Art konnte dann im Jahre 1965 von Allen und Senoff in Substanz isoliert werden. Es handelte sich um die Verbindung $[Ru(NH_3)_5(N_2)]X_2$, wobei X sowohl Br^- als auch J^-, BF_4^- und PF_6^- bedeuten kann [8]. Die Verbindung mit X=Cl entstand bei der Reaktion einer wäßrigen Lösung von $RuCl_3$ mit Hydrazinhydrat bei 25°C. Auch Azid kann als Stickstoffquelle dienen [9]. Sogar molekularer Stickstoff reagiert mit dem komplexen Kation $[Ru(NH_3)_5(H_2O)]^{2+}$ in wäßriger Lösung bei Zimmertemperatur zum Ion $[Ru(NH_3)_5(N_2)]^{2+}$ [10].

Der Komplex ist an der Luft nur mäßig beständig und zersetzt sich in Wasser. Beim Behandeln der Substanz mit Alkali oder besser mit $NaBH_4$ entsteht Ammoniak. Läßt man Schwefelsäure auf das komplexe Fluoroborat einwirken, so entwickelt sich Stickstoff.

Die Bindung des Liganden Stickstoff an das Zentralatom kann prinzipiell sowohl eine „end-on-Bindung" sein, entsprechend der Bindung der Carbonyle (Abschnitt 2.10), als auch eine „edge-on-Bindung", wie sie von den π-Komplexen des Äthylens (Abschnitt 2.11) oder auch von der Bindung des Sauerstoffs in dem Komplex $[O_2IrCl(CO)\{P(C_6H_5)_3\}_2]$ (Abschnitt 2.9) her bekannt ist.

$$Me-N\equiv N \qquad\qquad Me-\overset{N}{\underset{N}{\|}}$$

end-on-Bindung   edge-on-Bindung

Im Komplex $[Ru(NH_3)_5(N_2)]Cl_2$ liegt, wie man aus spektroskopischen Daten und von der Röntgenstrukturanalyse her weiß [11], eine end-on-Bindung vor. Dies gilt auch für den Komplex $[CoH(N_2)\{P(C_6H_5)_3\}_2] \cdot$ Äther [12].

Andere, bis heute hergestellte Komplexe mit N_2 als Liganden sind die Folgenden:

$[RuCl_2(N_2)(H_2O)_2(THF)]$ [13], $[IrCl(N_2)\{P(C_6H_5)_3\}_2]$ [14, 15],

$[RhCl(N_2)\{P(C_6H_5)_3\}_2]$ [16], $[Co(N_2)\{P(C_6H_5)_3\}_3]$ [17–19],

$[CoH(N_2)\{P(C_6H_5)_3\}_3]$ [17, 20, 12], $[Os(NH_3)_5(N_2)]^{2+}$ [21].

Seit kurzer Zeit kennt man auch ein Komplex-Ion mit zwei Stickstoffmolekülen als Liganden. Es handelt sich um die Verbindungen $[Os(NH_3)_4(N_2)_2]X_2$ mit $X=Cl^-$, Br^-, J^- [22], die bei der Reaktion von $[Os(NH_3)_5(N_2)]X_2$ mit HNO_2 entstehen. Die beiden N_2-Liganden sind zueinander cis-ständig.

Neuerdings gelang auch die Synthese eines zweikernigen Komplexes, wobei ein Stickstoff-Ligand als Brückenglied fungiert [23]: $[(NH_3)_5Ru(N_2)Ru(NH_3)_5](BF_4)_4$. Diese Komplex-Verbindung wurde erhalten durch direkte Reaktion von Stickstoff mit einer wäßrigen Lösung von $[Ru(NH_3)_5(H_2O)]^{2+}$ bei Zimmertemperatur und durch reversible Umsetzung von $[Ru(NH_3)_5(H_2O)]^{2+}$ mit $[Ru(NH_3)_5(N_2)]^{2+}$. Aus spektroskopischen Daten kann man bei diesem zweikernigen Komplex auf ein edge-on-gebundenes Stickstoffmolekül schließen.

Ein analoger Komplex des Nickels konnte von Jolly und Jonas dargestellt werden [24]. Es handelt sich um die dunkelrote, kristalline Verbindung $[\{(C_6H_{11})_3P\}_2Ni(N_2)Ni\{P(C_6H_{11})_3\}_2]$. Der Komplex entsteht bei der Reaktion von Nickelacetylacetonat mit Tricyclohexylphosphin, Stickstoff und Trimethylaluminium bei -30 bis $+20°\,C$ in 40%iger Ausbeute.

Die Existenz der oben aufgezählten Komplexe zeigt, daß Stickstoff nicht so inert ist, wie noch vor einigen Jahren angenommen wurde [25]. Dementsprechend sind z.Z. Forschungen im Gange, die auf die Herstellung von Ammoniak aus Luftstickstoff bei Normaldruck und Normaltemperatur durch Verwendung von Übergangsmetallverbindungen als Katalysatoren abzielen, und hierbei müssen wohl N_2 enthaltende Komplexe intermediär eine Rolle spielen [26, 27].

Literatur

1. Vol'pin, M. E.. Shur, V. B.: Dokl. Akad. Nauk SSSR **156**, 1102 (1964).
2. – – Nature **209**, 1236 (1966).
3. Ziegler, M.: Chemiker-Ztg. **93**, 133 (1969).
4. Brintzinger. H.: J. Am. Chem. Soc. **88**, 4307 (1966).
5. Parshall, G. W.: J. Am. Chem. Soc. **89**, 1822 (1967).
6. Orgel, L. E.: An introduction to transition-metal chemistry, S. 137 f. London-New York 1960.
7. Ruch, E.: Festschrift „10 Jahre Fonds der Chemischen Industrie", 1960, S. 163.
8. Allen, A. D., Senoff, C. V.: Chem. Commun. **1965**, 621.
9. – Bottomley. F.. Harris, R. O., Reinsalu, V. P., Senoff, C. V.: J. Am. Chem. Soc. **89**, 5595 (1967).
10. Harrison, D. E., Taube, H.: J. Am. Chem. Soc. **89**, 5706 (1967).

11. Bottomley, F., Nyburg, S. C.: Chem. Commun. **1966**, 897.
12. Enemark, J. H., Davis, B. R., McGinnety, J. A., Ibers, J. A.: Chem. Commun. **1968**, 96.
13. Borod'ko, Yu. G., Shilova, A. K., Shilov, A. E.: Dokl. Akad. Nauk. SSSR **176**, 1297 (1967).
14. Collman, J. P., Kang, J. W.: J. Am. Chem. Soc. **88**, 3459 (1966).
15. – Kubota, M., Sun, J. Y., Vastine, F.: J. Am. Chem. Soc. **89**, 169 (1967).
16. Ukhin, L. Yu., Shvetsov, Yu. A., Khidekel, M. L.: Isvest. Akad. Nauk SSSR, Ser. Chim. **1967**, 957.
17. Misono, A., Uchida, Y., Saito, T.: Bull. Chem. Soc. Japan **40**, 700 (1967).
18. – – – Song, K. M.: Chem. Commun. **1967**, 419.
19. Yamamoto, A., Kitazume, S., Pu, L. S., Ikeda, S.: Chem. Commun. **1967**, 79.
20. Sacco, A., Rossi, M.: Chem. Commun. **1967**, 316.
21. Allen, A. D., Stevens, J. R.: Chem. Commun. **1967**, 1147.
22. Scheidegger, H. A., Armor, J. N., Taube, H.: J. Am. Chem. Soc. **90**, 3263 (1968).
23. Harrison, D. F., Weissberger, E., Taube, H.: Science **159**, 320 (1968).
24. Jolly, P. W., Jonas, K.: Angew. Chem. **80**, 705 (1968).
25. Nachr. Chem. Techn. **15**, 296 (1967).
26. Nachr. Chem. Techn. **16**, 413 (1968).
27. Tamelen, E. E. van, Fechter, R. B., Schneller, S. W., Boche, G., Greeley, R. H., Åkermark, B.: J. Am. Chem. Soc. **91**, 1551 (1969).

2.15. Quecksilber-Komplexe mit stickstoffhaltigen Liganden

Lange bekannt und recht auffallend ist die Eigenart des Quecksilbers, an Stickstoff gebundenen Wasserstoff zu substituieren und dabei sehr stabile Quecksilber-Stickstoff-Verbindungen zu bilden. So bildet sich beim Versetzen einer viel Ammoniumchlorid enthaltenden $HgCl_2$-Lösung mit Ammoniak das $Hg(NH_3)_2Cl_2$, formal als Diamminquecksilber(II)-chlorid zu benennen. Die Verbindung trägt seit alters her auch den Namen „Schmelzbares Präzipitat". Röntgenstrukturuntersuchungen haben ergeben, daß die Kationen des Komplexes aus diskreten, linear gebauten $\overset{\oplus}{H_3N}$—Hg—$\overset{\oplus}{NH_3}$-Gruppen gebildet werden [1, 2]. Diese Gruppen sind statistisch im Gitter verteilt und entlang den aufeinander senkrecht stehenden Kristallachsen orientiert, wie dies Abb. I, 2.15 zeigt.

Versetzt man eine wäßrige Lösung von $HgCl_2$ mit Ammoniak bei Abwesenheit von Ammoniumsalzen, so bildet sich eine andere Verbindung. Es entsteht das sog. Quecksilberamidchlorid $HgNH_2Cl$, auch „Unschmelzbares Präzipitat" genannt. Während – wie erwähnt – bei dem Komplex $Hg(NH_3)_2Cl_2$ isolierte, lineare $\overset{\oplus}{H_3N}$—Hg—$\overset{\oplus}{NH_3}$-Gruppen auftreten, liegen in der Verbindung

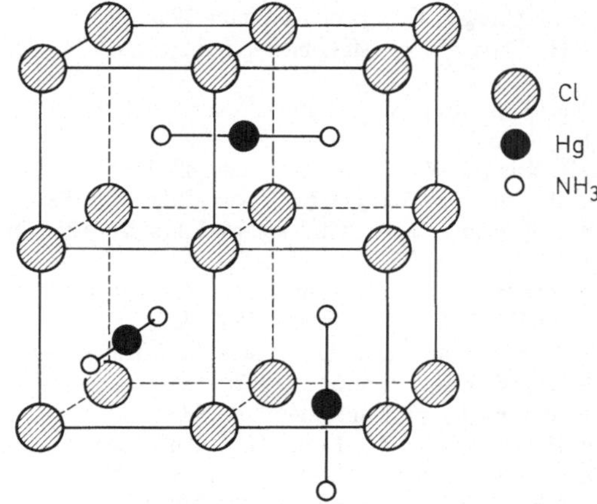

Abb. I, 2.15. $Hg(NH_3)_2Cl_2$-Gitter mit statistischer Anordnung der ($^{\oplus}H_3N$—Hg—$NH_3^{\oplus}$)-Gruppen [2]

$HgNH_2Cl$ Kettenmoleküle folgender Art vor [2 – 5]:

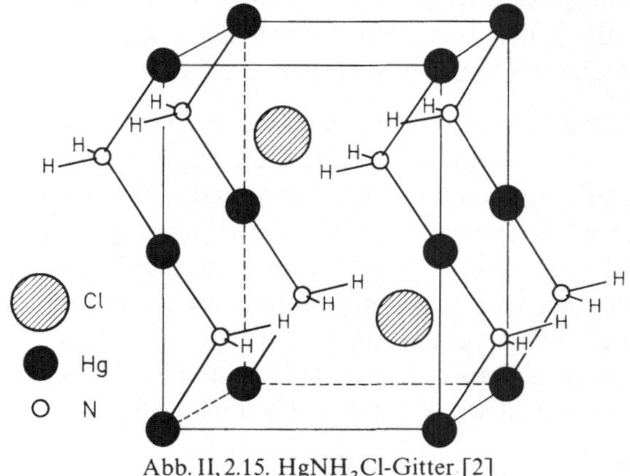

Das Kettenmolekül des Kations ist am Quecksilberatom linear und am Stickstoff gewinkelt. Aus den gefundenen Abständen kann man schließen, daß die Quecksilber-Stickstoff-Bindung weitgehend homöopolar ist. Die Chlorid-Anionen sind dagegen ionisch gebunden.

Abb. II, 2.15. $HgNH_2Cl$-Gitter [2]

Unschmelzbares Präzipitat ist auch eine der Substanzen, die gebildet werden, wenn Quecksilber(I)-chlorid, Hg_2Cl_2, mit Ammoniak in Berührung kommt. Bei dieser für den qualitativen Nachweis von Quecksilber(I)-Verbindungen wichtigen Reaktion, die übrigens schon den Alchimisten bekannt war, entsteht durch Disproportionierung metallisches Quecksilber und im wesentlichen Quecksilberamidchlorid. Die Reaktion erfolgt augenblicklich

$$Hg_2Cl_2 + 2\,NH_3 \rightarrow Hg + HgNH_2Cl + NH_4Cl.$$

Durch das feinst verteilte und deshalb tiefschwarze Quecksilber ist das Reaktionsprodukt schwarz gefärbt. Diese Schwarzfärbung durch Ammoniak hat den Namen „Kalomel" (griech.: $\kappa\alpha\lambda\acute{o}\varsigma\ \mu\acute{\epsilon}\lambda\alpha\varsigma =$ schön schwarz) für Quecksilber(I)-chlorid veranlaßt.

Der Name „Quecksilberamidchlorid" für das unschmelzbare Präzipitat ist etwas irreführend, da es sich — wie die Struktur zeigt — ja nicht eigentlich um eine Amido-Verbindung handelt. Vielmehr ist der Komplex als Derivat des Ammoniumions anzusehen, da der Stickstoff vierbindig ist, Tetraederwinkel besitzt und eine positive Ladung trägt.

Die dritte interessante Verbindungsklasse dieser Art bilden die Salze der Millonschen Base, Hg_2NX ($X = NO_3^-$, Cl^-, Br^-, J^-, ClO_4^-) und diese Base selbst $Hg_2NOH \cdot 2H_2O$. Die Darstellung erfolgt in ähnlicher Weise wie bei den beiden Präzipitaten. So entsteht das Bromid durch Reaktion von wäßriger $HgBr_2$-Lösung mit sehr verdünntem Ammoniak. Die Millonsche Base selbst entsteht beim Schütteln von gelbem HgO mit 12 n Ammoniaklösung in der Dunkelheit. Die prinzipiell gleiche Darstellungsart von $[Hg(NH_3)_2]X_2$, $HgNH_2X$ und Hg_2NX läßt verstehen, daß oft mehrere dieser Verbindungen nebeneinander entstehen. Die gezielte Darstellung eines dieser Produkte erfordert stets die genaue Einhaltung ganz bestimmter Konzentrationsverhältnisse an Quecksilbersalz, Ammoniumsalzen und Ammoniak in den Reaktionsansätzen.

Im Gegensatz zu den Kationen der beiden Präzipitate (Einzelmoleküle bei $[Hg(NH_3)_2]^{2+}$, Kettenmoleküle bei $[Hg(NH_2)]_\infty^+$) stellt das Kation der Millonschen Base und ihrer Salze, $[Hg_2N]_\infty^+$, eine Raumnetzstruktur dar, die der Struktur des Cristobalits ähnlich ist. Dabei ist wie bei den Präzipitaten der Winkel an jedem Quecksilberatom linear, während die Stickstoffatome tetraedrische Konfiguration besitzen [2, 6−9].

Dies wird aus Abb. III, 2.15 deutlich.

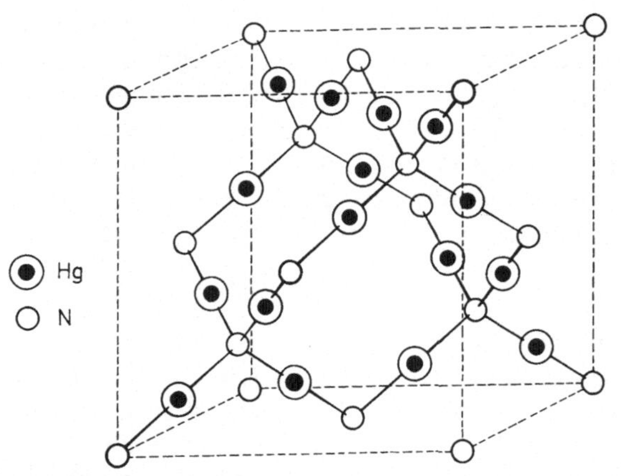

Abb. III, 2.15. Gitter des Kations $[Hg_2N]^+_\infty$ der Millonschen Base [2]

In diesem Gitter des $[Hg_2N]^+_\infty$ sind große Hohlräume und Kanäle vorhanden, in denen die Anionen und die Kristallwassermoleküle leicht Platz finden. Die Struktur erklärt sowohl die Unlöslichkeit der Millonschen Base als auch die relativ leichte Austauschbarkeit der Anionen. So sind z.B. folgende Reaktionen möglich:

$$[Hg_2N]NO_3 + KBr \rightarrow [Hg_2N]Br + KNO_3$$
$$[Hg_2N]NO_3 + KJ \rightarrow [Hg_2N]J + KNO_3.$$

Die Bindung zwischen Quecksilber und Stickstoff ist, wie der kleine Abstand von 2,07 Å zeigt, weitgehend homöopolar.

Neben den Insel-, Ketten- und Raumnetzstrukturen der oben beschriebenen Komplexe ist auch eine flächig aufgebaute Quecksilber-Stickstoff-Verbindung bekannt. Es handelt sich dabei um das Hydrazidoquecksilber(II)-chlorid $[Hg_2(N_2H_2)]Cl_2$. Diese Substanz entsteht bei der Reaktion von Quecksilber(II)-chlorid mit Hydraziniumchlorid. Sie ist explosiv.

Der Komplex baut sich folgendermaßen auf [10, 11]: Jedes Quecksilberatom ist mit zwei Stickstoffatomen verschiedener Hydrazingruppen und jedes Stickstoffatom einer Hydrazingruppe mit zwei Quecksilberatomen, einem Wasserstoffatom und einem weiteren Stickstoffatom der Hydrazingruppe verbunden. Diese Verknüpfungen führen zu einem $[Hg_2N_2H_2]^{2+}_\infty$-Flächennetz, in dem die Stickstoffatome der Hydrazingruppen abwechselnd oberhalb und

132

unterhalb der Ebene der Quecksilberatome angeordnet sind. Die Struktur dieser Verbindung zeigt Abb. IV, 2.15:

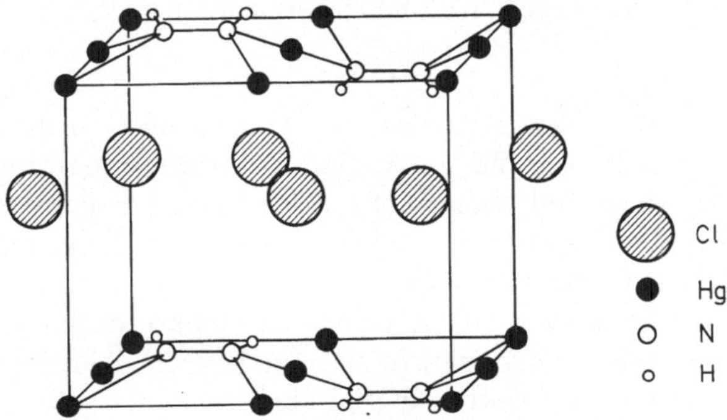

Abb. IV, 2.15. Gitter der Verbindung [Hg$_2$(N$_2$H$_2$)]Cl$_2$ [11]

Literatur

1. MacGillavry, C. H., Bijvoet, J. M.: Z. Krist. **94**, 231 (1936).
2. Lipscomb, W. N.: Anal. Chem. **25**, 737 (1953).
3. — Acta Cryst. **4**, 266 (1951).
4. Rüdorff, W., Brodersen, K.: Z. Anorg. Allgem. Chem. **270**, 145 (1952).
5. Nijssen, L., Lipscomb, W. N.: Acta Cryst. **5**, 604 (1952).
6. Lipscomb, W. N.: Acta Cryst. **4**, 156 (1951).
7. Arora, S. D., Lipscomb, W. N., Sneed, M. C.: J. Am. Chem. Soc. **73**, 1015 (1951).
8. Rüdorff, W., Brodersen, K.: Z. Anorg. Allgem. Chem. **274**, 323 (1953).
9. Nijssen, L., Lipscomb, W. N.: Acta Cryst. **7**, 103 (1954).
10. Brodersen, K.: Z. Anorg. Allgem. Chem. **285**, 5 (1956).
11. — Z. Anorg. Allgem. Chem. **290**, 24 (1957).

2.16. Elektronen-Donator-Acceptor-Komplexe
mit großen Bindungsabständen

Anionen und Kationen können bekanntlich durch einfachen Elektronenaustausch gebildet werden. Bisweilen tritt aber der Fall auf, daß ein Elektron nicht gänzlich von einem Donor auf einen Acceptor übertragen wird, sondern daß eine gewisse prozentuale Anteiligkeit eines Elektrons eines Donormoleküls am Gesamtelektronenzustand eines Molekülkomplexes auftritt [1]. Es kommt dabei zur Komplexbildung zwischen Molekülen. Man nennt diese Verbindungen „Elektronen-Donator-Acceptor-Komplexe". Die Bindungsenergie ist meistens nicht sehr groß; sie braucht nur einige kcal zu betragen. Die Gesamtenergie W_n der Molekülkomplexe setzt sich zusammen aus den van der Waalschen Energieanteilen W_0 und quantenmechanischen Resonanzenergieanteilen R_n:

$$W_n = W_0 + R_n$$

Die intermolekularen Abstände sind ziemlich groß. Sie liegen meist zwischen 2,7 und 3,5 Å. Als Elektronendonatoren können dabei entweder Substanzen mit einem π-Elektronensystem (z. B. Benzol und seine Derivate) oder mit einsamen Elektronenpaaren (z. B. Äther, Amine) fungieren.

Häufig kann man solche Molekülkomplexe durch Zufuhr der „charge-transfer"-Energie hv in einen angeregten Zustand mit überwiegend ionischer Struktur überführen:

$$\underline{D \dots A} \leftrightarrow D^+ \dots A^- \xrightarrow{hv} \underline{D^+ \dots A^-} \leftrightarrow D \dots A$$

Die Charge-Transfer-Übergänge liegen oft im sichtbaren Bereich des Lichtabsorptionsspektrums.

Es sei bemerkt, daß solche Übergänge auch bei anderen Komplexen möglich sind. Elektronen können dabei prinzipiell sowohl vom Zentralatom zum Liganden übergehen wie auch umgekehrt.

So ist z. B. bekannt, daß Jod in organischen Lösungsmitteln unter Bildung von Molekelassoziaten löslich ist und daß die Farbe solcher Lösungen von der Art des Lösungsmittels bestimmt wird. Man schreibt diese Farben Charge-Transfer-Übergängen zu.

Elektronen-Donator-Acceptor-Komplexe kennt man nicht nur in Lösung. Manche derartige Verbindung konnte auch in Substanz isoliert und auf ihren Bau hin untersucht werden.

So fand man für den Komplex, den Br_2 und Cl_2 mit 1,4-Dioxan bilden, folgende Struktur [2, 3]:

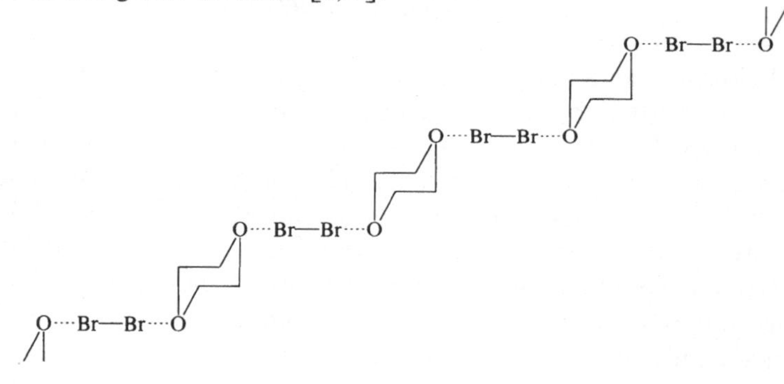

Der Abstand Br—O beträgt 2,71 Å und der Abstand Br—Br 2,31 Å statt 2,28 Å im freien Br_2-Molekül.

Als Struktur für die Br_2-Aceton-Additionsverbindung wurden ebene Ketten gefunden [4]:

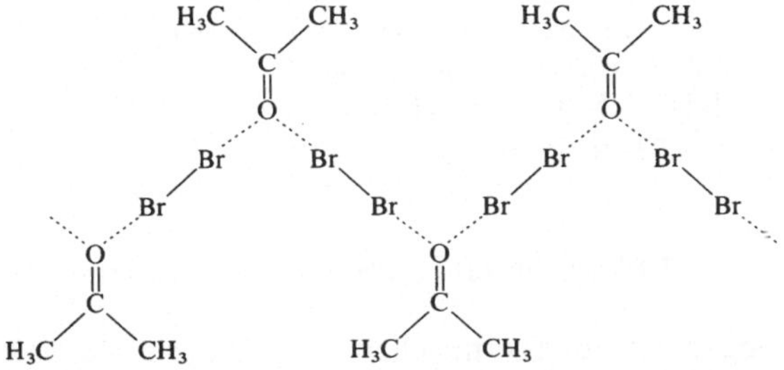

Die Abstände betragen hier bei Br—O 2,82 Å und bei Br—Br 2,28 Å wie im freien Br_2-Molekül.

Bemerkenswert ist der für den 1:1-Komplex des Jodchlorids mit Dioxan gefundene Bau [5]

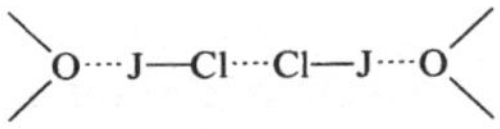

Der O—J-Abstand beträgt hier nur 2,6 Å, der Cl—Cl-Abstand 3,38 Å.

Für den Elektron-Donator-Acceptor-Komplex J_2-Pyridin fand man folgende Struktur [6]:

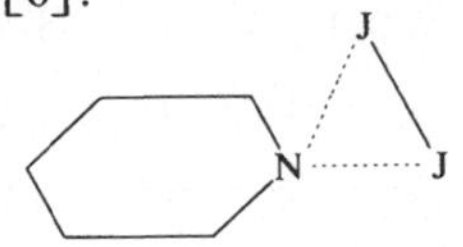

Ein Jodatom befindet sich in der Ebene des Pyridins nahe am Stickstoff, während das zweite Jodatom oberhalb dieser Ebene liegt.

Für den Komplex Pyridin:JCl = 1:1 fand man aber andererseits eine lineare Konfiguration, bei der das paraständige Kohlenstoffatom im Pyridinring, das N-, das J- und das Cl-Atom beinahe auf einer Geraden liegen [7].

Diese Beispiele für Elektronen-Donator-Acceptor-Komplexe mögen genügen. Auch auf diesem Teilgebiet der Komplexchemie wird z.Z. viel gearbeitet, und man gewinnt immer besseren Einblick in das Wesen dieser Molekülverbindungen und der „Charge-Transfer-Komplexe".

135

Literatur

1. Briegleb, G.: Elektronen-Donator-Acceptor-Komplexe. Berlin-Göttingen-Heidelberg: Springer 1961.
2. Hassel, O., Strømme, K. O.: Acta Chem. Scand. **13**, 1775 (1959).
3. — Hvoslef, J.: Acta Chem. Scand. **8**, 873 (1954).
4. — Strømme, K. O.: Acta Chem. Scand. **13**, 275 (1959).
5. — Hvoslef, J.: Acta Chem. Scand. **10**, 138 (1956).
6. Reid, C., Mulliken, R. S.: J. Am. Chem. Soc. **76**, 3869 (1954).
7. Hassel, O., Rømming, C.: Acta Chem. Scand. **10**, 696 (1956).

2.17. Stabilität und Stabilitätskonstanten

Im Gegensatz zur thermischen Stabilität, für deren Charakterisierung z. B. Zersetzungstemperaturen oder -intervalle in Frage kommen, ist die Stabilität der Komplexe in Lösung erheblich eindeutiger zu definieren. Man beschränkt sich, wie das die Chemie der Lösungen allgemein tut, hierfür zunächst auf das Lösungsmittel Wasser und dehnt die Betrachtungen zum Schluß auf nichtwäßrige Lösungsmittel aus.

Betrachten wir zunächst ein Metallion in wäßriger Lösung. Man muß es sich als hydratisiertes Ion vorstellen, also $[M(H_2O)_n]^{m+}$, wobei n vielleicht 4 oder 6 sein kann. Gibt man zu einer solchen Lösung des hydratisierten Metallions einen Komplexbildner, etwa Chlorionen, Cl^-, oder auch Ammoniak, NH_3, so wird sich zwischen den Komponenten ein Gleichgewicht, z. B. der Art

$$[M(H_2O)_n]^{m+} + Cl^- \rightleftharpoons [MCl(H_2O)_{n-1}]^{(m-1)+} + H_2O$$

einstellen. Der Einfachheit halber läßt man die H_2O-Liganden des Metallions fort, so daß man

$$M^{m+} + Cl^- \rightleftharpoons [MCl]^{(m-1)+}$$

erhält. Das Fortlassen von H_2O ist berechtigt, weil die Konzentration $[H_2O]$ bei Veränderungen im Gleichgewichtssystem wegen Überwiegen von H_2O praktisch nicht geändert wird. Überdies ist die Zahl der am M^{m+} koordinierten H_2O-Moleküle meistens nicht bekannt.

Für das oben angegebene Gleichgewicht läßt sich nun leicht eine Formel für die Gleichgewichtskonstante aufstellen. Es ist

$$\frac{[MCl]}{[M][Cl]} = K_1$$

oder allgemeiner

$$\frac{[ML]}{[M][L]} = K_1 .$$

Hierbei ist L ganz allgemein für einen einzähnigen Liganden gesetzt, während der Index von K_1 anzeigt, daß es sich um die Konstante für die erste Stufe der Komplexbildung handelt. Ladungszeichen sind der besseren Übersicht wegen fortgelassen. Der Komplex der ersten Stufe, ML, kann nun Ausgangskomponente eines neuen Komplexes ML_2 sein. Für diesen gilt dann die Stabilitätsbeziehung

$$\frac{[ML_2]}{[ML][L]} = K_2$$

Es ist unmittelbar plausibel, daß zur Bildung von ML_2 höhere Konzentrationen an L erforderlich sind als zur bloßen Bildung von ML.

Nun sei kurz noch auf die Konstante K_2 eingegangen. Wenn wir uns ein Salz ML_2 vorstellen, z. B. $NiCl_2$, dann ist dessen erste Dissoziationskonstante

$$\frac{[NiCl][Cl]}{[NiCl_2]} = K \quad \text{(erste Stufe)}$$

und die zweite:

$$\frac{[Ni][Cl]}{[NiCl]} = K \quad \text{(zweite Stufe)}.$$

Die Stabilitätskonstanten bis K_n, wobei n die Gesamtzahl der Anionen des neutralen Salzes ist, sind also reziproke Werte der gewöhnlichen Dissoziationskonstanten. Gelegentlich werden in der Literatur sog. Instabilitätskonstanten angegeben. Diese sind wie die Dissoziationskonstanten reziproke Werte der Stabilitätskonstanten.

Die Assoziation von Liganden kann allerdings noch weiter gehen, als wir dies bei den abgesättigten Verbindungen kennen. Das heißt, außer $NiCl_2$ kann man in Lösung auch $[NiCl_3]^-$ und $[NiCl_4]^{2-}$ feststellen.

Für die dritte und vierte Stufe sind dann die Konstanten:

$$\frac{[ML_3]}{[ML_2][L]} = K_3$$

und

$$\frac{[ML_4]}{[ML_3][L]} = K_4 .$$

Insgesamt sind N solcher Gleichgewichte zu erwarten, wenn N die maximale Koordinationszahl für das System aus dem Metall und dem einzähnigen Liganden L darstellt. Es gilt also allgemein:

$$\frac{[\mathrm{ML}_i]}{[\mathrm{ML}_{i-1}][\mathrm{L}]} = K_i \quad (i = 1 \text{ bis } N).$$

Die Konstanten K_i werden als individuelle Stabilitätskonstanten bezeichnet. Sie sind eng mit den Bruttostabilitätskonstanten β_i verknüpft, bei deren Definition für alle Stufen das bloße Metall-Ion als Ausgangsbasis gewählt wird.

Es ist

$$\frac{[\mathrm{ML}_i]}{[\mathrm{M}][\mathrm{L}]^i} = \beta_i \quad (i = 1 \text{ bis } N)$$

also

$$\frac{[\mathrm{ML}]}{[\mathrm{M}][\mathrm{L}]} = \beta_1$$

d.h. β_1 ist identisch mit K_1.

Bei Betrachtung einer höheren Stufe erkennen wir deutlich den Zusammenhang zwischen K_i und β_i:

Ist

$$\frac{[\mathrm{ML}_3]}{[\mathrm{M}][\mathrm{L}]^3} = \beta_3,$$

dann läßt sich einfach zeigen, daß die Beziehung

$$K_1 \cdot K_2 \cdot K_3 = \beta_3$$

gilt.

Die allgemeine Gültigkeit dieses Zusammenhanges ist unmittelbar einzusehen. Meistens werden die Konstanten in logarithmierter Form angegeben. Im System $\mathrm{Ni}^{2+}/\mathrm{NH}_3$ wurden z. B. von Bjerrum [1] die folgenden Werte bestimmt:

$$
\begin{array}{lll}
\mathrm{Ni}^{2+} + \mathrm{NH}_3 = [\mathrm{Ni}(\mathrm{NH}_3)]^{2+}: & \lg K_1 = 2{,}80 \\
[\mathrm{Ni}(\mathrm{NH}_3)]^{2+} + \mathrm{NH}_3 = [\mathrm{Ni}(\mathrm{NH}_3)_2]^{2+}: & \lg K_2 = 2{,}24 \\
[\mathrm{Ni}(\mathrm{NH}_3)_2]^{2+} + \mathrm{NH}_3 = [\mathrm{Ni}(\mathrm{NH}_3)_3]^{2+}: & \lg K_3 = 1{,}73 \\
[\mathrm{Ni}(\mathrm{NH}_3)_3]^{2+} + \mathrm{NH}_3 = [\mathrm{Ni}(\mathrm{NH}_3)_4]^{2+}: & \lg K_4 = 1{,}19 \\
[\mathrm{Ni}(\mathrm{NH}_3)_4]^{2+} + \mathrm{NH}_3 = [\mathrm{Ni}(\mathrm{NH}_3)_5]^{2+}: & \lg K_5 = 0{,}75 \\
[\mathrm{Ni}(\mathrm{NH}_3)_5]^{2+} + \mathrm{NH}_3 = [\mathrm{Ni}(\mathrm{NH}_3)_6]^{2+}: & \lg K_6 = 0{,}03 \\
\hline
\mathrm{Ni}^{2+} + 6\,\mathrm{NH}_3 = [\mathrm{Ni}(\mathrm{NH}_3)_6]^{2+}: & \lg \beta_6 = 8{,}74
\end{array}
$$

Das Zutreffen des Zusammenhanges von K_i und β_i läßt sich anhand der obigen Tabelle leicht überprüfen.

Die Bildung der jeweiligen Komplexe ist also von der Konzentration des Liganden abhängig, wenn man die Metall-Ionenkonzentration als konstant ansieht. Gibt man zu einer Metallionenlösung den Liganden L hinzu, so wird sich zuerst überwiegend ML bilden. Bei weiterer Zugabe von L bildet sich mehr ML_2, während die Konzentration an ML zurückgeht. Schließlich wird bei sehr hoher Ligandenkonzentration nur noch ML_N vorliegen, während alle anderen Komplexe ML_{N-1} usw. verschwinden. Man kann dies sehr schön graphisch darstellen, wenn man die jeweiligen Anteile der gebildeten Komplexe in Abhängigkeit von der Ligandenkonzentration aufträgt. Diese Anteile erhält man durch Einsetzen der Konstanten K und der Konzentration in die Gleichgewichtsbeziehung.

Man trägt in einer solchen Darstellung die Anteile der einzelnen Spezies jeweils für sich auf wie in Abb. I, 2.17 nach Hume und de Ford [2], welche die Verteilung der $[Cd(SCN)_n]^{(2-n)+}$-Komplexe in Abhängigkeit von der Thiocyanationen-Konzentration wiedergibt, s. Abb. I, 2.17.

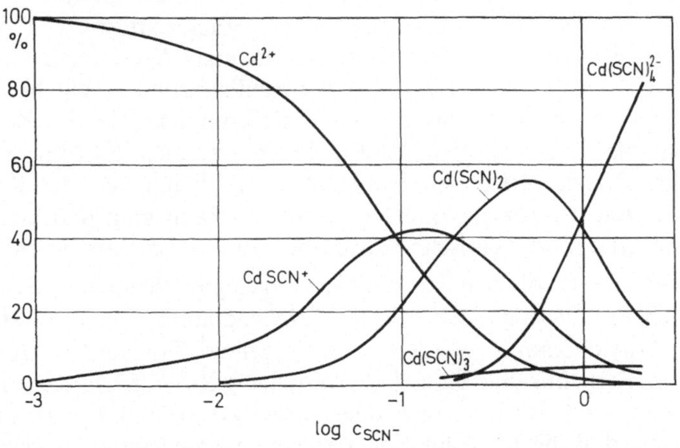

Abb. I, 2.17. Prozentische Verteilung von Cadmium-Thiocyanato-Komplexen als Funktion der Thiocyanat-Konzentration. Nach de Ford u. Hume [2]

Bei einer anderen, sehr verbreiteten Darstellungsart werden die bei einer bestimmten Konzentration des Liganden koexistierenden

Anteile der einzelnen Spezies jeweils übereinander aufgetragen, so daß man die Anteile der gleichzeitig vorhandenen Komplexe bei der betreffenden Ligandenkonzentration ablesen kann.

Für das Beispiel der Ni-NH_3-Komplexe gibt die Abb. II, 2.17 nach Bjerrum [1] einen guten Überblick über die Verteilung des Ni auf die Ionen Ni^{2+} und $[Ni(NH_3)_n]^{2+}$ für $n = 1$ bis 6 in Abhängigkeit von der NH_3-Aktivität a $[NH_3]$, angegeben als deren negativer Logarithmus.

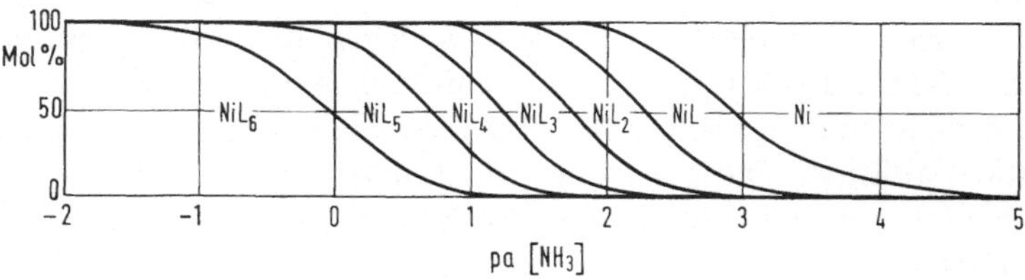

Abb. II, 2.17. Verteilung des Ni auf die Ionen Ni^{2+} und $Ni(NH_3)_n^{2+}$ (n = 1 bis 6). Ladungszeichen sind weggelassen, L steht für NH_3; nach Bjerrum, [1] S. 287

Wichtig ist die Abhängigkeit der Stabilitätskonstanten von der Ionenstärke der untersuchten Lösung. Es ist deshalb notwendig, bei allen Messungen die Ionenstärke mit zu berücksichtigen. Am günstigsten ist es, die Ionenstärke konstant auf einen Wert einzustellen, z. B. auf 0,1 mol/l oder 1 mol/l. Am vorteilhaftesten geschieht dies mit einem Neutralsalz, das ein nur wenig komplexbildendes Anion enthält, also $NaClO_4$ oder $NaNO_3$. Doch wird auch KCl für einen solchen Zweck verwendet. Hat man die Abhängigkeit der Konstanten von der Ionenstärke I ermittelt, so kann man danach auf die sog. „thermodynamische Konstante" für $I \rightarrow 0$ extrapolieren.

Selbstverständlich gelten alle hier dargelegten Beziehungen auch für mehrzähnige Liganden, z. B. für Äthylendiamin. Für das System Ni^{2+}-Äthylendiamin wurden z. B. folgende Konstanten durch Bertsch, Fernelius und Block [3] ermittelt: lg $K_1 = 7{,}52$, lg $K_2 = 6{,}32$ und lg $K_3 = 4{,}49$ bei 20° C und Ionenstärke $\rightarrow 0$. Man sollte eigentlich erwarten, daß die Koordination von einem Äthylendiamin jeweils der von zwei NH_3 entspricht. Die experimentell festgestellte erheblich höhere Stabilität der Komplexe mit Chelatringen zeigt aber, daß deren Bildung einen stabilisierenden Einfluß haben muß. Die folgende Tabelle zeigt die Stabilitätskonstanten für verschiedene Chelatkomplexe von Kupfer im Vergleich zu den Konstanten der

140

Komplexe mit NH_3:

NH_3 $\qquad$ $\lg K_1 = 4{,}13$, $\qquad$ $\lg K_2 = 3{,}48$, $\qquad$ $\lg K_3 = 2{,}87$, $\qquad$ $\lg K_4 = 2{,}11$ [1]

Äthylendiamin $NH_2 \cdot CH_2 \cdot CH_2 \cdot NH_2$ (=en)
$\qquad$ $\lg K_1 = 10{,}8$, $\qquad$ $\lg K_2 = 9{,}4$, $\qquad$ $\lg K_3 = 0{,}1$ [4]

Diäthylentriamin $HN(CH_2 \cdot CH_2 \cdot NH_2)_2$ (=den)
$\qquad$ $\lg K_1 = 16{,}0$, $\qquad$ $\lg K_2 = 5{,}3$ [5]

$2,2',2''$-Triamino-triäthylamin $N(CH_2 \cdot CH_2 \cdot NH_2)_3$ (=tren)
$\qquad$ $\lg K_1 = 18{,}8$ [6, 7]

Triäthylentetramin $[H_2N \cdot CH_2 \cdot CH_2 \cdot NH \cdot CH_2-]_2$ (=trien)
$\qquad$ $\lg K_1 = 20{,}4$ [8]

Pentaäthylenhexamin $(H_2N \cdot CH_2 \cdot CH_2)_2N \cdot CH_2 \cdot CH_2 \cdot N(CH_2 \cdot CH_2 \cdot NH_2)_2$
$\qquad$ $\lg K_1 = 22{,}4$ [9] $\hfill$ (=penten)

Es ist zu erkennen, daß die Stabilität mit steigender Zahl der Ringe zunimmt, mit zunehmender Ringgröße dagegen abnimmt, wobei die fünfgliedrigen Chelatringe, wie die mit Äthylendiamin, die relativ stabilsten sind. Dieser sog. Chelateffekt [10] läßt sich erklären, wenn man die thermodynamische Bedeutung der Stabilitätskonstanten betrachtet. Die Stabilitätskonstanten sind nämlich durch die Beziehung $\Delta G = -RT \ln K$ mit der freien Enthalpie der betreffenden Reaktion verknüpft. Aus der Verknüpfung dieser Beziehung mit der Gibbs-Helmholtzschen Gleichung $\Delta G = \Delta H - T\Delta S$ ist zu entnehmen, daß die Konstanten K von der Reaktionsenthalpie ΔH und von deren Entropie ΔS abhängen. Die experimentelle Untersuchung ergibt, daß das ΔH-Glied nur in geringem Maße für die Änderung bei K verantwortlich sein kann. Dies bedeutet, daß der Chelateffekt im wesentlichen als Entropieeffekt verstanden werden muß, wie dies in Abschnitt 5.3 nochmals ausführlicher erklärt ist.

Neben den einfachen Komplexbildungskonstanten K_1 und β_1 gibt es noch eine ganze Reihe weiterer Konstanten, die z. B. dadurch nötig werden, daß der Ligand in besonderer Form in den Komplex eintritt. Während es z. B. klar ist, daß die schon erwähnten Liganden NH_3 oder Cl^- als solche in den Komplex eintreten, so gibt es für einen Liganden wie Äthylendiamintetraessigsäure (meist abgekürzt H_4edta) mehrere Möglichkeiten, nämlich die Reaktionen:

$$Cu^{2+} + L^{4-} \rightarrow [CuL]^{2-}$$

$$Cu^{2+} + HL^{3-} \rightarrow [CuHL]^-.$$

Die Konstanten hierfür kann man analog den einfachen Stabilitätskonstanten anschreiben, z. B.

$$\frac{[MHL]}{[M][HL]} = K^{M}_{MHL}$$

für das letztgenannte Gleichgewicht. Die Säuredissoziationskonstanten solcher Komplexe werden meist als pK-Werte angegeben. Bei der Angabe von pK-Werten ist darauf zu achten, daß in ihnen K die Definition einer Dissoziationskonstanten hat, deren Wert nach Logarithmierung dann ein umgekehrtes Vorzeichen erhält. Natürlich gibt es außerdem noch Konstanten für die Bildung mehrkerniger Komplexe. Systematisch erfaßt finden sich alle diese Werte z. B. in dem Tabellenwerk von Sillén und Martell und in den Tabellen von Yatsimirskii und Vasilev [11].

Bei der Angabe von Stabilitätskonstanten wird immer auf *den* Liganden bezogen, der wirklich in den Komplex eingeht. Die Konstante für die Reaktion des Ions Cr^{3+} mit Acetylaceton $C_5H_8O_2$ wird demnach nicht auf die Umsetzungsgleichung

$$Cr^{3+} + 3C_5H_8O_2 \rightarrow [Cr(C_5H_7O_2)_3] + 3H^+$$

bezogen, obwohl sich diese Größe natürlich auch ermitteln läßt, sondern auf die Umsetzung

$$Cr^{3+} + 3C_5H_7O_2^- \rightarrow [Cr(C_5H_7O_2)_3].$$

Die Konstante für die erstgenannte Beziehung läßt sich übrigens in die Stabilitätskonstanten umrechnen, wenn man die Deprotonierungskonstante des Acetylacetons einrechnet.

Man kann derartige Konstanten auch in nichtwäßrigen Lösungen bestimmen. Ein Übergang hierzu ist die häufig verwendete 50%ige Dioxan-Wasser-Lösung, die besonders dann angewandt wird, wenn der Komplex in Wasser zu schwer löslich ist. Man kann aber auch Komplexbildungskonstanten, d. h. also Stabilitätskonstanten, in Aceton bestimmen. Hiervon wird beispielsweise dann Gebrauch gemacht, wenn man die Stabilitätskonstanten von Komplexen, die H_2O als Liganden enthalten, bestimmen will. So erhalten Nelson und Iwamoto [12] für den Kupfer-H_2O-Komplex in Aceton die Werte $\lg K_1 = 1,75$, $\lg K_2 = 1,50$, $\lg K_3 = 1,00$, $\lg K_4 = 0,75$. Weitere häufig benutzte Medien sind Äthanol und auch Nitromethan.

Zu welchem Zweck ermittelt man nun Stabilitätskonstanten? Wie alle für chemische Reaktionen gegebenen Kenngrößen fassen diese Konstanten eine Vielzahl von einzelnen Werten zusammen, und sie machen Aussagen über Systeme aus verschiedenen Metallionen und verschiedenen Liganden vergleichbar. Davon ausgehend und unter Verwendung eines großen Meßmaterials können Erkenntnisse über chemische Bindung und die Struktur von Lösungen gefunden werden. Von den Stabilitätskonstanten kann z. B. auch auf die Eigenschaften bestimmter Lösungen zurückgerechnet werden; man kann mit ihrer Hilfe etwa die Frage beantworten, wieviel unkoordiniertes Metall-Ion eine Lösung bestimmter Metall-Gesamtkonzentration bei einer bestimmten Ligandenkonzentration enthält. Es läßt sich auch leicht überblicken, welcher von zwei konkurrierenden Liganden in einer Lösung vorzugsweise an das Metall koordiniert sein wird.

Für die Ermittlung von Stabilitätskonstanten steht eine große Zahl von Methoden zur Verfügung. Bei zahlreichen Verfahren wird die Konzentration einer der am Komplexbildungsgleichgewicht beteiligten Komponenten gemessen. So kann man z. B. die Konzentration an freiem Metall-Ion oder an Wasserstoff-Ionen durch EMK-Messungen an geeigneten elektrochemischen Ketten ermitteln. Auch die Konzentration einzelner an der Komplexbildung beteiligter Ionen läßt sich auf diese Weise bestimmen. Entsprechende Ergebnisse können auch durch polarographische Messungen und Verteilungsuntersuchungen sowie durch Dampfdruckmessungen (bei flüchtigen Komponenten des Gleichgewichts, z. B. NO, NH_3, SO_2 usw.) erhalten werden. Messungen der Gefrierpunktserniedrigung, der Siedepunktserhöhung sowie überhaupt von Änderungen des Lösungsmitteldampfdrucks führen zur Kenntnis der Konzentration aller anwesenden Teilchen als Summe. Die spektrophotometrische Methode sowie die Messungen von elektrischen Leitfähigkeiten sind weitere sehr wichtige Verfahren. Im Anschluß an die meisten Meßverfahren ist eine z. T. sehr komplizierte Auswertung durchzuführen, weil, wie aus dem vorstehenden hervorgeht, nicht alle Methoden Direktwerte liefern, die unmittelbar in die Komplexgleichgewichte eingesetzt werden können.

Im Rahmen dieses Buches kann auf die Verfahren zur Ermittlung von Stabilitätskonstanten nicht im einzelnen eingegangen werden, vielmehr muß auf die am Schluß des Kapitels angeführte Monographienliteratur verwiesen werden.

Literatur

1. Bjerrum, J.: Metal ammine formation in aqueous solution. Copenhagen 1941.
2. Hume, D. N., Ford, D. D. de, Cave, C. C. B.: J. Am. Chem. Soc. **73**, 5323 (1951).
3. Bertsch, C. R., Fernelius, W. C., Block, B.: J. Phys. Chem. **62**, 444 (1958).
4. Bjerrum, J., Nielsen, E. J.: Acta Chem. Scand. **2**, 297/318, 307 (1948).

5. Prue, J. E., Schwarzenbach, G.: Helv. Chim. Acta **33**, 985 (1950).
6. Ackermann, H., Prue, J. E., Schwarzenbach, G.: Nature **163**, 723 (1949).
7. Prue, J. E., Schwarzenbach, G.: Helv. Chim. Acta **33**, 963 (1950).
8. Schwarzenbach, G.: Helv. Chim. Acta **33**, 975 (1950).
9. — Moser, P.: Helv. Chim. Acta **36**, 581 (1953).
10. — Helv. Chim. Acta **35**, 2344 (1952).
11. Sillen, L. G., Martell, A. E.: Stability constants of metal-ion complexes. London 1964.
    Yatsimirskii, K. B., Vasilev, V. P.: Instability constant of complex compounds. Oxford-London-New York-Paris 1960.
12. Nelson, I. V.: Iwamoto, R. T.: Inorg. Chem. **3**, 661 (1964).

3. Der Bau von Komplexen verschiedener Koordinationszahl

Wie in den vorangegangenen Abschnitten gezeigt wurde, ist die Anzahl der Liganden um ein Zentralatom in einem Komplex gleich der sog. Koordinationszahl. Zu den einzelnen Koordinationszahlen gehören bestimmte Koordinationspolyeder, die die räumliche Anordnung der Liganden beschreiben. Dabei ist zu beachten, daß es nicht notwendig ist, daß einem bestimmten Zentralion nur *eine* charakteristische Koordinationszahl und nur *eine* einzige Ligandenanordnung zugeordnet ist. So kann das Zentralatom Nickel der Oxydationszahl $+2$ sowohl die Koordinationszahl 6 als auch 4 haben. Bei vierfacher Koordination ist eine tetraedrische wie auch eine quadratisch ebene Anordnung der vier Liganden um das Nickel herum möglich. Andererseits gibt es beim Kobalt der Oxydationszahl $+3$ kaum je eine andere als die sechsfache oktaedrische Koordination. Die Möglichkeiten, die geometrische Anordnung der Liganden in einem Komplex vorherzusagen, wird in Abschnitt 4 dieses Buches behandelt.

Zunächst sollen hier die verschiedenen aufgefundenen Koordinationspolyeder der einzelnen Koordinationszahlen anhand von Beispielen besprochen werden. Besonders bemerkenswerte Strukturen sind zwar bereits bei den jeweiligen Verbindungen im Vorangegangenen erwähnt worden; sie werden in einigen Fällen aber hier noch einmal im Zusammenhang genannt.

3.1. Koordinationszahl 2

Diese Koordinationszahl ist bei Komplexen nicht sehr häufig. Wir finden sie beim Kupfer, Silber und Gold der Oxydationszahl $+1$, sowie beim Quecksilber der Oxydationszahl $+2$.

Der Bau dieser Komplexe ist gestreckt. Beispiele hierfür sind:

$[Cl-Cu-Cl]^-$, $[H_3N-Ag-NH_3]^+$, $[Cl-Au-Cl]^-$, $[N\equiv C-Ag-C\equiv N]^-$

Hierher gehören vielleicht auch Ionen wie $[UO_2]^{2+}$, $[UO_2]^+$ und $[MoO_2]^{2+}$.

3.2. Koordinationszahl 3

Wenn drei Liganden um ein Zentralatom gruppiert sind, können diese sowohl ein ebenes Dreieck als auch eine Pyramide mit dreieckiger Grundfläche bilden, wobei das Zentralatom des Komplexes an der Pyramidenspitze sitzt. Es gibt bei Komplex-Verbindungen mit der Koordinationszahl 3 keine Isomerien, die Rückschlüsse auf die Struktur zulassen. Der Bau dieser Verbindungen wurde ausschließlich durch physikalische Untersuchungen, wie Röntgenstrukturanalyse, Messungen des Dipolmoments usw. ermittelt.

Es seien einige Beispiele für die beiden Strukturmöglichkeiten angeführt [1, 2]:

Ebener Bau:

Komplexion	NO_3^-	CO_3^{2-}	BO_3^{3-}
Abstand $Z \leftrightarrow O$ (Å)	1,22	1,23	1,35
Abstand $Z \leftrightarrow O$ (Å)	2,11	2,13	2,35

Pyramidaler Bau:

Komplexion	ClO_3^-	BrO_3^-	SO_3^{2-}	AsO_3^{3-}	SbO_3^{3-}
Abstand $Z \leftrightarrow O$ (Å)	1,48	1,68	1,39	2,01	2,22
Abstand $O \leftrightarrow O$ (Å)	2,38	2,76	2,24	3,28	3,62
Höhe der Pyramide (Å)	0,49	0,56	0,51	0,67	0,75

Die stöchiometrische Zusammensetzung kann oft eine scheinbare Koordinationszahl 3 vortäuschen, wenn in Wirklichkeit höhere Koordinationszahlen vorhanden sind. Dies kann z.B. der Fall sein bei Anionen des Typs $M^{II}X_3^-$. So ist z.B. das Anion im Komplex $CsCuCl_3$ aus unendlichen Ketten aufgebaut, in denen jedes Zentralion Kupfer von vier Chlorliganden umgeben ist.

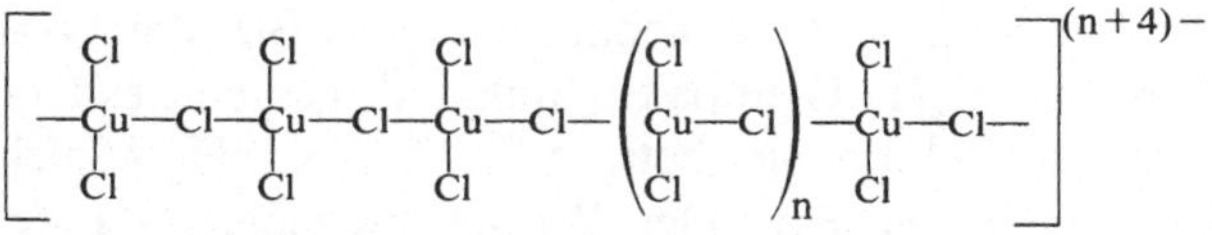

$$\left[-\underset{Cl}{\overset{Cl}{Cu}}-Cl-\underset{Cl}{\overset{Cl}{Cu}}-Cl-\underset{Cl}{\overset{Cl}{Cu}}-Cl-\left(\underset{Cl}{\overset{Cl}{Cu}}-Cl\right)_n-\underset{Cl}{\overset{Cl}{Cu}}-Cl- \right]^{(n+4)-}$$

Viele andere Komplexe mit der scheinbaren Koordinationszahl 3 sind dimer. Hierher gehört die Verbindung $AuCl_3$, deren Struktur sich aus zwei planaren $AuCl_4$-Einheiten mit gemeinsamer Kante zusammensetzt.

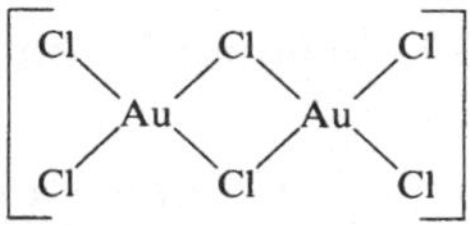

$$\left[\begin{array}{ccc} Cl & & Cl & & Cl \\ & Au & & Au & \\ Cl & & Cl & & Cl \end{array} \right]$$

Ebenfalls über zwei Chlorbrücken sind die Platinatome in der Verbindung $\{(C_2H_5)_3P\}PtCl_2$ miteinander verbunden.

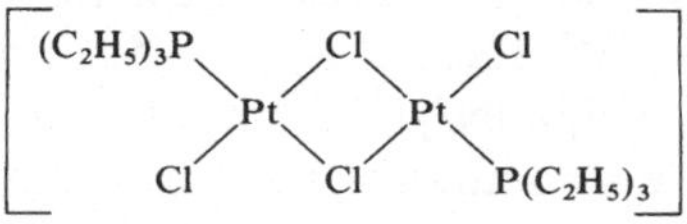

$$\left[\begin{array}{ccc} (C_2H_5)_3P & & Cl & & Cl \\ & Pt & & Pt & \\ Cl & & Cl & & P(C_2H_5)_3 \end{array} \right]$$

In diesen Fällen werden also durch die Summenformeln die Koordinationszahlen 3 vorgetäuscht, während in Wirklichkeit — wie die Strukturen zeigen — vierfache Koordinationen vorliegen. Hierher gehören auch die Verbindungen $AlCl_3$, $AlBr_3$, AlJ_3, die Ionen SiO_3^{2-}, PO_3^{-} und viele andere mehr.

Die Koordinationszahl 3 kann manchmal auch bei Vorliegen der wirklichen Koordinationszahl 6 vorgetäuscht werden. So bildet AlF_3 ein Gitter, das aus AlF_6^{3-}-Oktaedern zusammengesetzt wird. Auch im Falle des Perowskits, $CaTiO_3$, liegt in Wirklichkeit, durch die räumliche Anordnung der Sauerstoffliganden bedingt, Koordinationszahl 6 am Titan vor.

In dem komplexen Ion $[HgJ_3]^{-}$ konnte dagegen die Dreierkoordination nachgewiesen werden. Dieser Komplex ist eben gebaut [3].

Der Vollständigkeit halber sei erwähnt, daß es auch Komplexe der Koordinationszahl 3 mit einem wesentlich unsymmetrischeren Bau gibt. So existiert z.B. vom Blei der Komplex $PbN_2S_2 \cdot NH_3$ (vgl. Abschnitt 2.4).

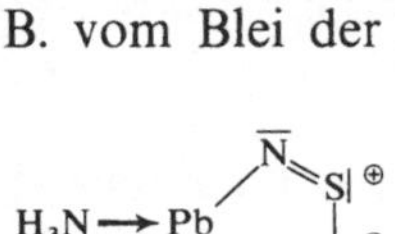

Diese Verbindung ist so gebaut, daß das Blei der Oxydationszahl $+2$ mit der S_2N_2-Gruppe ein fünfgliedriges, ebenes Ringsystem bildet. Der Winkel am Blei beträgt 77,4°. Das NH_3-Molekül steht senkrecht zur Ringebene. Der Winkel zwischen NH_3-Stickstoff, Blei und Ringstickstoff beträgt 94,8°, während der Winkel am Blei mit dem NH_3-Stickstoff und dem Ringschwefel nur 87,8° beträgt [4].

3.3. Koordinationszahl 4

Bei dieser Koordinationszahl können die 4 Liganden in Form eines Tetraeders oder in Form eines Quadrates um das Zentralion angeordnet sein.

Einige Beispiele für tetraedrisch gebaute Komplexe sind die Ionen $[BeF_4]^{2-}$, $[BF_4]^-$, $[BCl_4]^-$, $[ZnCl_4]^{2-}$, $[Cd(CN)_4]^{2-}$, $[Zn(CN)_4]^{2-}$ und $[Hg(CN)_4]^{2-}$. Die meisten dieser tetraedrisch gebauten Komplexe sind anionischer Natur oder ungeladen.

Mit Analogieschlüssen muß man aber auch hier vorsichtig sein. So ist z.B. die Verbindung $[ZnCl_2(NH_3)_2]$ aus Tetraedern aufgebaut [5, 6].

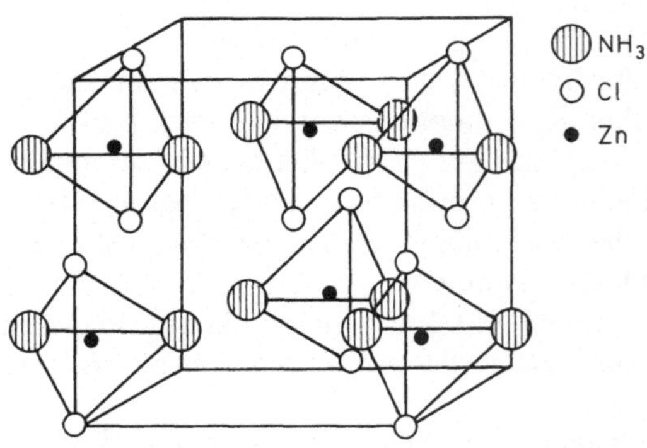

Abb. I, 3.3. Struktur von $[ZnCl_2(NH_3)_2]$ [5]

Die formelmäßig analoge Kadmiumverbindung $[CdCl_2(NH_3)_2]$ ist dagegen ein mehrkerniger Komplex mit der Koordinationszahl 6 [5, 7].

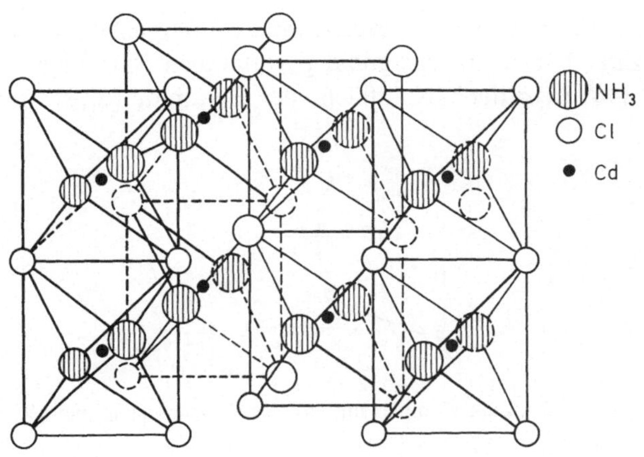

Abb. II, 3.3. Struktur von [CdCl$_2$(NH$_3$)$_2$] [5]

Quadratisch gebaut sind die meisten Komplex-Verbindungen der Koordinationszahl 4 von Palladium und Platin der Oxydationszahl +2, von Gold der Oxydationszahl +3, von Rhodium und Iridium der Oxydationszahl +1, sowie vielfach von Kupfer und Nickel der Oxydationszahl +2. Bei den ebenen Komplex-Verbindungen der Koordinationszahl 4 kennen wir sowohl neutrale wie kationische und anionische Komplexe.

Folgende Beispiele seien hierfür angeführt:

[Pt(NH$_3$)$_4$]$^{2+}$, [PtCl(NH$_3$)$_3$]$^+$, [Pt{P(C$_6$H$_5$)$_3$}$_4$], [PtCl$_3$py]$^-$ und [PtCl$_4$]$^{2-}$.

Nicht immer allerdings sind alle diese fünf Typen, wie hier im Falle des Platins, bei einem Element realisiert.

3.4. Koordinationszahl 5

Die Koordinationszahl 5 kann ebenfalls zur Ausbildung von zwei geometrischen Formen Anlaß geben, nämlich zur trigonalen Bipyramide und zur tetragonalen Pyramide.

Trigonale Bipyramiden bilden PCl$_5$, [Fe(CO)$_5$], [Mn(CO)$_5$]$^-$ und [Fe(PR$_3$)(CO)$_4$].

Eine Pyramide mit quadratischer Grundfläche finden wir z. B. bei den Verbindungen [NiBr$_3${P(C$_2$H$_5$)$_3$}$_2$] und [PdCl(diars)$_2$]ClO$_4$.

149

Auch der in Abb. I, 3.4 gezeigte innere Komplex mit dem Zentralatom Zink hat einen tetragonal pyramidalen Bau. Das Zinkatom
liegt 0,34 Å über der Grundfläche der Pyramide [8, 9].

Abb. I, 3.4. Zink-Komplex mit tetragonal pyramidalem Bau [9]

Auch die Koordinationszahl 5 wird häufig durch die Summenformel einer Substanz nur vorgetäuscht. So stellt die Verbindung
Cs_3CoCl_5 in Wirklichkeit das Salz $Cs_2[CoCl_4]\cdot CsCl$ dar, und
$(NH_4)_3ZnCl_5$ muß als $(NH_4)_2[ZnCl_4]\cdot NH_4Cl$ formuliert werden.
Vom Titan der Oxydationszahl +4 gibt es viele Komplex-Verbindungen des Typs $TiCl_4R$. Aber auch hier liegt nur scheinbar die
Koordinationszahl 5 vor, während es sich in Wirklichkeit um die
Koordinationszahl 6 handelt. Dies wird an der Strukturformel der
Verbindung $TiCl_4\cdot OPCl_3$ deutlich:

In dem Komplexsalz Tl_2AlF_5 hat das Aluminium ebenfalls die
Koordinationszahl 6 und nicht etwa 5. $[AlF_6]^{3-}$-Oktaeder bilden
hier unendliche Ketten, die über ein Fluoratom an einer Ecke zu-
sammenhängen, so daß wegen der gleichzeitigen Zugehörigkeit
mancher Fluorliganden zu zwei Aluminium-Zentralionen die Summenformel Tl_2AlF_5 zustandekommt, die aber nichts über die wahre
Struktur auszusagen vermag.

Ebenso sind in den Verbindungen RuF_5 und MoF_5 jeweils vier
MeF_6-Oktaeder über benachbarte Fluoratome zu einem achtglied-
rigen Ring verknüpft. Dabei sind die Fluorbrücken in MoF_5 linear
und in der Verbindung RuF_5 nicht linear.

150

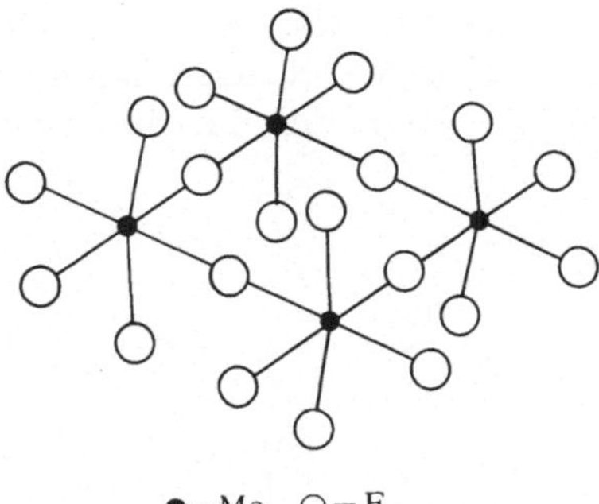

Abb. II, 3.4. Struktur von MoF_5 [11]

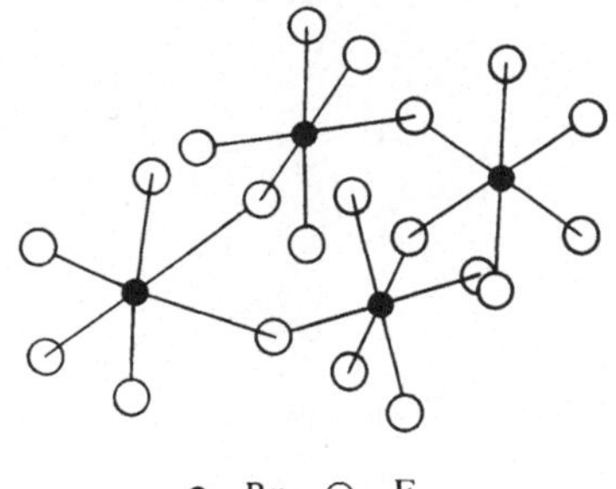

Abb. III, 3.4. Struktur von RuF_5 [10, 12]

Also auch hier wird die Koordinationszahl 5 durch die Summenformeln dieser Fluoride nur vorgetäuscht, während in Wirklichkeit die Zentralatome sechsfach koordiniert sind [10–12].

Ein recht interessantes Phänomen ist die Existenz sog. Kubanstrukturen. Ein Beispiel für ein solches Käfigmolekül findet man bei einem Komplex mit der Koordinationszahl 5 beim zweiwertigen Kupfer. Es handelt sich dabei um die Verbindung $[Cu_4(C_7H_{11}NO_2)_4]$. Der Ligand, ein Kondensationsprodukt von Acetylaceton und 2-Aminophenol, ist dreizähnig [13]:

Der Kern der Struktur dieses Komplexes ist ein Tetraeder aus Kupferatomen, der durch vier Sauerstoffatome zu einem Würfel ergänzt wird. Abb. IV, 3.4 zeigt den Bau dieser Verbindung [14].

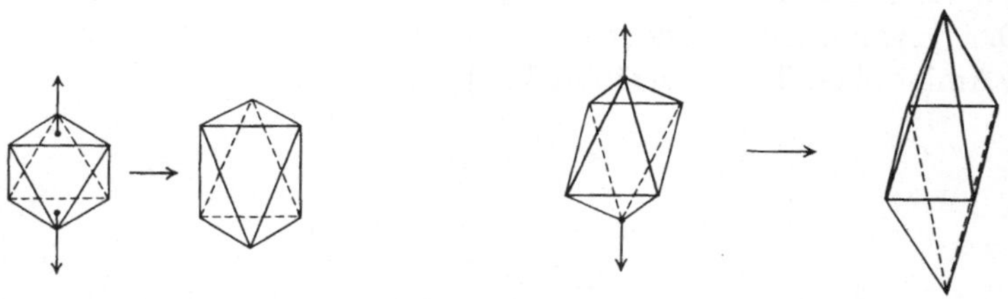

Abb. IV, 3.4. $[Cu_4(C_7H_{11}NO_2)_4]$ [14]

3.5. Koordinationszahl 6

Bei der Koordinationszahl 6, die sehr häufig auftritt, findet man als Koordinationspolyeder das Oktaeder. In den Abschnitten 2.3.8.1 und 2.3.8.2 wurde diese Ligandenanordnung bereits ausführlich erörtert. Sehr häufig begegnet man freilich in Strukturen von Komplexen nicht dem hochsymmetrischen Oktaeder, in dem alle sechs

Abb. I, 3.5. Möglichkeiten der Verzerrung eines Oktaeders [9]

Liganden völlig äquivalent sind, sondern etwas verzerrten Gebilden,
die sich vom Oktaeder ableiten.

Für die Verzerrung von Oktaedern gibt es zwei Möglichkeiten.
Bei Verlängerung längs der trigonalen Achse kommt man zum
trigonalen Antiprisma, bei Dilatation der tetragonalen Achse erhält
man die tetragonale Bipyramide [15].

Bei weiterem Dilatieren der tetragonalen Bipyramide entfernen
sich zwei Liganden aus der inneren Bindungssphäre und es bleibt
die quadratisch ebene Anordnung mit Koordinationszahl 4 übrig.
Es ist aber recht schwierig, zu sagen, bei welchem Grad der Dilatation
die koordinative Bindung der beiden Liganden schließlich aufhört.

Eine weitere Möglichkeit, sechs Liganden um ein Zentralatom
zu gruppieren, bietet das trigonale Prisma. Diese Anordnung ist
jedoch recht selten. Die beiden bekannten Vertreter dieser Struktur
sind MoS_2 und WS_2 [16, 17].

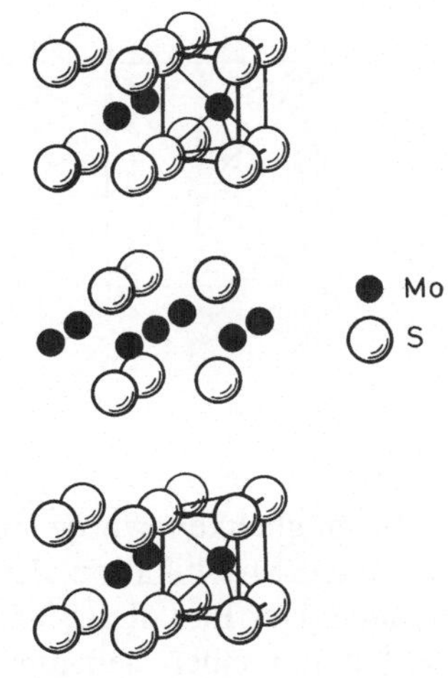

Abb. II, 3.5. Struktur von MoS_2

3.6. Koordinationszahl 7

Bei der Koordinationszahl 7 kennt man drei geometrische Anordnungen der Liganden. Der erste und regelmäßigste Koordinationspolyeder der Koordinationszahl 7 ist die pentagonale Bipyramide [18, 19]. Man fand diese Gruppierung der Liganden

bei den komplexen Ionen $[UO_2F_5]^{3-}$, $[UF_7]^{3-}$, $[ZrF_7]^{3-}$ und $[HfF_7]^{3-}$.

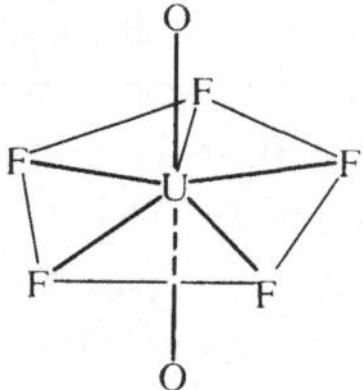

Abb. I, 3.6. $[UO_2F_5]^{3-}$

Die zweite mögliche Struktur beim Vorliegen der Koordinationszahl 7 leitet sich vom trigonalen Prisma ab, das eine zusätzliche Koordinationsstelle über der Mitte einer Vierecksfläche besitzt [20]. Hierher gehören die Komplexe $[NbF_7]^{2-}$ und $[TaF_7]^{2-}$.

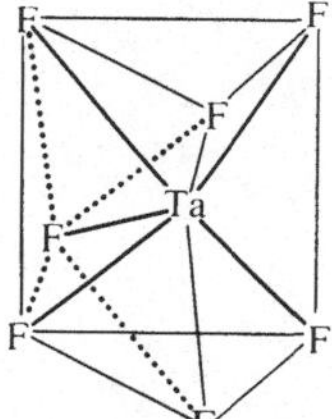

Abb. II, 3.6. $[TaF_7]^{2-}$

Eine dritte Strukturmöglichkeit wurde nur bei dem Komplex $[NbOF_6]^{3-}$ und bei einer Modifikation der Oxide der seltenen Erden M_2O_3 aufgefunden. Der Bau dieser Verbindungen leitet sich von einem Oktaeder ab mit einer siebenten Koordinationsstelle über einer verzerrten Oktaederfläche.

3.7. Koordinationszahl 8

Die symmetrischste Anordnung der Liganden um das Zentralatom bei Koordinationszahl 8 ist die Form eines Würfels. Eine derartige Gruppierung ist aber bei Komplex-Verbindungen außerordentlich selten. Erst in jüngster Zeit bestätigte eine röntgenstrukturanalytische Untersuchung des Komplexes $Na_3[PaF_8]$ die Existenz eines solchen Koordinationspolyeders [21]. Außerdem wird bei den Komplexen $Na_3[UF_8]$ und $Na_3[NpF_8]$ ebenfalls ein Würfel als Koordinationspolyeder angenommen.

Zwei andere Anordnungen der Liganden bei Koordinationszahl 8 treten in Komplexen häufiger auf. Dies ist einmal die Zirkonstruktur und andererseits die Anordnung des Antiprismas von Archimedes.

Die Zirkonstruktur können wir als einen Dodekaeder verstehen, der zwölf dreieckige Flächen und acht Ecken besitzt. Das archimedische Antiprisma kann man sich dadurch entstanden denken, daß in einem Würfel eine Quadratfläche gegen die gegenüberliegende um 45° verdreht wurde. Die Zahl der Kanten erhöht sich hierbei um vier.

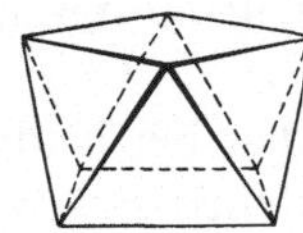

Abb. I, 3.7. Quadratisches Antiprisma
von Archimedes [9]

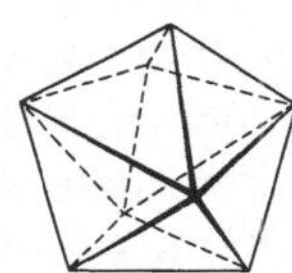

Abb. II, 3.7.
Zirkonstruktur Dodekaeder [9]

Die Struktur des Antiprismas haben z.B. die Verbindungen $[TaF_8]^{3-}$, Zirkon(IV)acetylacetonat und $[ReF_8]^{2-}$ [22, 23]. Dodekaedrischen Bau besitzen die Komplexe $[ZrF_6]^{2-}$, $[TiCl_4(diars)_2]$, $[Zr(C_2O_4)_4]^{4-}$ und das kristalline $[Mo(CN)_8]^{4-}$ sowie $[W(CN)_8]^{4-}$ [24].

Komplexe mit der Koordinationszahl 8 und sogar 10 werden nach Untersuchungen von Muetterties [25–27] vor allem mit dem zweizähnigen Tropolon-Anion erreicht.

Tropolon

Tropolon-Anion

So gibt es z.B. $[Ta(C_7H_5O_2)_4]^+$ und $[Nb(C_7H_5O_2)_4]^+$. Man fand dafür dodekaedrische Struktur. Aber auch das quadratische

155

Antiprisma ist bei derartigen Verbindungen prinzipiell möglich. Chelatverbindungen mit vier Tropolon-Gruppen finden wir auch mit Elementen der dritten Nebengruppe als Zentralatome. Es handelt sich hier um Verbindungen der Art $Na[M(C_7H_5O_2)_4]$ mit $M = Y$, Sc, La, Ce und Pr. Ungeladene Verbindungen mit vier Tropolonium-Anionen findet man beim Cer, Zinn, Thorium, Zirkonium und Hafnium.

In den Komplex-Verbindungen $Na[Th(C_7H_5O_2)_5]$ und $Na[U(C_7H_5O_2)_5]$ wird dagegen die Koordinationszahl 10 erreicht.

3.8. Koordinationszahl 9

Die Koordinationszahl 9 liefert die Gestalt eines trigonalen Prismas mit drei Atomen auf den Vierecksflächenmitten und sechs Atomen an den sechs Ecken.

Wir finden diese Anordnung von Liganden bei $[Nd(H_2O)_9] \cdot (BrO_3)_3$ [28] und anderen Hydraten der seltenen Erden und des Sr^{2+}. Auf den Bau des Komplexes $[ReH_9]^{2-}$ wurde bereits in Abschnitt 2.12.7 hingewiesen.

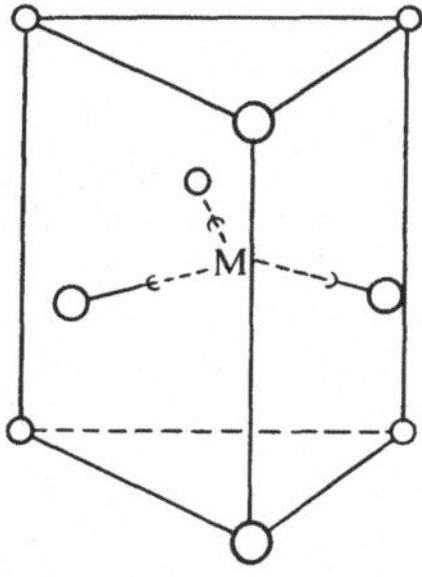

Abb. I, 3.8. $[M(H_2O)_9]^{3+}$

3.9. Höhere Koordinationszahlen als 9

Höhere Koordinationszahlen als 9 finden sich selten. Man erwartet sehr hohe Koordinationszahlen bei den Komplexen, die die Nitrate und Perchlorate der seltenen Erden mit Wasser und Dioxan oder mit N,N-Dimethylacetamid zu bilden vermögen [29–31];

156

jedoch sind die Strukturuntersuchungen dieser Verbindungen noch nicht abgeschlossen.

Bei solchen Verbindungen, die es erlauben würden, höhere Koordinationszahlen als 9 zuzuordnen, sind oft die Abstände der der einzelnen Liganden von den Zentralatomen unterschiedlich, so daß es schwierig ist, eine scharfe Grenze zwischen Bindung in innerer und äußerer Sphäre zu ziehen. Damit wird dann die Zuordnung einer bestimmten Koordinationszahl recht problematisch.

Literatur

1. Zachariasen, W. H.: J. Am. Chem. Soc. **53**, 2123 (1931).
2. Hückel, W.: Anorganische Strukturchemie, S. 131. Stuttgart: Ferd. Enke 1948.
3. Fenn, R. H., Oldham, J. W. H., Phillips, D. C.: Nature **198**, 381 (1963).
4. Weiss, J.: Z. Anorg. Allgem. Chem. **343**, 315 (1966).
5. Hückel, W.: Anorganische Strukturchemie, S. 126 f. Stuttgart 1948.
6. MacGillavry, C. H., Bijvoet, J. M.: Z. Krist. **94**, 249 (1936).
7. – – Z. Krist. **94**, 231 (1936).
8. Hall, D., Moore, F. H.: Proc. Chem. Soc. **1960**, 256.
9. Cotton, F. A., Wilkinson, G.: Anorganische Chemie, S. 123, 124 u. 126. Weinheim/Bergstraße: Verlag Chemie GmbH. 1967.
10. Holloway, J. H., Peacock, R. D., Small, R. W. H.: J. Chem. Soc. **1964**, 644.
11. Edwards, A. J., Peacock, R. D., Small, R. W. H.: J. Chem. Soc. **1962**, 4486.
12. Thiele, G.: Brodersen, K.: Fortschr. Chem. Forsch. **10**, (4), 631 (1968).
13. Jäger, E. G.: Z. Chem. **6**, 111 (1966).
14. Bertrand, J. A., Kelly, J. A., Kirkwood, C. E.: Chem. Commun. **1968**, 1329.
15. Cotton, F. A., Wilkinson, G.: Anorganische Chemie, S. 124. Weinheim/Bergstraße
16. Dickinson, R. G., Pauling, L.: J. Am. Chem. Soc. **45**, 1466 (1923).
17. Pauling, L.: Die Natur der chemischen Bindung, S. 169. Weinheim/Bergstraße: Verlag Chemie GmbH. 1962.
18. Zachariasen, W. H.: Acta Cryst. **7**, 783 (1954).
19 – Acta Cryst. **7**, 792 (1954).
20. Hoard, J. L.: J. Am. Chem. Soc. **61**, 1252 (1939).
21. Brown, D., Easey, J. F., Rickard, C. E. F.: J. Chem. Soc. (A) **1969**, 1161.
22. Silverton, J. V., Hoard, J. L.: Inorg. Chem. **2**, 243 (1963).
23. Koz'min, P. A.: J. Struct. Chem. USSR **5**, 60 (1964).
24. Hoard, J. L., Nordsieck, H. H.: J. Am. Chem. Soc. **61**, 2853 (1939).
25. Muetterties, E. L., Wright, C. M.: J. Am. Chem. Soc. **87**, 4706 (1965).
26. – J. Am. Chem. Soc. **88**, 305 (1966).
27. – Roesky, H., Wright, C. M.: J. Am. Chem. Soc. **88**, 4856 (1966).
28. Helmholz, L.: J. Am. Chem. Soc. **61**, 1544 (1939).
29. Vicentini, G., Perrier, M., Giesbrecht, E.: J. Inorg. Nucl. Chem. **26**, 2207 (1964).
30. Moeller, T., Vicentini, G.: J. Inorg. Nucl. Chem. **27**, 1477 (1965).
31. Vgl. auch Giesbrecht, E., Barbieri Melardi, E.: Anais Acad. Brasil. Ciênc. **41** (1), 55 (1969).

4. Die Bindung zwischen Zentralatom und Ligand

Schon Alfred Werner und seine Zeitgenossen hatten vermutet, daß die Bindung zwischen Zentralatom und Ligand in Komplex-Verbindungen mit einer normalen chemischen Bindung durchaus vergleichbar sei. Die erste modernere Deutung der Bindung in Komplexen gab N. V. Sidgwick [1], der auf Vorstellungen von G. N. Lewis aufbauend davon ausging, daß es sich bei Liganden um solche Moleküle oder Ionen handelt, die in der Lage sind, Elektronenpaare für die Verbindungsbildung mit einem Zentralatom zur Verfügung zu stellen. Die zwischen Zentralatom und Liganden bestehenden Bindungen sollten dann koordinative Elektronenpaarbindungen sein, und zwar Donorbindungen, wobei ein Atom des Liganden als Donoratom fungiert.

Das Kobalt(III)-hexammin-Komplexion wurde danach folgendermaßen formuliert:

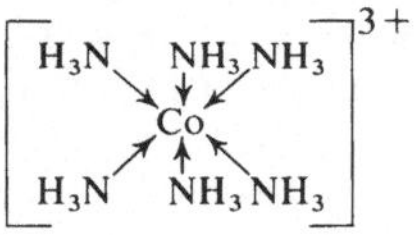

$$\left[\begin{array}{c} H_3N \quad NH_3\,NH_3 \\ \searrow \downarrow \swarrow \\ Co \\ \nearrow \uparrow \nwarrow \\ H_3N \quad NH_3\,NH_3 \end{array}\right]^{3+}$$

Die kovalente Natur der Bindung vermochte die Stabilität und vor allem die Stereochemie zu erklären, die Alfred Werner so eindrucksvoll dargelegt hatte.

Diese Überlegungen sind dann von Linus Pauling in den Jahren nach 1931 weiter entwickelt worden. Es entstand die Valenzbindungs-Theorie der Komplex-Verbindungen. Mit Hilfe dieser Theorie kann man viele stereochemische Anordnungen erklären, Koordinationspolyeder oft voraussagen und die magnetischen Eigenschaften vieler Komplex-Verbindungen verstehen.

Eine andere Betrachtungsweise der chemischen Bindung in Komplexen entwickelte sich rasch etwa seit dem Jahr 1946. Man ging von der einfachen Vorstellung aus, daß eine Komplex-Verbindung ein Ionen-Agglomerat sei mit einem Zentralion, das von Anionen bzw. von elektrischen Dipolen umgeben ist. Diese Ligandenfeldtheorie geht zurück auf Theorien von H. Bethe und J. H.

Van Vleck, die von F. E. Ilse und H. Hartmann und seiner Schule sowie dann von L. E. Orgel, R. S. Nyholm, C. K. Jörgensen, J. C. Ballhausen und anderen weiterentwickelt worden sind. Die ursprünglich elektrostatische Theorie wurde noch entsprechend modifiziert, um den kovalenten Anteilen der Bindungen Rechnung zu tragen.

Zur Deutung vorwiegend kovalent gebauter Komplexe ist die einfache Ligandenfeldtheorie noch nicht ausreichend. Für derartige Fälle erwies sich als geeignet die Molekül-Orbital-Theorie, die sowohl rein elektrostatische Bindungsverhältnisse als auch maximale Überlappung der Bahnfunktionen mit allen Zwischenstufen der Überlappung umfaßt. Die Molekül-Orbital-Theorie ist demnach heute die allgemeingültigste Methode zur theoretischen Behandlung der Bindungsverhältnisse zwischen Zentralatom und Liganden. Da zu ihrem vollen Verständnis umfangreiche mathematische Vorkenntnisse erforderlich sind, kann sie im Rahmen dieses einführenden Buches nur oberflächlich gestreift werden.

4.1. Die Valenzbindungs-Theorie

Diese Theorie der chemischen Bindung in Komplex-Verbindungen ist — wie bereits erwähnt — von L. Pauling entwickelt worden und stellt einen Versuch dar, die Ideen von Lewis, Langmuir und Sidgwick für die kovalente Bindung auf die Koordinationschemie anzuwenden. Diese Theorie erlaubt keine quantitativen Aussagen, aber für viele qualitative Überlegungen ist sie auch heute noch ausgezeichnet brauchbar.

Zunächst sei hier auf einige Grundlagen ganz kurz hingewiesen:

Die Bindung mehrerer Atome aneinander zu Molekülen und damit auch zu Komplexen wird durch die Elektronenhülle bewirkt, die prinzipiell durch eine Wellenfunktion beschrieben werden kann. W. Heisenberg und E. Schrödinger haben in den Jahren 1925 und 1926 hierfür Formulierungen gefunden.

Zuvor schon war von N. Bohr in Anlehnung an Theorien von M. Planck, A. Einstein und E. Rutherford 1913 die Grundlage der Atomtheorie gelegt worden, die berücksichtigte, daß die Energie eines Elektrons in einem Atom nicht kontinuierlich verändert werden kann, sondern diskrete Werte annehmen muß. Ein solches Elektron kann so betrachtet werden, als ob es sich auf bestimmten Bahnen aufhalten könnte, die um den Atomkern angeordnet sind.

Die Energiedifferenz zwischen solchen „Bahnen" wurde durch spektroskopische Untersuchungen ermittelt.

Sowohl die Bohrsche Atomtheorie als auch die Überlegungen der Wellenmechanik führten zu dem Ergebnis, daß Elektronen bestimmte Energieniveaus besetzen. Diese Energieniveaus werden durch vier Quantenzahlen beschrieben. Die Hauptquantenzahl n zeigt schon in der Bohrschen Theorie die „Bahn" oder die Schale an, auf der sich das Elektron relativ zum Kern befindet. n kann ganzzahlige Werte zwischen 1 und ∞ annehmen. Man bezeichnet die Hauptquantenzahlen auch oft mit großen Buchstaben. So spricht man von der K-Schale bei $n=1$, von L bei $n=2$, von M bei $n=3$ usw. Neben der Hauptquantenzahl sind zur Beschreibung des Zustands eines Elektrons drei Nebenquantenzahlen erforderlich. Die Nebenquantenzahl l kann Werte von 0 bis $(n-1)$ annehmen. Auch hier findet man oft von der spektroskopischen Beobachtung herrührende Buchstaben zur Beschreibung der Nebenquantenzahl. So gebraucht man s für $l=0$, p für $l=1$, d für $l=3$. Die dritte Quantenzahl, die magnetische Quantenzahl m, kann Werte zwischen $-l$ und $+l$ annehmen. Schließlich gibt es noch die Spinquantenzahl s, deren beide einzig möglichen Werte $+\frac{1}{2}$ und $-\frac{1}{2}$ sind.

Die vier Quantenzahlen kennzeichnen nicht nur die Energie eines Elektrons sondern auch die Wellenfunktion, die die Elektronenhülle nach Gestalt und Ausdehnung beschreibt. Diese Wellenfunktionen bezeichnet man heute oft als Orbitale, um die Verwandtschaft mit den Bohrschen „Bahnen" anzudeuten (orbits).

Der physikalische Sinn der Wellenfunktion ψ ist der, daß — einer Vorstellung von Born folgend — der Betrag des *Quadrats* der Wellenfunktion $\psi(x, y, z)$ die Wahrscheinlichkeit angibt, zur Zeit t das Teilchen am Ort x, y, z anzutreffen.

Die vier Quantenzahlen und ihre erlaubten Werte seien nochmals tabellarisch zusammengefaßt:

Hauptquantenzahl	$n = 1, 2, 3, 4, \ldots\ldots\ldots\ldots, \infty$
	$K, L, M, N, \ldots\ldots\ldots$
Nebenquantenzahl	$l = 0, 1, 2, 3, \ldots\ldots\ldots\ldots, (n-1)$
	$s, p, d, f, \ldots\ldots\ldots\ldots$
magnetische Quantenzahl	$m = -l, (-l+1)\ldots\ldots 0 \ldots\ldots (l-1), +l$
Spinquantenzahl	$s = +\frac{1}{2}$ oder $-\frac{1}{2}$

Nach dem Pauli-Verbot dürfen in einem Atom zwei Elektronen nicht in allen vier Quantenzahlen übereinstimmen. Dadurch wird die Anzahl der Elektronen, die z.B. auf einer Schale Platz finden, begrenzt. So haben auf der K-Schale nur zwei Elektronen Platz, die sich durch ihre Spinquantenzahlen unterscheiden müssen. Die L-Schale können bis zu acht Elektronen besetzen usw.

Die Elektronenanordnungen der Elemente sind in der folgenden Tabelle zusammengestellt. Einige dieser Elektronenkonfigurationen (bei Lanthaniden und Actiniden) sind jedoch noch nicht völlig gesichert.

Elektronenanordnungen der Elemente

OZ	Bahn-Elektronenbez.	K 1s	L 2s 2p	M 3s 3p 3d	N 4s 4p 4d 4f	O 5s 5p 5d 5f	P 6s 6p 6d	Q 7s
1	H	1						
2	He	2						
3	Li	2	1					
4	Be	2	2					
5	B	2	2 1					
6	C	2	2 2					
7	N	2	2 3					
8	O	2	2 4					
9	F	2	2 5					
10	Ne	2	2 6					
11	Na	2	2 6	1				
12	Mg	2	2 6	2				
13	Al	2	2 6	2 1				
14	Si	2	2 6	2 2				
15	P	2	2 6	2 3				
16	S	2	2 6	2 4				
17	Cl	2	2 6	2 5				
18	Ar	2	2 6	2 6				
19	K	2	2 6	2 6	1			
20	Ca	2	2 6	2 6	2			
21	Sc	2	2 6	2 6 1	2			
22	Ti	2	2 6	2 6 2	2			
23	V	2	2 6	2 6 3	2			
24	Cr	2	2 6	2 6 5	1			
25	Mn	2	2 6	2 6 5	2			
26	Fe	2	2 6	2 6 6	2			
27	Co	2	2 6	2 6 7	2			
28	Ni	2	2 6	2 6 8	2			

OZ	Bahn-Elektronenbez.	K	L	M	N	O	P	Q
		$1s$	$2s\,2p$	$3s\,3p\,3d$	$4s\,4p\,4d\,4f$	$5s\,5p\,5d\,5f$	$6s\,6p\,6d$	$7s$
29	Cu	2	2 6	2 6 10	1			
30	Zn	2	2 6	2 6 10	2			
31	Ga	2	2 6	2 6 10	2 1			
32	Ge	2	2 6	2 6 10	2 2			
33	As	2	2 6	2 6 10	2 3			
34	Se	2	2 6	2 6 10	2 4			
35	Br	2	2 6	2 6 10	2 5			
36	Kr	2	2 6	2 6 10	2 6			
37	Rb	2	2 6	2 6 10	2 6	1		
38	Sr	2	2 6	2 6 10	2 6	2		
39	Y	2	2 6	2 6 10	2 6 1	2		
40	Zr	2	2 6	2 6 10	2 6 2	2		
41	Nb	2	2 6	2 6 10	2 6 4	1		
42	Mo	2	2 6	2 6 10	2 6 5	1		
43	Tc	2	2 6	2 6 10	2 6 6	1		
44	Ru	2	2 6	2 6 10	2 6 7	1		
45	Rh	2	2 6	2 6 10	2 6 8	1		
46	Pd	2	2 6	2 6 10	2 6 10			
47	Ag	2	2 6	2 6 10	2 6 10	1		
48	Cd	2	2 6	2 6 10	2 6 10	2		
49	In	2	2 6	2 6 10	2 6 10	2 1		
50	Sn	2	2 6	2 6 10	2 6 10	2 2		
51	Sb	2	2 6	2 6 10	2 6 10	2 3		
52	Te	2	2 6	2 6 10	2 6 10	2 4		
53	J	2	2 6	2 6 10	2 6 10	2 5		
54	Xe	2	2 6	2 6 10	2 6 10	2 6		
55	Cs	2	2 6	2 6 10	2 6 10	2 6	1	
56	Ba	2	2 6	2 6 10	2 6 10	2 6	2	
57	La	2	2 6	2 6 10	2 6 10	2 6 1	2	
58	Ce	2	2 6	2 6 10	2 6 10 2	2 6	2	
59	Pr	2	2 6	2 6 10	2 6 10 3	2 6	2	
60	Nd	2	2 6	2 6 10	2 6 10 4	2 6	2	
61	Pm	2	2 6	2 6 10	2 6 10 5	2 6	2	
62	Sm	2	2 6	2 6 10	2 6 10 6	2 6	2	
63	Eu	2	2 6	2 6 10	2 6 10 7	2 6	2	
64	Gd	2	2 6	2 6 10	2 6 10 7	2 6 1	2	
65	Tb	2	2 6	2 6 10	2 6 10 9	2 6	2	
66	Dy	2	2 6	2 6 10	2 6 10 10	2 6	2	
67	Ho	2	2 6	2 6 10	2 6 10 11	2 6	2	
68	Er	2	2 6	2 6 10	2 6 10 12	2 6	2	

OZ	Bahn-Elek-tronen-bez.	K 1s	L 2s 2p	M 3s 3p 3d	N 4s 4p 4d 4f	O 5s 5p 5d 5f	P 6s 6p 6d	Q 7s
69	Tm	2	2 6	2 6 10	2 6 10 13	2 6	2	
70	Yb	2	2 6	2 6 10	2 6 10 14	2 6	2	
71	Lu	2	2 6	2 6 10	2 6 10 14	2 6 1	2	
72	Hf	2	2 6	2 6 10	2 6 10 14	2 6 2	2	
73	Ta	2	2 6	2 6 10	2 6 10 14	2 6 3	2	
74	W	2	2 6	2 6 10	2 6 10 14	2 6 4	2	
75	Re	2	2 6	2 6 10	2 6 10 14	2 6 5	2	
76	Os	2	2 6	2 6 10	2 6 10 14	2 6 6	2	
77	Ir	2	2 6	2 6 10	2 6 10 14	2 6 7	2	
78	Pt	2	2 6	2 6 10	2 6 10 14	2 6 9	1	
79	Au	2	2 6	2 6 10	2 6 10 14	2 6 10	1	
80	Hg	2	2 6	2 6 10	2 6 10 14	2 6 10	2	
81	Tl	2	2 6	2 6 10	2 6 10 14	2 6 10	2 1	
82	Pb	2	2 6	2 6 10	2 6 10 14	2 6 10	2 2	
83	Bi	2	2 6	2 6 10	2 6 10 14	2 6 10	2 3	
84	Po	2	2 6	2 6 10	2 6 10 14	2 6 10	2 4	
85	At	2	2 6	2 6 10	2 6 10 14	2 6 10	2 5	
86	Rn	2	2 6	2 6 10	2 6 10 14	2 6 10	2 6	
87	Fr	2	2 6	2 6 10	2 6 10 14	2 6 10	2 6	1
88	Ra	2	2 6	2 6 10	2 6 10 14	2 6 10	2 6	2
89	Ac	2	2 6	2 6 10	2 6 10 14	2 6 10	2 6 1	2
90	Th	2	2 6	2 6 10	2 6 10 14	2 6 10	2 6 2	2
91	Pa	2	2 6	2 6 10	2 6 10 14	2 6 10 2	2 6 1	2
92	U	2	2 6	2 6 10	2 6 10 14	2 6 10 3	2 6 1	2
93	Np	2	2 6	2 6 10	2 6 10 14	2 6 10 5	2 6	2
94	Pu	2	2 6	2 6 10	2 6 10 14	2 6 10 6	2 6	2
95	Am	2	2 6	2 6 10	2 6 10 14	2 6 10 7	2 6	2
96	Cm	2	2 6	2 6 10	2 6 10 14	2 6 10 7	2 6 1	2
97	Bk	2	2 6	2 6 10	2 6 10 14	2 6 10 8	2 6 1	2
98	Cf	2	2 6	2 6 10	2 6 10 14	2 6 10 10	2 6	2
99	E	2	2 6	2 6 10	2 6 10 14	2 6 10 11	2 6	2
100	Fm	2	2 6	2 6 10	2 6 10 14	2 6 10 12	2 6	2
101	Md	2	2 6	2 6 10	2 6 10 14	2 6 10 13	2 6	2
102	No	2	2 6	2 6 10	2 6 10 14	2 6 10 14	2 6	2
103	Lr	2	2 6	2 6 10	2 6 10 14	2 6 10 14	2 6 1	2

Die relativen Energieverhältnisse der Orbitale und deren Anzahl zeigt Abb. I, 4.1. In jedem als Kreis symbolisierten Orbital haben zwei Elektronen Platz, die sich durch die Spinquantenzahl unter-

scheiden müssen. Diese beiden Elektronen mit entgegengesetztem
Spin werden durch auf- bzw. abwärtsgerichtete Pfeile angedeutet [2].

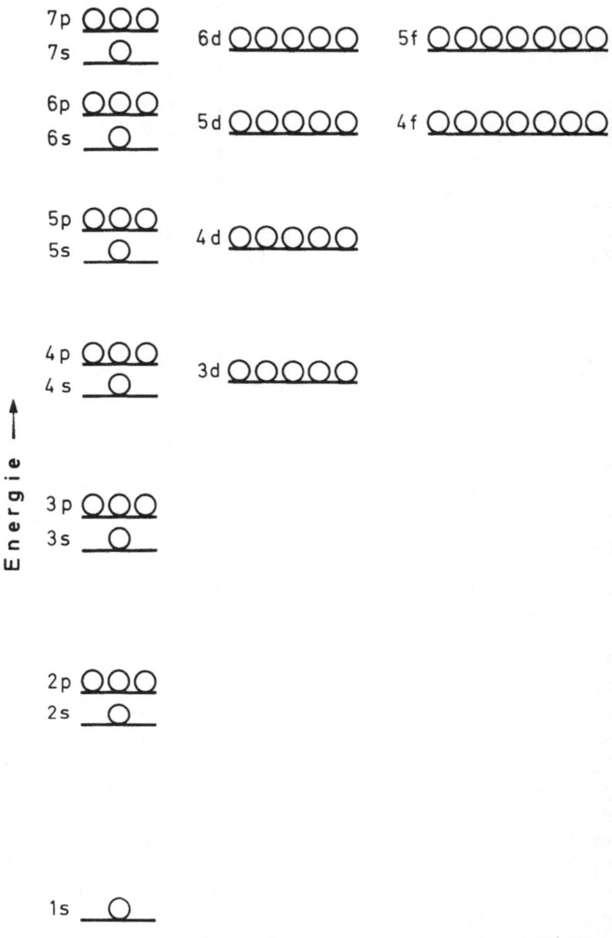

Abb. I,4.1. Angenäherte Energieverhältnisse und Anzahl möglicher Orbitale

Zwei Elektronen, die sich nur durch ihren Spin unterscheiden,
nennt man gepaart.

Bei der Überlegung, wie sich die einzelnen Elektronen in den
möglichen Orbitalen verteilen, hat man die *Hundsche Regel* zu
beachten, die im Prinzip besagt, daß Elektronen, soweit möglich,

im Grundzustand eines Atoms stets ungepaart bleiben. Wieviele Elektronen in einem Atom ungepaart sind, kann man experimentell durch Messung des magnetischen Moments feststellen. Atome mit keinem ungepaarten Elektron zeigen Diamagnetismus. Paramagnetisch sind dagegen solche Substanzen, die ungepaarte Elektronen enthalten. Je mehr ungepaarte Elektronen vorhanden sind, desto größer ist das gemessene magnetische Moment μ. Für Komplexe gilt etwa die Gleichung $\mu = \sqrt{n(n+2)}$, wobei μ in Bohrschen Magnetonen (BM) angegeben wird und n die Anzahl der ungepaarten d-Elektronen bedeutet. Danach ist bei einem ungepaarten d-Elektron ein Spinmoment von 1,73 BM zu erwarten, bei zwei ungepaarten Elektronen ein solches von 2,83 BM, bei drei 3,88 BM, bei vier 4,90 BM und bei fünf ungepaarten Elektronen ein Spinmoment von 5,92 BM.

Wie sehen nun die Wellenfunktionen aus? Diese Frage sei am Beispiel des H-Atoms beantwortet: Für ein in einem räumlichen System sich bewegendes Teilchen benötigt man zur Beschreibung der Position drei Koordinaten, im kartesischen Koordinatensystem also x, y und z, so daß die Funktion $\psi(x, y, z)$ die Position wiedergibt. Für das kugelsymmetrische Feld, wie es bei einem Atomkern vorliegt, verwendet man jedoch zweckmäßigerweise die Polarkoordinaten r, ϑ und φ [3]. Die Wellenfunktion ψ läßt sich als Produkt von drei Funktionen jeweils einer dieser drei Veränderlichen ausdrücken:

$$\Psi_{(r, \vartheta, \varphi)} = R(r) \cdot \Theta(\vartheta) \cdot \Phi(\varphi)$$

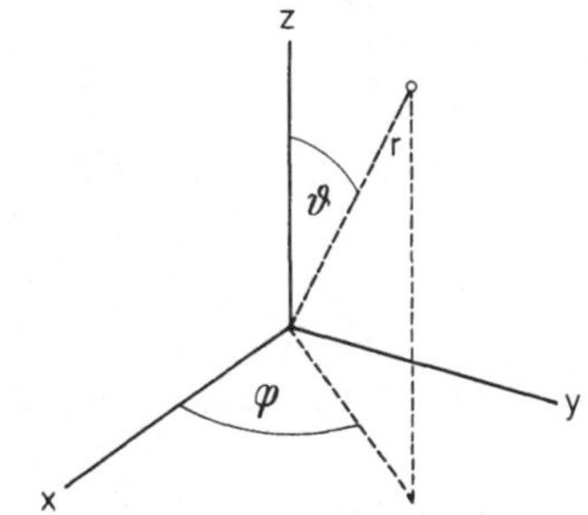

Abb. II, 4.1. Polarkoordinatensystem [3]

Üblicherweise studiert man die $R(r)$-Funktion und die beiden $\Theta(\vartheta)\,\Phi(\varphi)$-Funktionen getrennt.

Einige $R(r)$-Funktionen des Wasserstoffatoms für verschiedene
Werte der Quantenzahlen n und l sind in Abb. III,4.1 graphisch dargestellt:

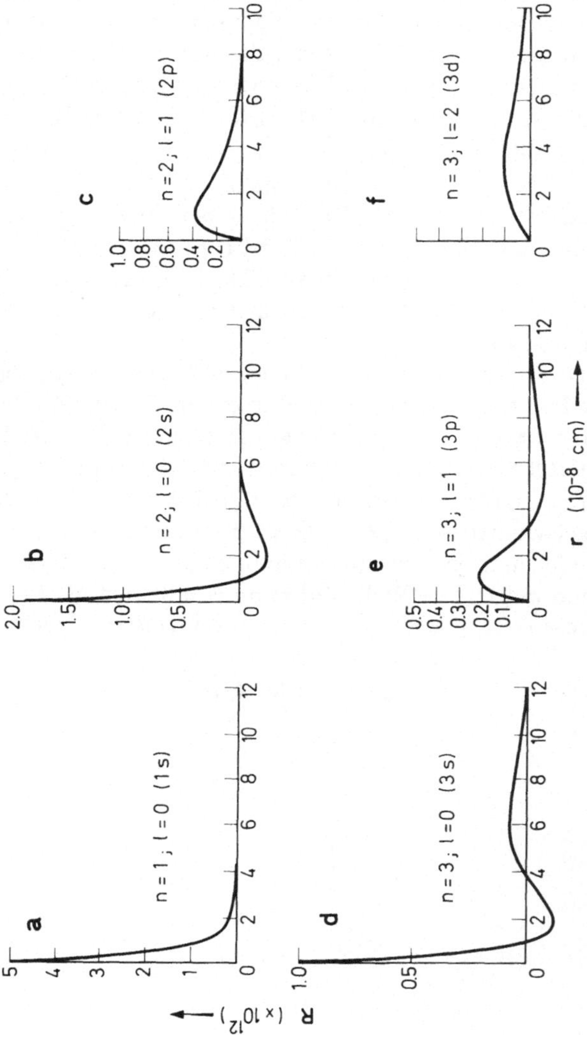

Abb. III,4.1. Die $R(r)$-Funktionen des Wasserstoffatoms für verschiedene Werte der Quantenzahlen n und l. (Nach Herzberg [3])

Die Kombination der Θ- und Φ-Funktionen ergibt Oberflächen,
die oft allein zur Charakterisierung der gesamten Wellenfunktion
benutzt werden, obwohl dies nicht vollständig ist.

In der nächsten Abbildung sind die $\Theta\Phi$-Komponenten der s-, p- und d-Wellenfunktionen eines Wasserstoffatoms dargestellt [3].

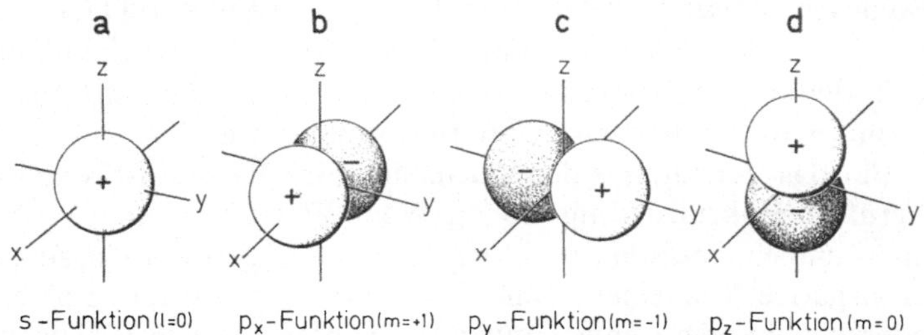

Abb. IV, 4.1. Graphische Darstellung der $\Theta\Phi$-Komponenten der s- und p-Wellenfunktionen eines Wasserstoffatoms

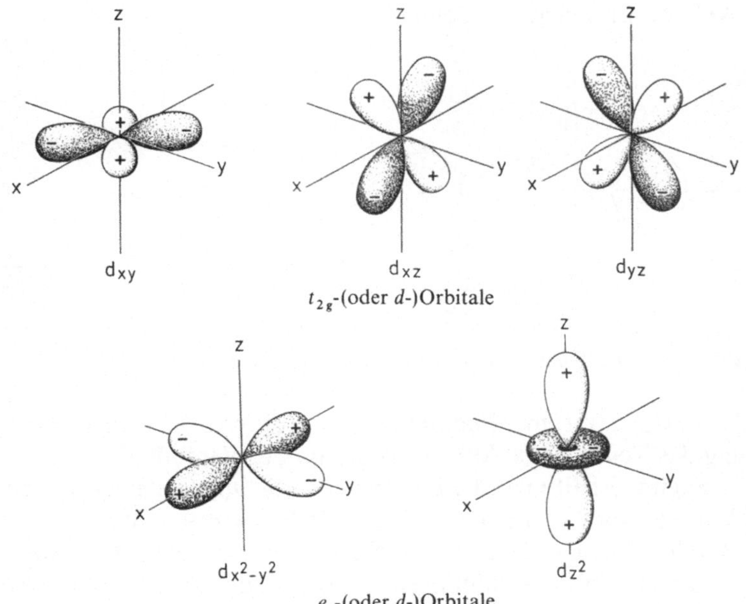

Abb. V, 4.1. Graphische Darstellung der $\Theta\Phi$-Komponenten der d-Wellenfunktionen eines Wasserstoffatoms

Das s-Orbital ist kugelsymmetrisch. Die drei p-Orbitale erstrecken sich längs der drei Achsen in einem kartesischen Koordinatensystem. Sie sind ungerade Funktionen, da sie ihr Vorzeichen im Nullpunkt des Koordinatensystems ändern. Die d-Orbitale stellen

167

gerade Funktionen dar. Drei der fünf d-Funktionen (d_{xy}, d_{xz}, d_{yz} mit $m=-2$, $m=-1$, $m=+1$) haben gemeinsam, daß die Orbitallappen jeweils ein Achsenpaar halbieren. Die vierte d-Funktion ($d_{x^2-y^2}$ mit $m=+2$) ist den ersten drei ähnlich, jedoch sind die Orbitallappen nach der x- und y-Achse ausgerichtet. Die fünfte d-Funktion (d_{z^2} mit $m=0$) schließlich ist rotationssymmetrisch.

Für das Verständnis der Valenzbindungs-Theorie ist weiter der Begriff der Hybridisierung wichtig. Wenn Wellenfunktionen — etwa eine s- und eine p-Funktion — einander überlagert werden, so kann der negative Teil einer Wellenfunktion den positiven Teil einer anderen mehr oder weniger aufheben. Werden dagegen zwei positive Teile einander überlagert, so vergrößert das die Funktion in dem betreffenden Gebiet.

Abb. VI, 4.1 macht dies deutlich [3].

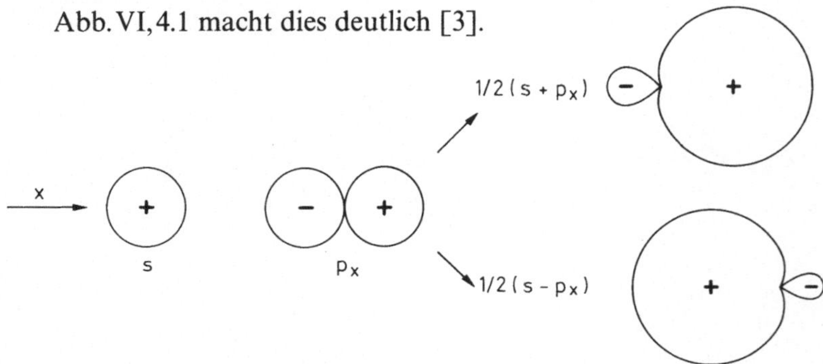

Abb. VI, 4.1. Die Bildung von sp-Orbitalen aus einem s- und einem p_x-Orbital

Da das Quadrat einer Funktion $\Psi(x, y, z)$ die wahrscheinliche Verteilung des Teilchens in Abhängigkeit von der Veränderlichen x, y und z angibt, erhält man die Elektronenverteilung, die einer neuen Funktion entspricht, durch Quadrieren (z. B. $\frac{1}{2}(\psi\, p_x + \psi\, s)^2$).

Durch Überlagerung der Wellenfunktionen entstehen sog. „Hybrid-Orbitale", die Bindungen in ganz bestimmten Richtungen im Raum verursachen können. Da Bindungen in den Richtungen der maximalen Überlappung gebildet werden, geben z. B. die sp-Orbitale zwei starke Bindungen, die einen Winkel von 180° einschließen. Die s- und p-Orbitale für sich würden keine besonders gerichteten Bindungen ergeben, da die s-Funktion kugelsymmetrisch ist und keinen Anlaß zu einer bevorzugten Bindungsrichtung gibt. Die durch die Hybridisierung verbesserte Gesamtüberlappung kann eine stärkere Bindung bewirken.

168

Aus zwei *p*-Funktionen läßt sich durch Kombination ein neues Paar von Funktionen bilden, die gewinkelt sind.

Durch Kombination je eines Teils zweier *p*-Funktionen mit einem Teil einer *s*-Funktion wird eine trigonale Gruppe gleichwertiger Orbitale erhalten, wie dies in der nächsten Abbildung gezeigt ist [3].

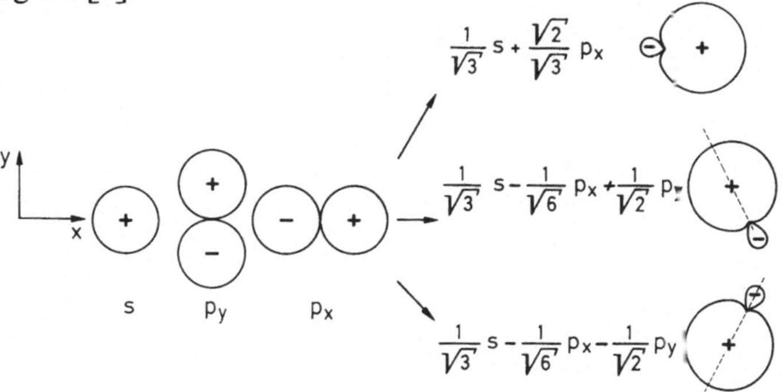

Abb. VII, 4.1. Die Bildung von sp^2-Orbitalen aus einem s-, einem p_x- und einem p_y-Orbital

Aus drei *p*-Orbitalen und einem *s*-Orbital können so vier äquivalente Orbitale, die in die Ecken eines Tetraeders zeigen, konstruiert werden. Durch Kombination eines *s*-, eines p_x- und p_y- und eines $d_{x^2-y^2}$-Orbitals wird eine ebene quadratische Anordnung von vier Orbitalen gebildet.

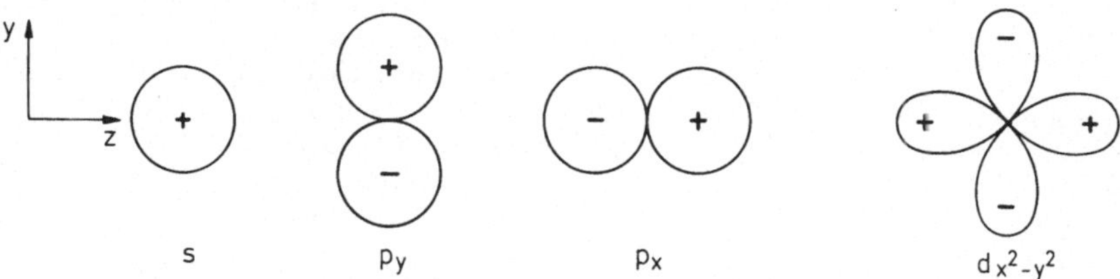

Abb. VIII, 4.1. Die Bildung einer quadratisch ebenen Gruppe von Orbitalen [3]

In ähnlicher Weise führt die Kombination eines *s*-, dreier *p*- und zweier *d*-Orbitale − genauer: eines *s*-, eines p_x-, eines p_y-, eines p_z-, eines $d_{x^2-y^2}$- und eines d_{z^2}-Orbitals − zu sechs Funktionen, die oktaedrisch nach den Achsen des Koordinatensystems ausgerichtet sind. Alle diese sechs neuen Funktionen sind entartet, d.h. energetisch gleichwertig.

Daneben gibt es noch viele andere Möglichkeiten der Kombination, wie in der untenstehenden Tabelle gezeigt ist [3, 4]. Diese erlauben, die beobachtete Stereochemie eines Zentralatoms oft leicht zu erklären.

Stabile Bindungsanordnungen. (Nach Kimball)

Koord.-Zahl	Elektronen-Konfiguration	Anordnung der Liganden
2	sp	linear
	dp	linear
	p^2	gewinkelt
	ds	gewinkelt
	d^2	gewinkelt
3	sp^2	trigonal eben
	dp^2	trigonal eben
	d^2s	trigonal eben
	d^3	trigonal eben
	dsp	unsymm. eben
	p^3	trigonal pyramidal
	d^2p	trigonal pyramidal
4	sp^3	tetraedrisch
	d^3s	tetraedrisch
	dsp^2	tetragonal eben
	d^2p^2	tetragonal eben
	d^2sp	unregelmäßig tetraedrisch
	dp^3	unregelmäßig tetraedrisch
	d^3p	unregelmäßig tetraedrisch
	d^4	tetragonal pyramidal
5	dsp^3	trigonal bipyramidal
	d^3sp	trigonal bipyramidal
	d^2sp^2	tetragonal pyramidal
	d^4s	tetragonal pyramidal
	d^2p^3	tetragonal pyramidal
	d^4p	tetragonal pyramidal
	d^3p^2	pentagonal eben
	d^5	pentagonal pyramidal
6	d^2sp^3	oktaedrisch
	d^4sp	trigonal prismatisch
	d^5p	trigonal prismatisch
	d^3p^3	trigonal antiprismatisch
7	d^3sp^3	ZrF_7^{3-}
	d^5sp	ZrF_7^{3-}
	d^4sp^2	TaF_7^{2-}
	d^4p^3	TaF_7^{2-}
	d^5p^2	TaF_7^{2-}
8	d^4sp^3	dodekaedrisch
	d^5p^3	antiprismatisch

Die Valenzbindungstheorie benutzt bekanntlich folgende Vorstellung: Zur Ausbildung von Bindungen muß jedes der beiden beteiligten Atome ein leeres Orbital (evtl. Hybridorbital) zur Verfügung stellen, das für die Bildung eines passenden kombinierten Molekülorbitals geeignet ist. Zwei Elektronen müssen dann dieses Molekülorbital besetzen [3].

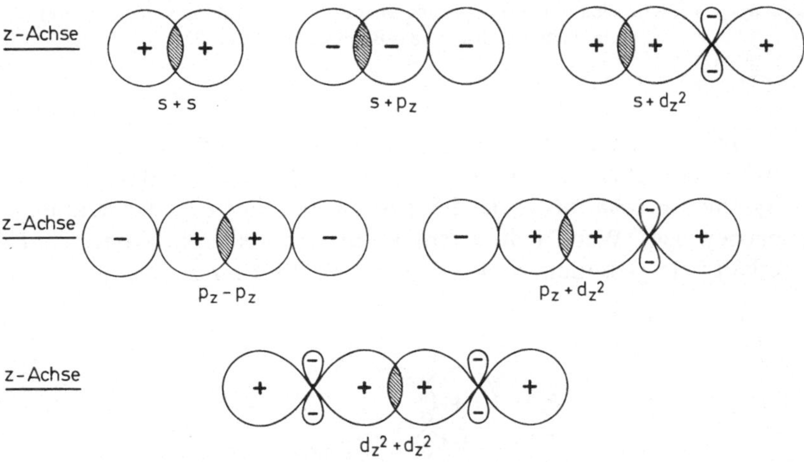

Abb. IX,4.1. Mögliche Kombinationen von Orbitalen mit Rotationssymmetrie um die z-Achse, σ-Bindungen ergebend

Aus Abb. IX,4.1 sieht man, daß alle hier gezeigten Kombinationen von Orbitalen Bindungsorbitale ergeben, die rotationssymmetrisch sind. Solche rotationssymmetrischen Überlappungen von Orbitalen führen zu σ-Bindungen. σ-Bindungen können also aus Orbitalpaaren gebildet werden, sofern sie um die Verbindungslinie der beiden Zentren rotationssymmetrisch sind. So können z.B. alle s-Funktionen oder — falls die z-Achse diese Verbindungslinie der Zentren der Atomfunktionen darstellt — alle p_z- oder d_{z^2}-Funktionen durch Kombination miteinander σ-Bindungsorbitale liefern. Dabei müssen nicht die Funktionen an beiden Kernen vom gleichen Typ sein, sondern lediglich von geeigneter Symmetrie. Bindungen mit nur annähernd gleicher Symmetrie können von Orbitalfunktionen gebildet werden, die einen Orbitallappen entlang der Verbindungslinie der Zentren ausgerichtet haben. Abb. X,4.1 zeigt dies für ein $d_{x^2-y^2}$-Orbital entlang der x-Achse.

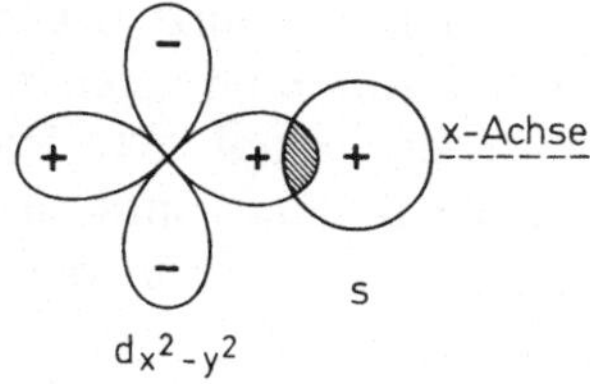

Abb. X,4.1. Kombination eines Lappens einer $d_{x^2-y^2}$-Funktion mit einer s-Funktion auf der x-Achse, eine σ-Bindung ergebend [3]

Die p_x- oder p_y-Orbitale und ebenso die d_{yz}- und die d_{xz}-Orbitale haben bezüglich der auf der z-Achse betrachteten Bindung andere Symmetrieverhältnisse, da die z-Achse bei ihnen in den Knotenebenen liegt. Wenn man solche Orbitale miteinander kombiniert, erhält man π-Bindungen. Dies ist in Abb. XI,4.1 gezeigt [3]:

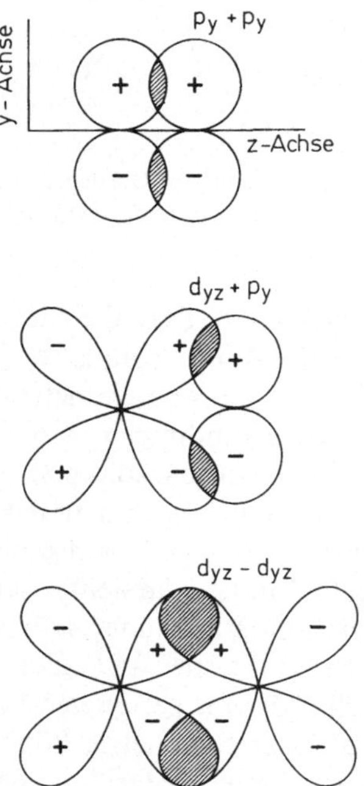

Abb. XI,4.1. Kombinationen von Funktionen, deren Knotenebenen die Verbindungslinien ihrer Zentren einschließt, π-Bindungen ergebend

Einige Beispiele mögen die Valenzbindungs-Theorie veranschaulichen helfen:

Chrom hat im Grundzustand folgende Elektronenanordnung:

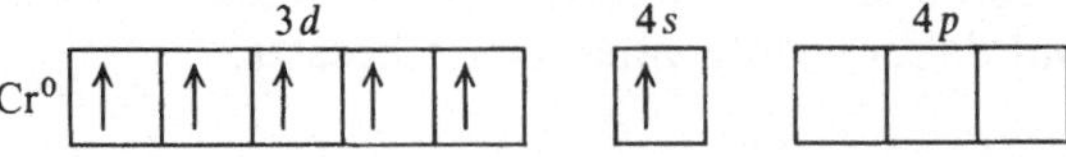

Die Besetzung der Orbitale gehorcht der bereits oben erwähnten Hundschen Regel. Das Ion Cr^{3+} besitzt natürlich drei Elektronen weniger.

Zur Bildung einer Komplex-Verbindung, wie z. B. $[Cr(NH_3)_6]^{3+}$, stehen dann zwei $3d$-Orbitale, ein $4s$-Orbital und drei $4p$-Orbitale zur Verfügung. Die Verbindungsbildung erfolgt durch Donorbindungen, d.h. in unserem Beispiel stellt jedes Ammoniakmolekül als Ligand zur Bindung ein Elektronenpaar zur Verfügung. Für einen Komplex $[Cr(NH_3)_6]^{3+}$ kann man dann folgendes Bild zeichnen, wenn die vom Zentralatom stammenden Elektronen durch ausgezogene Pfeile und die vom Liganden kommenden Elektronen durch gestrichelte Pfeile symbolisiert werden.

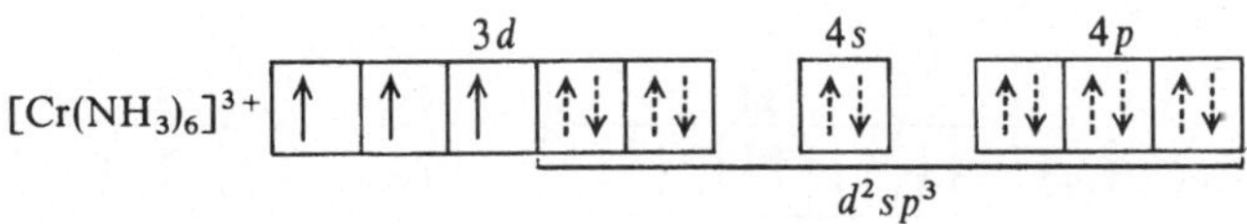

Diese Betrachtensweise zeigt, daß die Bindung unter Benutzung von zwei d-Orbitalen, einem s-Orbital und drei p-Orbitalen des Metalls erfolgen soll. Man kann sich nach dem oben Gesagten vorstellen, daß sechs d^2sp^3-Hybridorbitale gebildet und nach Kombination mit den Ligandenorbitalen durch sechs Elektronenpaare besetzt werden. Nimmt man an, daß an der Hybridisierung das $d_{x^2-y^2}$-Orbital und das d_{z^2}-Orbital beteiligt sind, so findet man, daß die Gestalt des Komplexes oktaedrisch sein muß; denn bei einer derartigen d^2sp^3-Hybridisierung sind, wie bereits oben erwähnt, die sechs Orbitallappen nach den Ecken eines Oktaeders ausgerichtet.

Das Elektronenschema des komplexen Ions $[Cr(NH_3)_6]^{3+}$ gibt richtig wieder, daß der Komplex paramagnetisch sein muß, da ja drei ungepaarte Elektronen vorhanden sind.

Betrachtet man den analog zusammengesetzten Komplex mit Kobalt der Oxydationszahl $+3$ als Zentralion, also das komplexe Ion $[Co(NH_3)_6]^{3+}$, in analoger Weise, so sieht man, daß dem Kobalt(III)-Ion sechs $3d$-Elektronen zukommen. Die vorhandenen Orbitale sind dabei in folgender Weise besetzt:

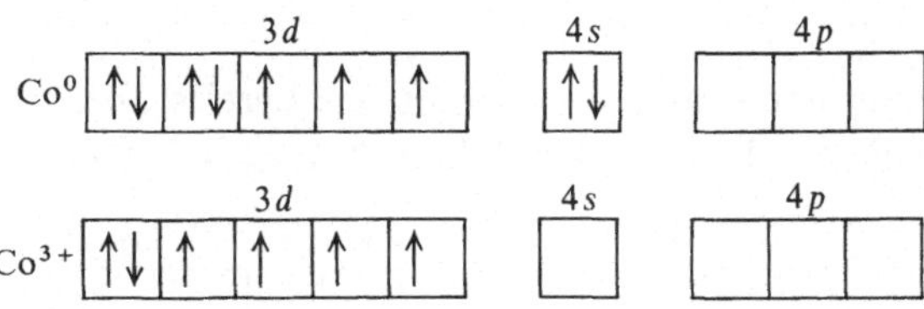

Für die Bildung der Verbindung mit der Koordinationszahl 6 in dem als Beispiel gewählten Ion $[Co(NH_3)_6]^{3+}$ braucht man wieder die sechs d^2sp^3-Hybridorbitale. Damit diese konstruiert werden können, müssen natürlich zwei $3d$-Orbitale zur Aufnahme von vier Elektronen der Donatormoleküle freigemacht werden. Dies könnte so geschehen, daß die zwei Elektronen, die die zwei benötigten $3d$-Orbitale besetzen, etwa in das $4d$-Niveau angehoben werden. Man könnte diese beiden Elektronen aber auch unter Paarbildung in den bisher nur halb besetzten $3d$-Orbitalen unterbringen. Benutzt man diesen Gedanken, so resultiert für die Komplex-Verbindung folgendes Schema:

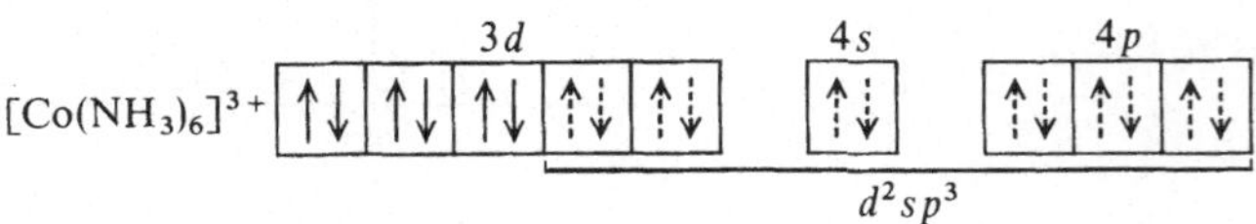

Wieder haben wir es also hier mit einem oktaedrischen Komplex zu tun, wie es der d^2sp^3-Hybridisierung entspricht. Diese Formulierung sagt richtig voraus, daß das Ion $[Co(NH_3)_6]^{3+}$ keine ungepaarten Elektronen besitzt und dementsprechend diamagnetisch ist.

Nun sind aber nicht alle Kobalt(III)-Komplexe diamagnetisch. So zeigt z.B. das komplexe Ion $[CoF_6]^{3-}$ einen beträchtlichen Paramagnetismus von 5,3 BM. Vergleicht man damit die Werte, die für ein ungepaartes Elektron, zwei ungepaarte Elektronen, drei, vier oder fünf ungepaarte Elektronen zu erwarten sind, so sieht man, daß in $[CoF_6]^{3-}$ offenbar eine Verbindung mit vier ungepaarten Elektronen vorliegen muß. Pauling hat aus dieser Tatsache den Schluß gezogen, daß die Komplex-Verbindung $[CoF_6]^{3-}$ ionisch

174

gebaut sei, daß also die Elektronenkonfiguration des Ions Co^{3+} vorliegen sollte, die ja vier ungepaarte Elektronen aufzuweisen hat. Man unterschied dabei früher zwischen vorwiegend kovalent gebauten „Durchdringungskomplexen" und ionisch gebauten „Anlagerungskomplexen". Danach wäre der Komplex $[Co(NH_3)_6]^{3+}$ z.B. ein Durchdringungskomplex und das Anion $[CoF_6]^{3-}$ ein Anlagerungskomplex. Heute wird diese Einteilung kaum noch benutzt.

Wendet man die Valenzbindungs-Theorie auf die Komplexe des zweiwertigen Eisens an, so ergibt sich folgendes:

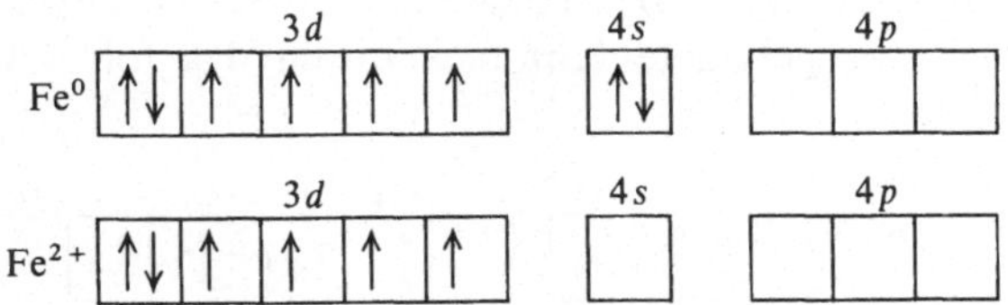

Niveauverschiebung der Elektronen unter Spin-Spin-Paarung macht wieder die für die Bildung eines Komplexes der Koordinationszahl 6 nötigen Orbitale frei, so daß sich für einen „Durchdringungskomplex" folgendes Schema ergibt:

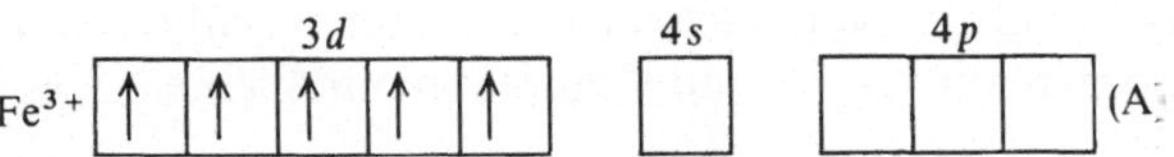

Dies stimmt damit überein, daß z.B. $[Fe(CN)_6]^{4-}$ oktaedrisch gebaut ist und Diamagnetismus zeigt.

Betrachtet man in diesem Sinne die Komplex-Verbindungen des Eisens der Oxydationszahl $+3$, so ergibt sich für das Eisen(III)-Ion folgende Elektronenanordnung:

Um die Orbitale für eine d^2sp^3-Hybridisierung zur Verfügung zu haben, kann man die Elektronen in üblicher Weise paaren:

Dann würden wieder zwei $3d$-Orbitale, ein $4s$-Orbital und drei $4p$-Orbitale für die Komplex-Bildung zur Verfügung stehen, und der Komplex würde mit Hilfe des folgenden Schemas zu beschreiben sein:

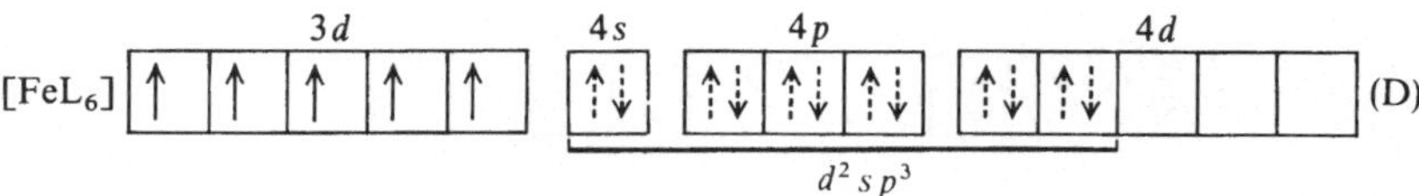

Es wäre aber auch möglich, daß Komplex-Bildung mit Hilfe eines $4s$-Orbitals, dreier $4p$-Orbitale und zweier $4d$-Orbitale erfolgt. Dann wäre der gebildete Komplex durch das folgende Schema wiederzugeben:

In $[Fe(CN)_6]^{3-}$ liegt nach der Valenzbindungs-Theorie die Anordnung C vor. Man findet ein magnetisches Moment von 2,3 BM, und das entspricht etwa einem ungepaarten d-Elektron.

Für $[FeF_6]^{3-}$ mit einem magnetischen Moment von 5,9 BM käme eine ionische Struktur mit einer Elektronenanordnung des Eisen-Ions wie bei A in Frage, ohne Übergang von Elektronen des Liganden in die Orbitale des Zentralions.

Versucht man den inneren Komplex $[Fe(acac)_3]$, der ein magnetisches Moment von 5,9 BM besitzt, zu deuten, so hat man zu bedenken, daß die Substanz flüchtig und in organischen Lösungsmitteln löslich ist. Danach ist es wenig wahrscheinlich, daß in diesem Fall ein vorwiegend ionisch gebauter Komplex vorliegt. Hier käme nach der Valenzbindungs-Theorie die Konstitution, wie sie mit D beschrieben wird, in Frage.

Man hat also zu unterscheiden zwischen Komplexen mit hohem Spin-Moment (high spin) und Komplexen mit kleinem Spin-Moment (low spin).

Wenn man die einfache hier gegebene Theorie zugrunde legt, können die Komplexe mit großem Spin-Moment prinzipiell „ionische Komplexe" sein oder Komplexe, bei denen äußere Orbitale benutzt werden. Die Komplex-Verbindungen mit kleinem Spin sind solche, die kovalent gebaut sind und bei denen innere Orbitale benutzt werden.

176

Im allgemeinen kann man wohl sagen, daß beim Vorhandensein
von Liganden mit kleiner Elektronegativität (CN, NO_2, Phosphin,
Arsin, usw.) die Benutzung der inneren Orbitale bevorzugt wird,
während stark elektronegative Liganden die Benutzung von äußeren
Orbitalen möglich machen.

Diese Betrachtungsweise sei noch auf die Komplex-Verbindungen des Nickels angewandt:

Nickel besitzt im Grundzustand die folgende Elektronenanordnung:

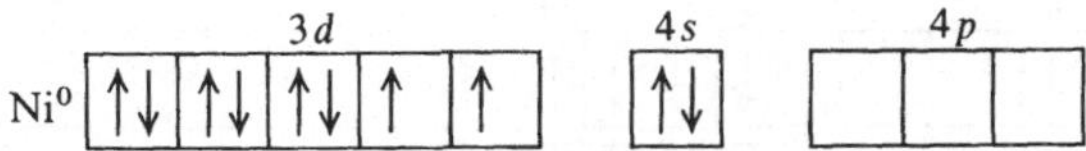

Für Nickel der Oxydationszahl 0 käme nach entsprechender Anhebung und Paarung der Elektronen die folgende Anordnung in
Frage:

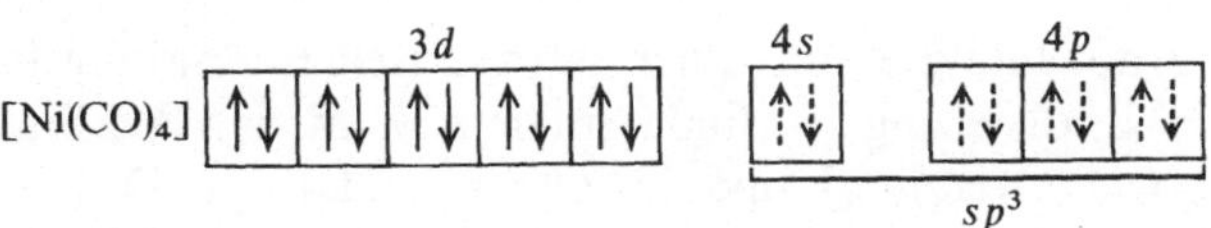

Für Komplex-Verbindungen mit Nickel der Oxydationszahl 0
haben wir dann ein s-Orbital und drei p-Orbitale zur Verbindungsbildung zur Verfügung. Bei der Koordinationszahl 4 hätten wir hier
also die Möglichkeit der sp^3-Hybridisierung und damit tetraedrischen Bau. Tatsächlich ist $[Ni(CO)_4]$ tetraedrisch gebaut und der
Theorie entsprechend diamagnetisch:

Das Analoge gilt für $[Ni(CN)_4]^{4-}$, $[Ni(bpy)_2]$, $[Ni(phan)_2]$ und
$[Ni\{P(C_2H_5)_3\}_4]$.

Komplizierter sind die Verhältnisse bei den Nickel-Komplexen
mit Nickel der Oxydationszahl $+2$ als Zentralion. Das Ni^{2+}-Ion
besitzt die folgende Elektronenanordnung:

Es ergeben sich folgende Möglichkeiten der Anhebung, der
Paarung der Elektronen und der Verbindungsbildung:

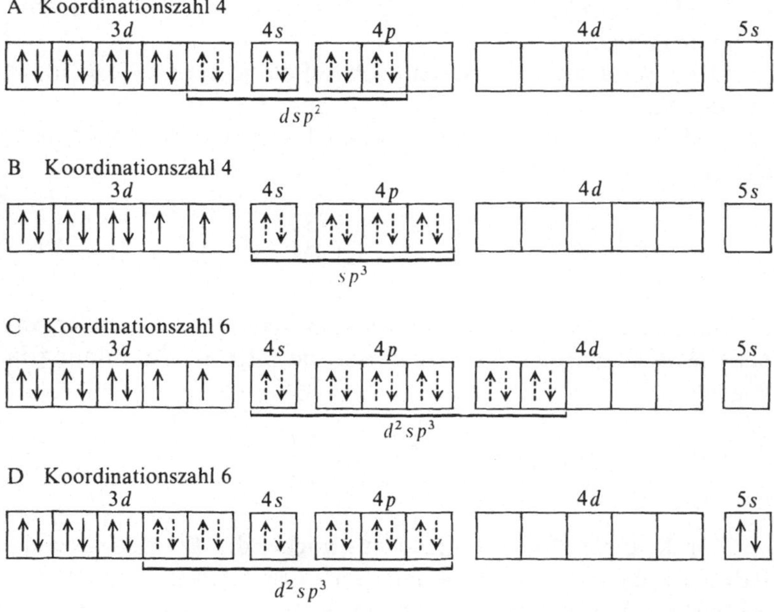

Die Anordnung A entspricht einer dsp^2-Hybridisierung, die in
der quadratisch eben gebauten Verbindung $[Ni(CN)_4]^{2-}$ vorliegt.

Diese Komplex-Verbindung ist der Theorie entsprechend diamagnetisch.

Die Anordnung B mit einer tetraedrischen Bindungsfunktion
— sp^3-Hybridisierung — findet man z. B. in den Verbindungen
$[Ni(NO_3)_2\{P(C_2H_5)_3\}_2]$ und $[NiCl_2\{P(C_6H_5)_3\}_2]$. Das magnetische Moment dieser Verbindungen beträgt etwa 3 BM, entspricht
also dem Spin-Moment für zwei ungepaarte Elektronen. Tetraedrisch gebaut ist auch das Ion $[NiCl_4]^{2-}$.

Eine oktaedrische Bindungsfunktion nach Schema C können
wir annehmen in $[Ni(NH_3)_6]^{2+}$. Bei diesem Komplex sind äußere
Orbitale für die d^2sp^3-Hybridisierung benutzt worden. Er ist paramagnetisch.

Die Elektronenanordnung D, die für einen diamagnetischen
Nickelkomplex der Koordinationszahl 6 zu formulieren ist, spielt
eine untergeordnete Rolle.

178

Vom Nickel der Oxydationsstufe $+2$ leiten sich Komplexe ab mit 1,2-Bis-dimethylarsino-benzol (im folgenden mit A bezeichnet) als Liganden.

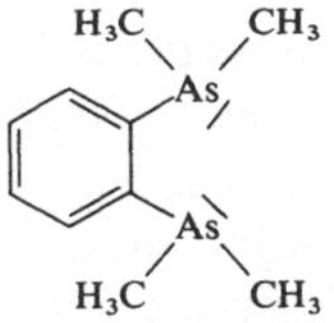

1,2-Bis-dimethylarsino-benzol

$[NiA_2]^{2+}$ ($A =$ zweizähnig) ist ein roter Durchdringungskomplex, der eben gebaut und diamagnetisch ist. Die Bindungsfunktion entspricht dem Schema A. Durch Oxydation kann man aus dieser Komplex-Verbindung das $[NiCl_2A_2]Cl$ erhalten, das eine bräunlich gelbe Substanz darstellt. Hierbei handelt es sich offensichtlich um einen Komplex der Koordinationszahl 6 mit Nickel der Oxydationszahl $+3$. Die Substanz ist paramagnetisch; das magnetische Moment beträgt 1,89 BM. Man kann dies durch folgende Elektronenanordnung und Hybridisierung deuten:

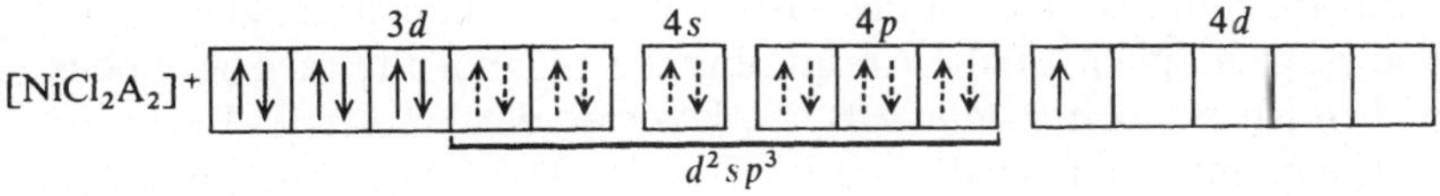

Nickel der Oxydationszahl $+4$ bildet anscheinend ebenfalls oktaedrische Komplexe mit d^2sp^3-Hybridisierung. Eine derartige Komplex-Verbindung erhielten W. Hieber und R. Brück [5] bei der Oxydation einer wäßrig-alkalischen Lösung von Nickel(II)-2-aminothiophenolat mit Luft oder H_2O_2. Die diamagnetische, dunkelblaue Substanz wurde zweikernig folgendermaßen formuliert:

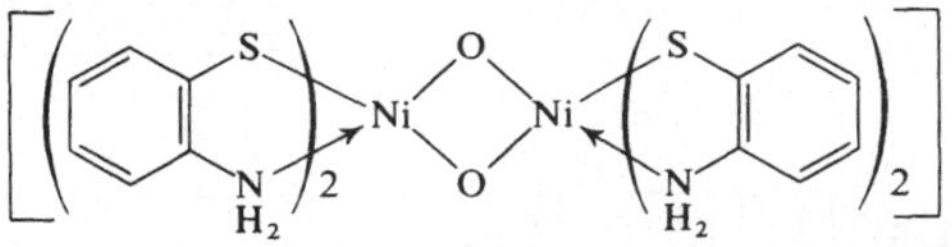

Hier liegt wahrscheinlich ein Komplex mit der folgenden Elektronenkonfiguration vor:

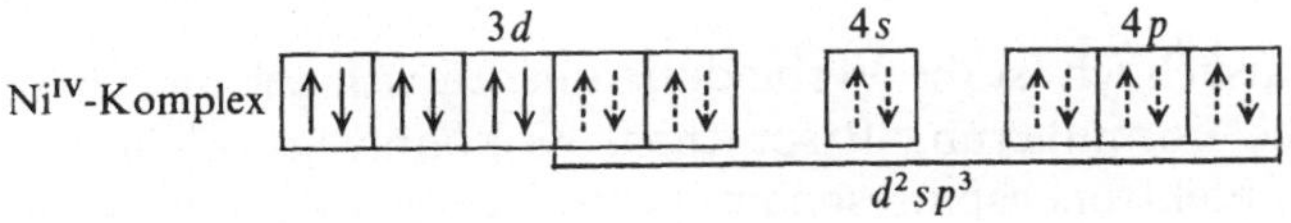

179

Leider scheint die Existenz dieses Komplexes nicht völlig gesichert zu sein [6].

Ein anderes Komplexsalz mit Nickel der Oxydationszahl $+4$ als Zentralatom ist das rote diamagnetische Fluorid $K_2[NiF_6]$.

Eine Besonderheit stellt das Nickel der Oxydationszahl $+1$ dar, insbesondere auch deshalb, weil wir analoge Verbindungen beim Palladium oder Platin nicht finden. Der am besten bekannte Komplex, der sich vom Nickel der Oxydationszahl $+1$ ableitet, ist das Bellucci-Salz $K_4[Ni_2(CN)_6]$ [7]. Die dimere Formulierung des Komplexes stützt sich auf die Tatsache, daß die Substanz diamagnetisch ist, sowie auf die Ergebnisse kryoskopischer Messungen [8]. Für das Anion dieses Salzes waren besonders von R. Nast verschiedene Strukturen vorgeschlagen worden [8, 9]. 1969 wurde dann eine Strukturuntersuchung ausgeführt, die zeigt, daß in dem Ion zwei $Ni(CN)_3$-Gruppen über eine Ni—Ni-Bindung verknüpft sind. Auf die Reaktion des Bellucci-Salzes mit Kohlenmonoxyd wurde bereits in Abschnitt 2.10 eingegangen.

Nicht immer ist die Valenzbindungs-Theorie so einfach anzuwenden wie bei den meisten Verbindungen des Nickels oder auch des Palladiums und Platins; insbesondere ist manchmal keine Voraussage möglich, ob die Anordnung der Liganden tetraedrisch oder eben ist. Betrachtet man z.B. die Hydrate der Kupfer(II)-Ionen, so erkennt man in ihnen das Kation $[Cu(H_2O)_4]^{2+}$ (vgl. Abschnitt 2.5). Nach der Größe des magnetischen Moments liegt ein ungepaartes Elektron vor. Wir können nun eine tetraedrische Anordnung der Liganden annehmen (A), ebensogut aber auch eine quadratisch ebene Konfiguration (B):

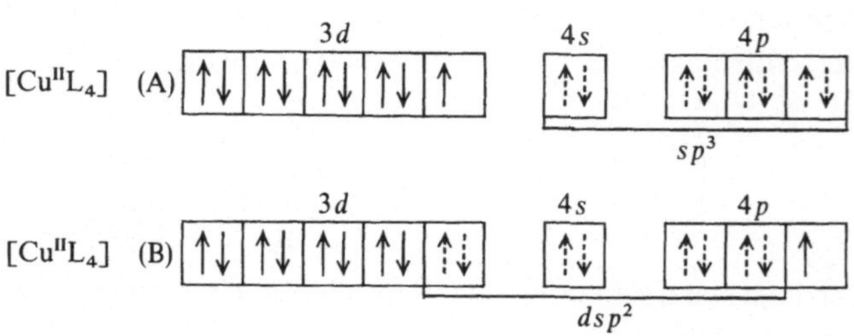

Tatsächlich ist die Verbindung quadratisch gebaut. Dies würde für die Formulierung B sprechen. Es konnte jedoch andererseits durch Elektronenspinresonanzspektren gezeigt werden, daß das ein-

180

fach besetzte Orbital keinen p_z-Charakter besitzt, was die Formulierung B unwahrscheinlich macht. Außerdem sollte man bei Vorliegen von B annehmen, daß sich die Verbindung leicht oxydieren lassen sollte, um dabei in einen Komplex des Kupfers der Oxydationszahl $+3$ überzugehen. Dies ist aber nicht der Fall.

Manche Diskrepanz wäre behoben, wenn man für die Kupfer(II)-Komplexe der Koordinationszahl 4 die folgende Elektronenkonfiguration (C) annehmen würde:

$$[Cu^{II}L_4] \quad (C)$$

Diese Annahme ist aber natürlich nicht ungezwungen, da nicht einzusehen ist, warum ein $4d$-Orbital zur Bindung benutzt wird und nicht ein $4p$-Orbital.

Wir sind hier an den Grenzen der Möglichkeiten angelangt, die die Valenzbindungs-Theorie bietet. Unsere Beispiele zeigen, daß die einfache Valenzbindungs-Theorie nicht ausreicht, um die Bindungsverhältnisse in den Komplexen zu deuten.

4.2. Die Ligandenfeld-Theorie

Wie oben bereits erwähnt, geht diese Theorie von der prinzipiellen Vorstellung aus, daß ein Komplex ein zentrales Ion besitzt, das von elektrischen Dipolen umgeben ist [3, 10, 11]. Die Kräfte zwischen dem zentralen Ion und den Dipolen oder Liganden-Ionen können zunächst als elektrostatisch angesehen werden. Wird das zentrale Ion von Anionen umgeben, so wird das Feld des Kations die Anionen polarisieren, und das kombinierte Feld der Anionen wird auf das Kation einwirken. Um aus diesem Modell, das einen Komplex zunächst als Ionenagglomerat betrachtet, Folgerungen ziehen zu können, ist ebenfalls eine genaue Kenntnis der Gestalt und Größe der Orbitale und deren Lage im Koordinatensystem nötig.

Wie bereits erwähnt, stellen die d-Orbitale, auf die es bei der Ligandenfeld-Theorie der Übergangsmetall-Komplexe ankommt, gerade Funktionen dar. Die Kationen der Übergangsmetalle besitzen jeweils fünf d-Orbitale. Man kann diese fünf d-Orbitale in zwei Gruppen einteilen, in t_{2g}-Orbitale und in e_g-Orbitale. Abb. I, 4.2 zeigt diese beiden Gruppen. Als e_g-Orbitale — in einer anderen Nomenklatur auch d_γ genannt — bezeichnet man diejenigen d-Orbitale, deren Orbitallappen sich in Richtung der Achsen erstrecken. Es sind dies die $d_{x^2-y^2}$-Funktionen und die d_{z^2}-Funktionen. Die drei t_{2g}-Orbitale — d_{xy}, d_{xz} und d_{yz} —, die auch oft als d_ε bezeichnet werden, erstrecken sich nicht in Richtung der Achsen [3].

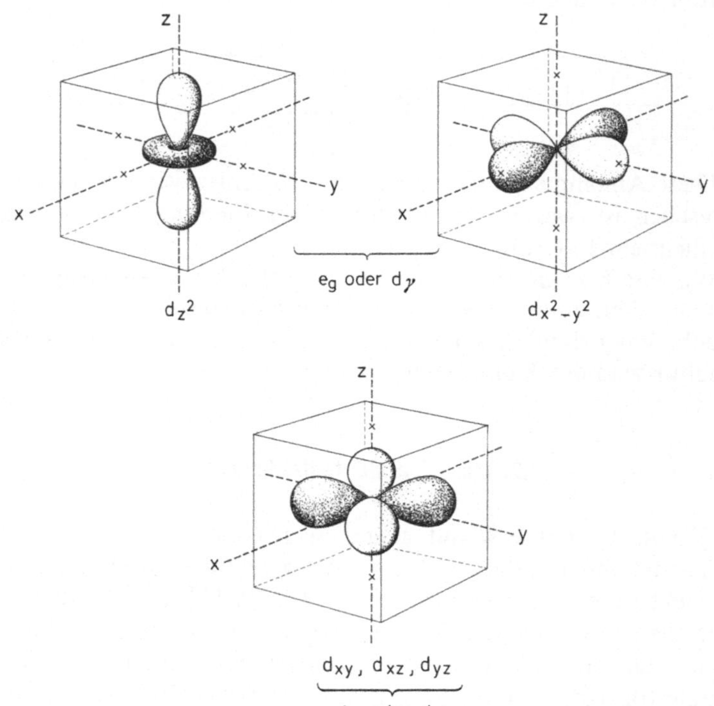

Abb. I, 4.2. Die zwei Arten von d-Orbitalen

4.2.1. Das oktaedrische Ligandenfeld

Wird ein Zentralion (Z^{n+}) der Koordinationszahl 6 von 6 Liganden (L^-) umgeben, so sitzen diese Liganden auf den Achsen des Koordinatensystems.

Wie bereits mehrfach erwähnt, sind die e_g-Orbitale nach den Achsen des Koordinatensystems ausgerichtet, auf denen die sechs

182

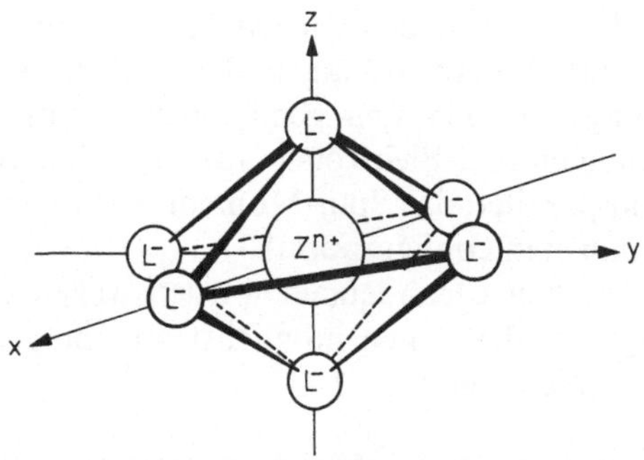

Abb. II, 4.2. Oktaedrische Ligandenanordnung um ein Zentralion
in einem kartesischen Koordinatensystem

anionischen Liganden liegen. Die t_{2g}-Orbitale zeigen dagegen nicht in Richtung der Koordinatenachsen. Sämtliche d-Orbitale des Zentralions werden nun durch die negativen Liganden beeinflußt; aber Elektronen in e-Orbitalen müssen durch die Anionen stärker als solche in t_{2g}-Orbitalen abgestoßen werden. Dadurch wird die Entartung der d-Orbitale des freien Ions aufgehoben. Die t_{2g}-Orbitale werden stabiler als die e_g-Orbitale, und zwar um einen Betrag, der mit 10 Dq bezeichnet wird. Die Größe von 10 Dq, die sog. Ligandenfeldstabilisierung, ist von der Art der Liganden abhängig.

Man kann die Aufspaltung des Energieniveaus der d-Orbitale im oktaedrischen Ligandenfeld durch folgendes Schema darstellen [3]:

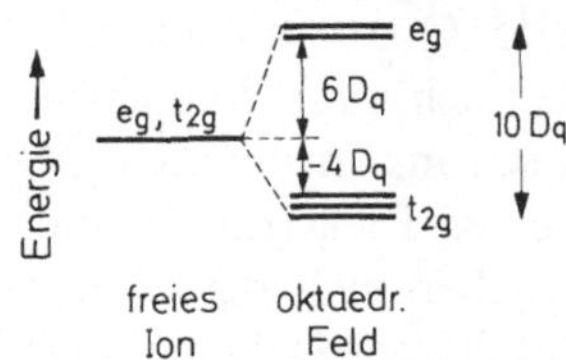

Abb. III, 4.2. Energieniveau-Schema, das die Aufhebung der Entartung der Orbitale
durch ein oktaedrisches Ligandenfeld zeigt

Diese Energieunterschiede bewirken offensichtlich eine Auswahl der Verteilung der Elektronen auf die verschiedenen Orbitale. Dies sei am Beispiel des dreiwertigen Eisens erklärt:

Für das freie Fe^{3+}-Ion gilt die folgende Elektronenverteilung:

$$Fe^{3+} \text{ (high spin)} \quad 3d: \uparrow \ \uparrow \ \uparrow \ \uparrow \ \uparrow \qquad 4s: \square \qquad 4p: \square \ \square \ \square$$

In diesem Ion Fe^{3+} haben wir entartete d-Orbitale. Durch einfache elektrostatische Abstoßung und durch die sog. Austausch-Wechselwirkung verteilen sich gemäß der Hundschen Regel die außen vorhandenen fünf Elektronen auf möglichst viele d-Orbitale. Alle Spins sind parallel; das Spin-Moment besitzt einen maximalen Wert (engl.: high spin configuration).

Im oktaedrischen Ligandenfeld werden wegen der Aufhebung der Entartung die Elektronen möglichst die energetisch tiefer liegenden t_{2g}-Orbitale besetzen.

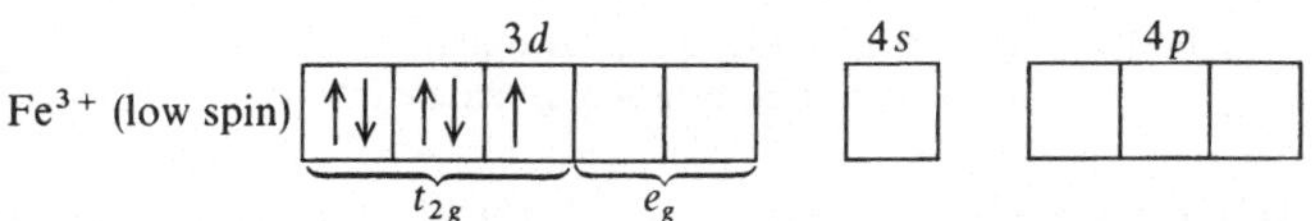

Wir erhalten so eine Konfiguration mit kleinem Spin-Moment (engl.: low spin configuration). Die Elektronen sind dabei so weit wie möglich gepaart. Den Energiegewinn, der durch Auffüllung der tiefer liegenden Niveaus erzielt wird, nennt man Kristallfeldstabilisierungsenergie.

Bei dem Vorhandensein von 1 bis 10 d-Elektronen ergeben sich Verteilungsmöglichkeiten, wie sie auf S. 185 angegeben sind:

Als Null-Linie der Energie ist dabei die statistische Besetzung der drei t_{2g}- und der beiden e_g-Orbitale durch ein Elektron angenommen. Nach einem Theorem der Quantenmechanik ist nämlich die mittlere Energie der d-Orbitale auch nach Aufhebung der Entartung gleich. Die Energie eines Elektrons in einem t_{2g}-Orbital beträgt danach $-4\,Dq$, die Energie eines Elektrons in einem e_g-Orbital $+6\,Dq$. Aus diesen Zahlen ergeben sich die Energien der Elektronen im Ligandenfeld, die ebenfalls angegeben sind.

Wie man sieht, hat man in den Fällen mit 4, 5, 6 und 7 d-Elektronen die Möglichkeit zur Ausbildung von high spin- sowie von low spin-Zuständen. Welche Elektronenkonfiguration und welcher Spin bei gegebener Anzahl von Elektronen angenommen wird, hängt davon ab, ob die Differenz zwischen den Ligandenfeldwirkungen für die Zustände mit großem und kleinem Spin größer oder geringer ist als die Differenz zwischen den Elektronenabstoßungen. Die low spin-Zustände werden dann erreicht, wenn Dq groß ist, und dies ist der Fall in einem starken Ligandenfeld. In diesem ist die energetische Aufspaltung der t_{2g}- und e_g-Niveaus groß.

184

Zahl der Elektronen	mögliche Elektronenanordnung t_{2g} / e_g		Energie im Ligandenfeld [Dq]	erwartetes magnetisches Moment [BM]
1	↑ _ _ | _ _	$(t_{2g})^1$	-4	1,73
2	↑ ↑ _ | _ _	$(t_{2g})^2$	-8	2,83
3	↑ ↑ ↑ | _ _	$(t_{2g})^3$	-12	3,88
4	↑ ↑ ↑ | ↑ _	$(t_{2g})^3(e_g)^1$ high spin	-6	4,90
	↑↓ ↑ ↑ | _ _	$(t_{2g})^4$ low spin	-16	2,83
5	↑ ↑ ↑ | ↑ ↑	$(t_{2g})^3(e_g)^2$ high spin	0	5,92
	↑↓ ↑↓ ↑ | _ _	$(t_{2g})^5$ low spin	-20	1,73
6	↑↓ ↑ ↑ | ↑ ↑	$(t_{2g})^4(e_g)^2$ high spin	-4	4,90
	↑↓ ↑↓ ↑↓ | _ _	$(t_{2g})^6$ low spin	-24	0
7	↑↓ ↑↓ ↑ | ↑ ↑	$(t_{2g})^5(e_g)^2$ high spin	-8	3,88
	↑↓ ↑↓ ↑↓ | ↑ _	$(t_{2g})^6(e_g)^1$ low spin	-18	1,73
8	↑↓ ↑↓ ↑↓ | ↑ ↑	$(t_{2g})^6(e_g)^2$	-12	2,83
9	↑↓ ↑↓ ↑↓ | ↑↓ ↑	$(t_{2g})^6(e_g)^3$	-6	1,73
10	↑↓ ↑↓ ↑↓ | ↑↓ ↑↓	$(t_{2g})^6(e_g)^4$	0	0

Die Fähigkeit der Liganden, ein starkes Ligandenfeld zu bilden, nimmt in folgender Reihenfolge zu [3]:

$$J^- < Br^- < Cl^- < F^- < H_2O < C_2O_4^{2-} < py < NH_3 < en < NO_2^- < CN^-.$$

Es wird nun verständlich, warum $[Fe^{III}(H_2O)_6]^{3+}$ ein hohes magnetisches Moment besitzt. H_2O mit dem relativ kleinen Ligandenfeld begünstigt die Ausbildung einer high spin-Anordnung. In dem Komplex $[Fe^{III}(CN)_6]^{3-}$ haben wir dagegen eine low spin-Anordnung wegen des starken Ligandenfeldes von CN^-.

Erinnert man sich, daß nach der Paulingschen Valenzbindungs-Theorie die Unterschiede im magnetischen Moment in einem derartigen Fall dadurch erklärt wurde, daß im Falle des Cyano-Komplexes kovalente Bindung und im Falle des high spin-Komplexes eine Dipol-Ionen-Beziehung angenommen wurde, so sieht auf den ersten Blick die Ligandenfeld-Theorie für die Erklärung der magnetischen Momente völlig anders aus als die Paulingsche Theorie. Aber die Unterschiede sind vielleicht doch nicht ganz so prinzipiell. Es ist ja so, daß Liganden mit starkem Feld durch das Kation stark polarisiert werden. Polarisation eines Anions durch ein Kation kann aber in erster Näherung als eine Mischung von kovalentem und ionischem Charakter interpretiert werden. Ein Ligand, der ein starkes Ligandenfeld hervorruft, d.h. einen low spin-Zustand hervorruft, wird stark polarisiert — oder anders ausgedrückt, die Bindung besitzt stärker kovalenten Charakter, während im anderen Falle (also z.B. zwischen H_2O und Fe^{3+}) ein heterovalenter Charakter der Bindung vorwiegt; die Polarisation ist in diesem Falle geringer.

4.2.2. Das quadratische Ligandenfeld

Denkt man sich vom Oktaeder ausgehend die beiden Liganden auf der z-Achse mehr und mehr vom Zentralion entfernt, so erhält man über eine tetragonale bipyramidale Anordnung schließlich eine quadratisch ebene Konfiguration der Liganden. Durch die Verlängerung der z-Achse und durch Annäherung der vier Liganden auf der xy-Ebene wird das d_{z^2}-Orbital stabiler und das $d_{x^2-y^2}$-Orbital noch stärker destabilisiert als im Falle des oktaedrischen Ligandenfeldes. Wir werden also eine andersartige Aufspaltung der Energieniveaus erhalten als im oktaedrischen Komplex. Dazu kommt, daß auch das d_{xy}-Orbital etwas destabilisiert wird. Für die Aufspaltung der t_{2g}- und e_g-Orbitale ergibt sich dann Abb. IV,4.2 [3].

186

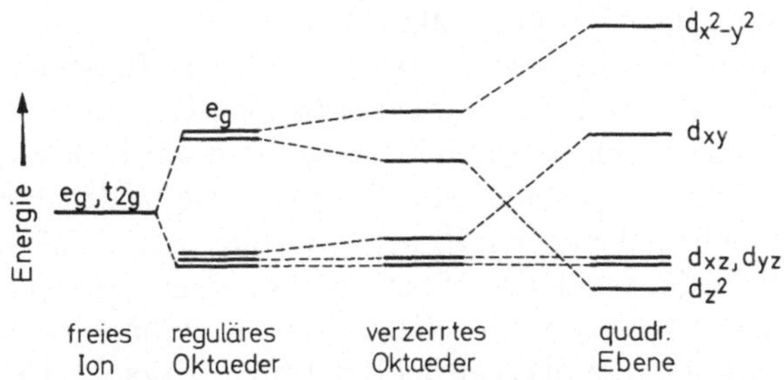

Abb. IV, 4.2. Aufspaltung der den e_g- und t_{2g}-Orbitalen entsprechenden Energieniveaus im verzerrtoktaedrischen und quadratisch-ebenen Ligandenfeld

Wenn wir diese Aufspaltung ansehen, können wir jetzt die Komplex-Verbindungen des Nickels der Oxydationszahl $+2$ verstehen. Ni^{2+} mit high spin configuration

$$Ni^{2+} \text{ (high spin) } (t_{2g})^6 (e_g)^2$$

würde keine quadratische Anordnung geben, denn ein Elektron sollte sich dann hier in dem sehr instabilen $d_{x^2-y^2}$-Orbital befinden, aber Ni^{2+} mit low spin configuration

$$Ni^{2+} \text{ (low spin) } (t_{2g})^6 (e_g)^2$$

könnte einen ebenen Komplex aufbauen. Dies wird eintreten bei starkem Ligandenfeld, also z. B. in $[Ni(CN)_4]^{2-}$.

Auch die Kupfer(II)-Komplexe können wir so verstehen.

$$Cu^{2+}$$

Cu^{2+} gibt schwieriger als Ni^{2+} ebene Komplexe der Koordinationszahl 4, da bei dem Elektronensystem von Cu^{2+} ein Elektron sich in dem instabilen $d_{x^2-y^2}$-Orbital befinden müßte. Aber Cu^{2+} bildet durchaus Komplexe der Koordinationszahl 6, die freilich nicht mehr eine oktaedrische Ligandenanordnung haben. Das ist folgendermaßen zu deuten: Beim Cu^{2+} sitzen drei Elektronen in zwei energetisch ungünstigen Orbitalen. Es kann nun sowohl d_{z^2} doppelt besetzt sein als auch $d_{x^2-y^2}$. Wenn sich die beiden Elektronen im d_{z^2}-Orbital befinden, herrscht in Richtung der z-Achse eine hohe Elektronendichte. Die beiden dort befindlichen Liganden werden sich also etwas vom Zentralion entfernen. Bei Koordinationszahl 6 liegt dann nicht mehr ein reguläres, sondern ein in Richtung der z-Achse gedehntes Oktaeder vor. Falls sich die beiden Elektronen nicht im d_{z^2}-Orbital, sondern im $d_{x^2-y^2}$-Orbital befinden, dann resultiert aus dieser Konstellation ein etwas zusammengestauchtes Oktaeder. Auf jeden Fall ist bei der Elektronenanordnung des zweiwertigen Kupfers $(3d^9)$ bei Vorliegen der Koordinationszahl 6 die Struktur eines verzerrten Oktaeders stabiler als die eines regulären Oktaeders. Man spricht hier von einem Jahn-Teller-Effekt. Die meisten Kupfer(II)-Komplexe der Koordinationszahl 6 sind in Richtung der z-Achse gedehnt.

So ist z. B. $CuCl_2 \cdot 2H_2O$ auf den ersten Blick quadratisch eben gebaut (Abbildung s. in Abschnitt 2.5). Der Abstand zwischen Kupfer und Chlor beträgt 2,28 Å, der zwischen Kupfer und H_2O 1,93 Å. Im Abstand von 2,95 Å vom Kupfer befinden sich jedoch bereits zwei weitere Chlor-Liganden [12−14].

Auch in der Struktur von $CuSO_4 \cdot 5H_2O$ wird ein verzerrtes Oktaeder um die Kupfer-Zentralatome aufgebaut (s. ebenfalls Abschnitt 2.5).

Im $K_2CuCl_4 \cdot 2H_2O$ haben wir folgende Anordnung der Atome [13, 15]: Kupfer ist das Zentralatom; zwei Cl-Atome befinden sich in einem Abstand von 2,32 Å vom Kupfer, zwei O-Atome im Abstand von 1,97 Å und zwei Cl-Atome in einem Abstand von 2,95 Å. Die beiden letztgenannten Cl-Atome liegen in Richtung der z-Achse. Wir haben hier also tatsächlich die Koordinationszahl 6, aber wir haben keine oktaedrische Anordnung. Die beiden in Richtung der z-Achse sitzenden Atome sind weiter entfernt als die in Richtung der x- bzw. der y-Achse sitzenden Liganden.

Sehr viele Kupfer(II)-Komplexe sind so gebaut. Ähnliche [16] Verhältnisse haben wir aber auch z. B. im $Cs_2AgAuCl_6$ mit Gold der Oxydationszahl $+3$, während $[AuBr_4]^-$ eben ist.

Auch Verhältnisse, wie wir sie bei MnF_3 finden, gehören hierher. Die Röntgenstrukturanalyse hat gezeigt, daß diese Substanz sich aus MnF_6-Einheiten aufbaut [17]. Mangan der Oxydationszahl $+3$ besitzt ja folgende Elektronenkonfiguration:

$$\text{Mn}^{3+} \quad \boxed{\uparrow}\,\boxed{\uparrow}\,\boxed{\uparrow}\,\boxed{\uparrow}\,\boxed{} \quad 3d$$

Je ein Elektron ist im d_{xz}-, im d_{xy}- und im d_{yz}-Orbital unterzubringen. Ein weiteres Elektron befindet sich im d_{z^2}-Orbital. Das instabile $d_{x^2-y^2}$-Orbital bleibt frei. Daß die MnF_6-Oktaeder in Richtung der z-Achse gestreckt sind, wie die Ligandenfeld-Theorie verlangt, geht aus den gemessenen Bindungslängen Mn—F hervor. Man fand 2,09, 1,91 und 1,79 Å für je zwei Mn—F-Abstände. Es liegen also vier kürzere und zwei längere Bindungen vor. Die kürzeren Abstände entsprechen etwa denen, die man auch bei einer kovalenten Bindung erwarten würde. Die Substanz ist den vier ungepaarten Elektronen entsprechend mit 4,9 BM paramagnetisch.

Man kann schon an diesen wenigen Beispielen ermessen, wie außerordentlich geeignet die Ligandenfeld-Theorie zur Deutung des Baus und der magnetischen Eigenschaften von Komplex-Verbindungen ist.

4.2.3. Das tetraedrische Ligandenfeld

Die gleichen Überlegungen wie für die oktaedrische und quadratisch ebene Ligandenanordnung führen auch für ein tetraedrisches Koordinationspolyeder zum Erfolg. Hier wird das d-Niveau durch das Ligandenfeld nach folgendem Schema aufgespalten [3]:

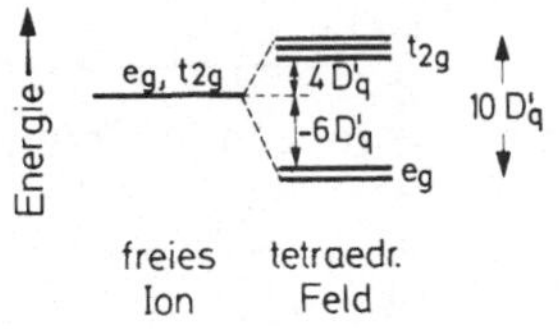

Energie | eg, t2g | 4 D'q / -6 D'q | t2g / eg | 10 D'q | freies Ion | tetraedr. Feld

Abb. V, 4.2. Energieniveau-Schema, das die Aufhebung der Entartung der Orbitale durch ein tetraedrisches Ligandenfeld zeigt

In diesem Fall sind die d_{z^2}- und $d_{x^2-y^2}$-Orbitale stabiler als die drei t_{2g}-Bahnfunktionen. Dies läßt sich wieder leicht erkennen, wenn man die räumliche Lage der vier Liganden im Koordinatensystem zu den Orbitallappen in Beziehung setzt.

Rein qualitativ kann man erkennen, daß die Liganden zwischen den Koordinatenachsen liegen, während sich auf den Achsen selbst keine negative Ladung befindet. Deshalb sind die Orbitale, die in Richtung der Achsen liegen (e_g), besser zur Unterbringung der Elektronen des Zentralatoms geeignet und damit stabiler und energieärmer als die Orbitale zwischen den Achsen (t_{2g}). Die Unterschiede

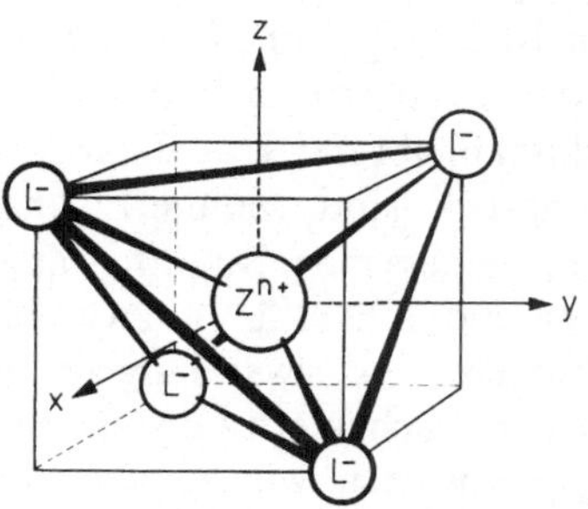

Abb. VI, 4.2. Tetraedrische Ligandenanordnung von vier negativen Liganden L^- um ein Zentralion Z^{n+} in einem kartesischen Koordinatensystem

zwischen den Energiewerten für e_g- und für die t_{2g}-Orbitale bezeichnet man mit 10 D'q. Hierbei ist zu beachten, daß die Werte Dq und D'q verschieden sind.

Errechnet man die Stabilisierungsenergie bei verschiedener Elektronenzahl im tetraedrischen Feld, so ergibt sich die Tabelle auf S. 191.

Gut stabilisiert sind high spin-Zustände beim Vorhandensein von zwei oder sieben d-Elektronen. Deshalb gibt z. B. Titan(II) mit der Elektronenanordnung

und Kobalt(II) mit der Elektronenanordnung

tetraedrische Komplexe mit großem magnetischem Moment.

Besondere Verhältnisse liegen beim Nickel der Oxydationszahl $+2$ vor.

Zweiwertiges Nickel mit acht Außenelektronen hat eine tetraedrische Stabilisierungsenergie von 8 D'q und eine oktaedrische von 12 Dq oder 24 D'q, wenn man berücksichtigt, daß $Dq \approx 2\,D'q$ ist. Daher bilden sich bei starkem Ligandenfeld lieber Oktaeder aus, und diese Oktaeder können — wie wir oben gesehen haben — bis hin zur quadratischen Anordnung verzerrt sein. Wenn aber das Feld bei einem schwachen Liganden so sehr abfällt, daß die quadratisch

190

Zahl der Elektronen	mögliche Elektronenanordnung e_g	t_{2g}		Energie im Ligandenfeld [D'q]	erwartetes magnetisches Moment [BM]
1	↑		$(e_g)^1$	− 6	1,73
2	↑ ↑		$(e_g)^2$	−12	2,83
3	↑ ↑ ↑		$(e_g)^2(t_{2g})^1$ high spin	− 8	3,88
	↑↓ ↑		$(e_g)^3$ low spin	−18	1,73
4	↑ ↑ ↑ ↑		$(e_g)^2(t_{2g})^2$ high spin	− 4	4,90
	↑↓ ↑↓		$(e_g)^4$ low spin	−24	0
5	↑ ↑ ↑ ↑ ↑		$(e_g)^2(t_{2g})^3$ high spin	0	5,92
	↑↓ ↑↓ ↑		$(e_g)^4(t_{2g})^1$ low spin	−20	1,73
6	↑↓ ↑ ↑ ↑ ↑		$(e_g)^3(t_{2g})^3$ high spin	− 6	4,90
	↑↓ ↑↓ ↑ ↑		$(e_g)^4(t_{2g})^2$ low spin	−16	2,83
7	↑↓ ↑↓ ↑ ↑ ↑		$(e_g)^4(t_{2g})^3$	−12	3,88
8	↑↓ ↑↓ ↑↓ ↑ ↑		$(e_g)^4(t_{2g})^4$	− 8	2,83
9	↑↓ ↑↓ ↑↓ ↑↓ ↑		$(e_g)^4(t_{2g})^5$	− 4	1,73
10	↑↓ ↑↓ ↑↓ ↑↓ ↑↓		$(e_g)^4(t_{2g})^6$	0	0

ebene Konfiguration ihre besondere Stabilität verliert, dann wird eher durch Polymerisation von $[NiX_4]^{2-}$-Komplexen eine oktaedrische Koordination angestrebt als eine tetraedrische. Tetraedrische Komplexe kommen selten vor. Tetraeder sind vorhanden z. B. bei $[NiX_2\{P(C_6H_5)_3\}_2]$, X=Cl, Br, J., NO_3.

Auch den Jahn-Teller-Effekt kann man hier beobachten.

Wir können uns vorstellen, daß das Tetraeder in Richtung der z-Achse abgeflacht wird; dabei handelt es sich um einen Übergang von T_d- zu D_{2d}-Symmetrie. Die d-Orbitale werden dabei folgendermaßen aufgespalten [3]:

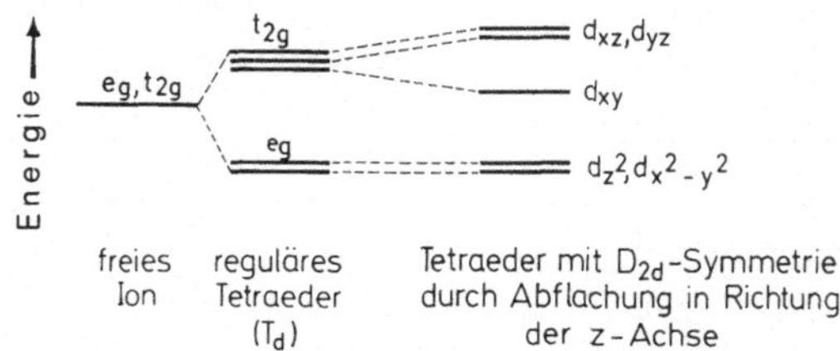

Abb. VII,4.2. Aufspaltung der den t_{2g}-Orbitalen entsprechenden Energieniveaus im tetraedrischen Feld mit D_{2d}-Symmetrie

Bei manchen Nickel(II)-Verbindungen tritt diese Symmetrieänderung ein. Von den acht Elektronen des Ni^{2+} befinden sich dann vier in e_g-Orbitalen, zwei in dem d_{xy}-Orbital und je eines in den beiden instabilsten Orbitalen. Solche Nickel(II)-Komplexe müssen natürlich paramagnetisch sein. Komplexe, die so gebaut sind, müssen auch stabiler sein als die Komplexe mit T_d-Symmetrie, da ja in diesem Fall 4 Elektronen in sehr hochgelegenen, energetisch ungünstigen Orbitalen untergebracht werden müssen. Als Beispiel für diese Fälle können die bereits früher erwähnten Komplexe $[Ni(NO_3)_2\{P(C_2H_5)_3\}_2]$ und $[NiX_2\{P(C_6H_5)_3\}_2]$ (X=Cl, Br, J) angeführt werden [18]. Diese Verbindungen sind paramagnetisch mit etwa 3 BM.

Wieder erweist sich die Ligandenfeld-Theorie als sehr geeignet zur Deutung des Baus von Komplexen.

4.2.4. Das Ligandenfeld bei fünffacher Koordination

Wie bereits in Abschnitt 3.4 dargelegt wurde, können Komplexe der Koordinationszahl 5 hauptsächlich zwei geometrische Formen annehmen, nämlich die trigonale Bipyramide und die tetragonale Pyramide. Wenn man die Lage der Liganden in Beziehung zur

Symmetrie der d-Orbitale des Zentralions setzt, dann ergibt sich folgende Aufspaltung der d-Orbitale [19]:

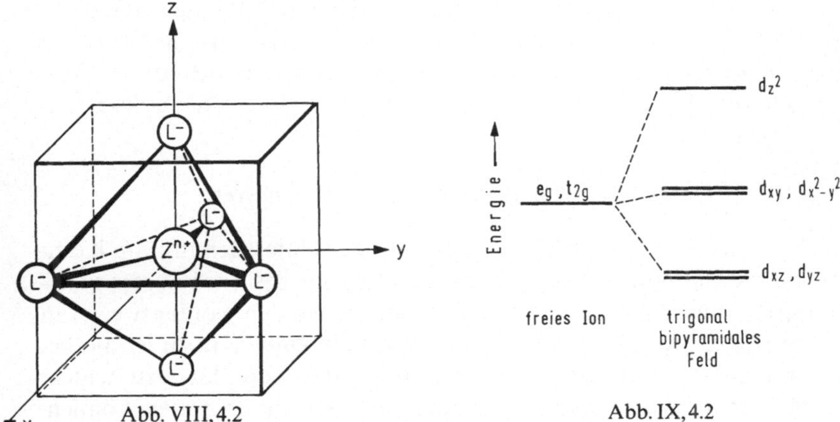

Abb. VIII,4.2. Trigonal bipyramidale Anordnung von fünf negativen Liganden L⁻ um ein Zentralion Z^{n+} in einem kartesischen Koordinatensystem

Abb. IX,4.2. Aufhebung der Entartung bei trigonal bipyramidaler Koordination

Bei der trigonal-bipyramidalen Anordnung wird das d_{z^2}-Orbital energetisch am ungünstigsten. Das ist leicht verständlich, denn dieses Orbital zeigt direkt in die Richtung zweier der fünf Liganden. Die d_{xz}- und d_{yz}-Orbitale sind am stablisten; energetisch dazwischen liegen die d_{xy}- und $d_{x^2-y^2}$-Orbitale.

Ähnliche Überlegungen führen zu einem Energieniveauschema für tetragonal pyramidal gebaute Komplexe. Dabei ist zu berücksichtigen, daß die Lage der Energieniveaus der Orbitale sich natürlich je nach der Lage des Zentralions innerhalb der tetragonalen Pyramide verändern kann.

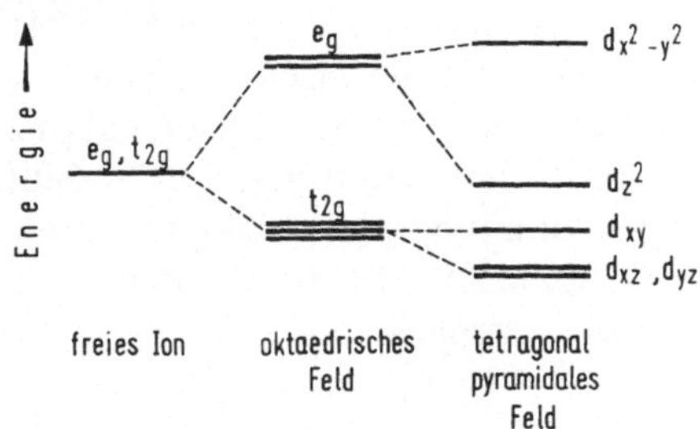

Abb. X,4.2. Aufhebung der Entartung der d-Orbitale bei tetragonal pyramidaler Koordination

193

Zur Ligandenfeld-Theorie ist abschließend zu bemerken, daß sie als typische Modelltheorie in ihrer qualitativen Form ohne größeren mathematischen Aufwand verständlich ist und Ordnung in die große Vielzahl der Komplex-Verbindungen zu bringen vermag. Sie ist die Theorie für den Chemiker, der ohne gründliche mathematische Ausbildung die Existenz und die Eigenschaften der Komplexe verstehen muß.

4.2.5. Lichtabsorption von Komplexen

Als besonders wichtiges Hilfsmittel zur Untersuchung von Komplexverbindungen hat sich die Vermessung des Lichtabsorptionsspektrums erwiesen. Solche Messungen werden vorzugsweise an wäßrigen Lösungen der Komplexe vorgenommen, doch ist hierbei besonders auf mögliche Veränderungen des Komplexes zu achten, die im Lichtabsorptionsspektrum in Erscheinung treten können. Vielfach sind es Aquotisierungsreaktionen, die in solchen Lösungen stattfinden. Bei Verbindungen, die in hinreichend gut ausgebildeten Kristallen anfallen, kann man in einem solchen Falle auf die Vermessung von dünnen Kristallschliffen ausweichen, oder auch auf Reflexionsmessungen an der pulverförmigen Substanz. Bei schlechter Löslichkeit in Wasser oder auch, um Zersetzung in Wasser zu vermeiden, geht man häufig auf organische Lösungsmittel über, wie z. B. Nitromethan, Nitrobenzol oder andere. Die Wahl des Lösungsmittels hängt natürlich von den spezifischen Eigenschaften der Verbindung ab. Sehr häufig ist der untersuchte Komplex nicht vorgegeben, sondern er bildet sich erst in der untersuchten Lösung. Beispielsweise kann dies der Fall sein in Chloridionen enthaltender Lösung eines Metallions. Da die einzelnen gebildeten Komplexe z. B. der Art $[MCl_n]$ unterschiedliche Spektren haben, wird eine Lösung, die mehrere Species, z. B. MCl, MCl_2, MCl_3 gleichzeitig enthält, ein Mischspektrum aufweisen. Aufnahme solcher Mischspektren in Abhängigkeit von der Ligandenkonzentration und Analyse führt einerseits zur Ermittlung von Stabilitätskonstanten, andererseits zur Bestimmung der Lichtabsorptionsspektren der reinen Species. Während für Lösungen der molare dekadische Absorptionskoeffizient ε gemäß

$$I = I_0 \cdot 10^{-\varepsilon c d}$$

ermittelt werden kann, wobei $I =$ Intensität, $c =$ Konzentration und $d =$ Schichtdicke bedeuten, und für Kristallschichten ein spezifischer

Extinktionskoeffizient zu ermitteln ist, ergibt die Reflexionsmessung nur relative Werte, sog. willkürliche Einheiten.

Als charakteristisches Lichtabsorptionsspektrum sei hier das Spektrum von $[Cr(en)_3]^{3+}$ in wäßriger Lösung [20] wiedergegeben. Es ähnelt sehr demjenigen von $[Cr(NH_3)_6]^{3+}$ [21, 22], das die gleiche oktaedrische Symmetrie O_h hat wie der Äthylendiamin-Komplex. Das Spektrum enthält zwei niedrige Komplexbanden im Blau bzw. im nahen UV, die nach Lage und Höhe von der Art des Anions unabhängig sind, soweit sie nicht offensichtlich von anderen Banden überlagert sind. Der Bandenanstieg im UV wird als Auswirkung einer Assoziation von Anionen an das Komplexion gedeutet [23]. Stark im Roten liegt das sog. „Chromdublett", dessen Feinstrukturuntersuchung insgesamt 9 Maxima und Schultern aufweist [24].

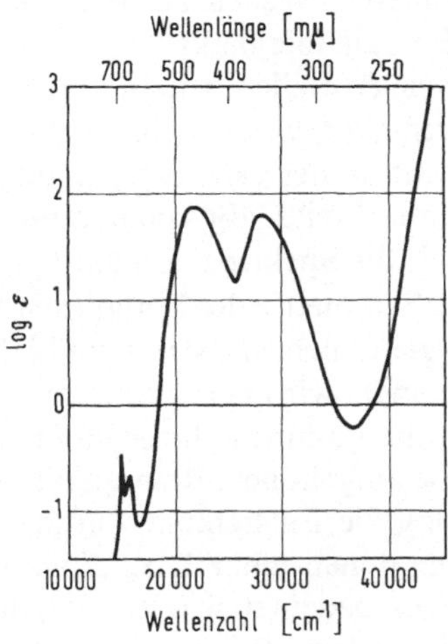

Abb. XI,4.2. Lichtabsorption von $[Cr(en)_3]^{3+}$

Wichtig für die Interpretation eines Absorptionsspektrums sind Lage und Breite (in mμ oder cm^{-1}) sowie Intensität der Banden.

Bei Bestrahlen mit Licht der Frequenz v werden Außenelektronen, bei Übergangselementen meist d-Elektronen, des Zentralatoms auf ein höheres Niveau gehoben, wodurch die Energie

$$E = h v$$

verbraucht, absorbiert wird. Beim Ti^{3+} ist dies beispielsweise ein d-Elektron, d^1, beim Cr^{3+} drei d-Elektronen, d^3. Die Energie von Banden, die aus der Energiedifferenz zwischen Ausgangsniveau und angeregtem Niveau resultiert, ist demnach auf der Wellenzahlskala des Spektrums abzulesen. Die Intensität der Banden, charakterisiert durch den Extinktionskoeffizienten ε, ist etwas schwieriger zu verstehen. Es möge hier genügen, daß quantenmechanisch „erlaubte" Einelektronenübergänge ε-Werte in der Größenordnung von 10^4 haben, während „nicht erlaubte" oder „teilweise nicht erlaubte" Übergänge niedrigere Intensitäten aufweisen. Die Tatsache, daß eine Lichtabsorptionsbande eine endliche Breite hat und nicht eine Linie darstellt, wie man nach obigem erwarten müßte, ist darauf zurückzuführen, daß gleichzeitig mit der Elektronenanregung viele Schwingungsanregungen erfolgen, woraus sich Überlagerungen innerhalb eines größeren Wellenzahlbereiches ergeben. Der genauen Größe des Energieübergangs ist das Maximum der Bande zuzuordnen, das in vielen Fällen, wie in der Abbildung, einfach zu erkennen ist, zuweilen aber, wenn mehrere Banden eng benachbart sind, als Schulter nicht immer ganz einfach aufzufinden ist.

In sehr interessanter Weise läßt sich nun mit Hilfe der Ligandenfeldtheorie zeigen, wie die Spektren von Komplexverbindungen sich bei Änderung in der Symmetrie des komplexen Ions verändern. Die Entartung von Energietermen, wie sie einem Elektronsystem eines Zentralatoms zukommen, wird bei Veränderung der Symmetrie des umgebenden, durch die Ladungsschwerpunkte der Liganden gebildeten Feldes teilweise aufgehoben. Rein qualitativ bedeutet die Aufhebung der Entartung die Entstehung von mehr Termen verschiedener Lage, zwischen denen mehr Übergänge möglich sind als im ungestörten Fall. Dies bedeutet wieder rein qualitativ, daß mehr Banden auftreten müssen bzw. daß eine der vorhandenen Banden aufspalten muß. Am Beispiel der Rutheniumkomplexe $[Ru(NH_3)_6]^{3+}$, $[RuX(NH_3)_5]^{2+}$ und cis-$[RuX_2(NH_3)_4]^+$ mit $X{=}Cl$ oder Br läßt sich dies zeigen.

Die Komplexe haben die Symmetrie O_h, C_{4v} bzw. C_2. In Abb. XII, 4.2 erkennt man die Aufspaltung der Hauptbande beim Übergang von $[RuCl(NH_3)_5]^{2+}$ (C_{4v}) zum cis-$[RuCl_2(NH_3)_4]^+$ (C_2) und entsprechend von $[RuBr(NH_3)_5]^{2+}$ (C_{4v}) zum cis-$[RuBr_2(NH_3)_4]^+$ (C_2), letztere beide jedoch bathochrom, d.h. nach längeren Wellenlängen verschoben, bedingt durch den Austausch des Cl^- durch Br^-. Das hier nicht gezeigte Spektrum des

196

$[Ru(NH_3)_6]^{3+}$ hat bei ca. 276 mµ ein einzelnes Maximum, an dem auch keine Schultern festzustellen sind, wie etwa bei den $[RuX(NH_3)_5]^{2+}$-Spektren [25].

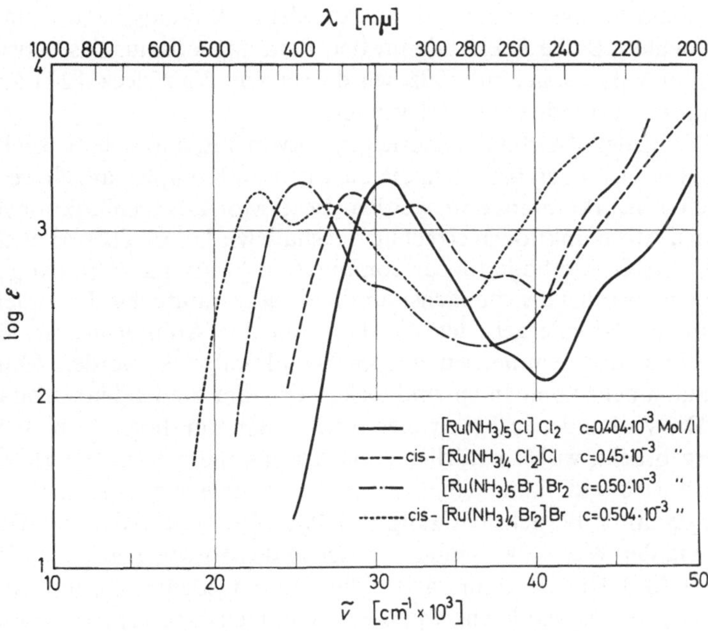

Abb. XII, 4.2. Lichtabsorption von Ruthenium-amminen in H_2O

Die Theorie, insbesondere die quantitative, der Lichtabsorption von Komplexen läßt sich in weit präziserer Form betreiben, doch sollte am vorliegenden Beispiel gezeigt werden, wie auch unter Verwendung von sehr wenigen Annahmen qualitativ richtige Ergebnisse aus der Theorie gefolgert werden können [26].

4.3. Molekül-Orbital-Betrachtungen

Eine andere Betrachtungsweise ist notwendig, um z. B. die Bindungsverhältnisse in Metall-Carbonylen, in Cyanid-Komplexen oder auch in Komplexen mit z. B. Pyridin als Liganden zu verstehen. Hier kommt man nur wirklich zum Ziel, wenn man berücksichtigt, daß Doppelbindungen zwischen Metall und Ligand auftreten.

Zur Deutung bedient man sich dabei der sog. Theorie der Molekülzustände (molecular orbital-Theorie). Diese Theorie wurde zunächst nur für kleine Moleküle mit kovalenter Bindung benutzt und vermochte z. B. die Erklärung für den Paramagnetismus des Sauerstoffmoleküls zu liefern. 1935 wurde sie von Van Vleck [27] auf Komplex-Verbindungen angewendet.

Die Molekül-Orbital-Theorie geht davon aus, daß sich die Elektronen in Orbitalen befinden, die dem ganzen Komplex angehören. Durch Linearkombination werden diese Moleküleigenfunktionen aus den Atomfunktionen errechnet; deshalb wird diese Theorie auch oft L.C.A.O.-Methode (linear combination of atomic orbitals) genannt. Es werden also zunächst für die Gruppe sämtlicher Liganden vereinigte Orbitale gebildet, die dann mit den Atomorbitalen des Metallions den Symmetrien entsprechend kombiniert werden. Man kommt dabei zu bindenden und lockernden (antibindenden) Orbitalen. Die vorhandenen Elektronen werden dann in diesen Orbitalen untergebracht, wobei natürlich zunächst das energieärmste Orbital besetzt wird und dann nacheinander die Orbitale von zunehmender Energie unter Berücksichtigung des Pauli-Verbots und unter Beachtung der Wechselwirkungen zwischen den Elektronen.

Die MO-Theorie kann und soll hier nur angedeutet werden: Die im folgenden verwendeten Symbole entstammen der Gruppentheorie und sollen ohne weitere Erklärung übernommen werden. Man schreibt etwa a_{1g} für s-Orbitale oder für Orbitale vom σ-Typ, t_{1u} für die p-Orbitale oder Orbitale vom π-Typ. g bedeutet „gerade Funktion", u bedeutet „ungerade Funktion" (d. h. eine Funktion, die ihr Vorzeichen im Nullpunkt des Koordinatensystems wechselt). Die Atomorbitale des Metalls werden mit φ_{4s}, φ_{4p_x}, $\varphi_{3d_{z^2}}$ usw. bezeichnet, wobei die tiefgestellen Zahlen und Buchstaben (s, p, d) den Typ des Orbitals angeben und die Indizes x, z usw. nötigenfalls degenerierte Funktionen unterscheiden. Metallorbitale außerhalb der 4p-Bahnen sollen vernachlässigt werden. Die vereinigten Ligandenfunktionen, die aus den einzelnen σ-Funktionen gebildet sind, werden mit χ bezeichnet, also etwa $\chi_{a_{1g}}$. Degenerierte Orbitale erfordern einen weiteren Index z. B. $\chi_{t_{1u,x}}$. Aus π-Funktionen der Liganden gebildete Orbitale werden mit $\pi_{t_{2g,xy}}$, $\pi_{t_{1u,x}}$ usw. bezeichnet. Man numeriert für oktaedrische Komplexe in folgender Weise [3]:

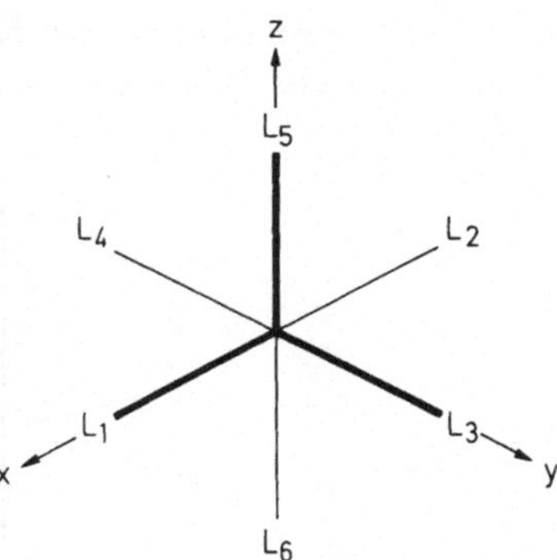

Abb. I, 4.3. Anordnung der Liganden eines oktaedrischen Komplexes
für die MO-Behandlung

Für Metall und Liganden sind folgende Orbitale möglich [3]:

Symmetrie-Klassen der Orbitale für oktaedrische Komplexe
(t_{1g}- und t_{2u}-Orbitale sind vernachlässigt). (Nach Orgel)

Metall	Ligand vom σ-Typ		Ligand vom π-Typ
a_{1g} φ_{4s}	$\chi_{a_{1g}}$	$=\dfrac{1}{\sqrt{6}}(\sigma_1+\sigma_2+\sigma_3+\sigma_4+\sigma_5+\sigma_6)$	
e_g $\begin{cases}\varphi_{3d_{z^2}}\\[2em]\varphi_{3d_{x^2-y^2}}\end{cases}$	$\chi_{e_{g,z^2}}$ $\chi_{e_{g,x^2-y^2}}$	$=\dfrac{1}{2\sqrt{3}}(2\sigma_5+2\sigma_6-\sigma_1-\sigma_2-\sigma_3-\sigma_4)$ $=\dfrac{1}{2}(\sigma_1+\sigma_2-\sigma_3-\sigma_4)$	
$t_{1u}\begin{cases}\varphi_{4p_x}\\[1.5em]\varphi_{4p_y}\\[1.5em]\varphi_{4p_z}\end{cases}$	$\chi_{t_{1u,x}}$ $\chi_{t_{1u,y}}$ $\chi_{t_{1u,z}}$	$=\dfrac{1}{\sqrt{2}}(\sigma_1-\sigma_2)$ $=\dfrac{1}{\sqrt{2}}(\sigma_3-\sigma_4)$ $=\dfrac{1}{\sqrt{2}}(\sigma_5-\sigma_6)$	$\pi_{t_{1u,x}}=\dfrac{1}{2}(\pi_{3x}+\pi_{4x}+\pi_{5x}+\pi_{6x})$ $\pi_{t_{1u,y}}=\dfrac{1}{2}(\pi_{1y}+\pi_{2y}+\pi_{5y}+\pi_{6y})$ $\pi_{t_{1u,z}}=\dfrac{1}{2}(\pi_{1z}+\pi_{2z}+\pi_{3z}+\pi_{4z})$
$t_{2g}\begin{cases}\varphi_{3d_{xy}}\\[1.5em]\varphi_{3d_{xz}}\\[1.5em]\varphi_{3d_{yz}}\end{cases}$			$\pi_{t_{2g,xy}}=\dfrac{1}{2}(\pi_{1y}-\pi_{2y}+\pi_{3x}-\pi_{4x})$ $\pi_{t_{2g,xz}}=\dfrac{1}{2}(\pi_{1z}-\pi_{2z}+\pi_{5x}-\pi_{6x})$ $\pi_{t_{2g,yz}}=\dfrac{1}{2}(\pi_{3z}-\pi_{4z}+\pi_{5y}-\pi_{6y})$

Eine bildliche Betrachtungsweise möge die Kombinationen der
s- und p-Ligandenfunktionen zur Bildung von Liganden-Gesamt-
funktionen verdeutlichen [3]:

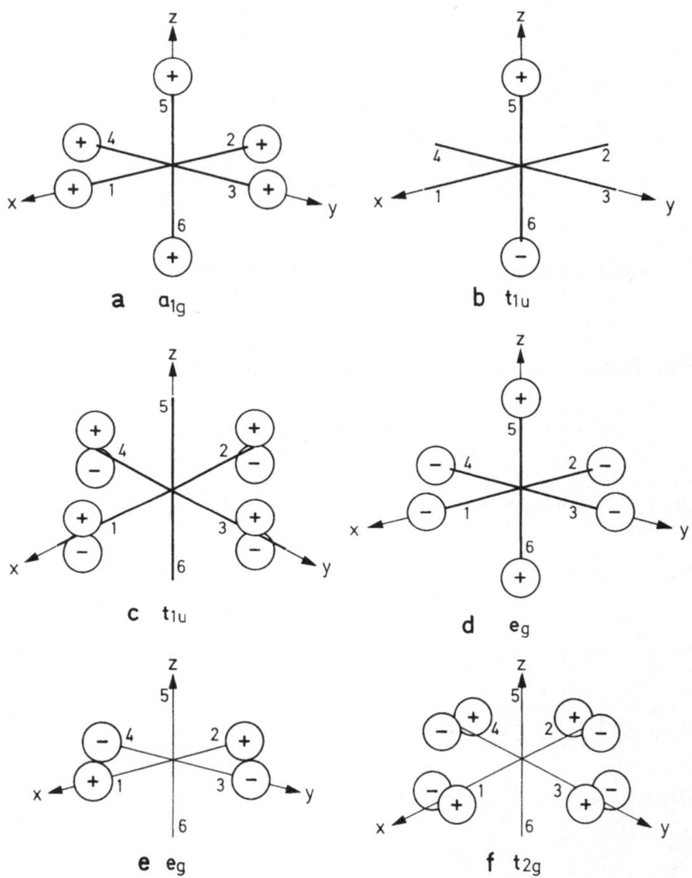

Abb. II, 4.3. Kombination von s- und p-Ligandenfunktionen zur Bildung verschiedener
Gesamtfunktionen der Liganden mit der Symmetrie a) a_g, b) t_{1u}, c) t_{1u}, d) e_g, e) e_g, f) t_{2g}

Durch Kombination der sechs σ-Funktionen der einzelnen Liganden mit gleichem Vorzeichen und gleichem Koeffizienten kommt
man zu einem vereinigten Orbital $\chi_{a_{1g}}$ vom σ-Typ (Abb. II, 4.3.a).
Ein weiteres Orbital vom σ-Typ, $\chi_{t_{1u,z}}$, erhält man durch Kombination der σ-Funktionen 5 und 6 mit entgegengesetztem Vorzeichen
(Abb. II, 4.3.b). Ebenso kann man die σ-Funktionen 1 und 2 ($\chi_{t_{1u,x}}$)

200

bzw. 3 und 4 ($\chi_{t_{1u},y}$) zu zwei weiteren vereinigten Funktionen vom σ-Typ kombinieren. Nur aus σ-Orbitalen der einzelnen Liganden können die vereinigten Orbitale vom d_{z^2}- und $d_{x^2-y^2}$-Typ, d.h. χ_{e_g,z^2} und χ_{e_g,x^2-y^2} gebildet werden (Abb. II, 4.3.d und e). Vereinigte Funktionen vom π-Typ entstehen durch Kombination von vier π-Funktionen mit denselben Vorzeichen und Koeffizienten. Diese Art der Kombination ist für $\pi_{t_{1u},z}$ gezeigt (Abb. II, 4.3.c). Orbitale mit d_{xy}-, d_{yz}- und d_{xz}-Symmetrie, nämlich $\pi_{t_{2g},xy}$, $\pi_{t_{2g},yz}$ und $\pi_{t_{2g},xz}$ lassen sich ebenfalls aus vier π-Orbitalen der Liganden herstellen (Abb. II, 4.3.f).

Ein Atomorbital des Zentralions und ein Molekülorbital der Liganden können bei übereinstimmender Symmetrie in zweierlei Weise kombiniert werden und dabei zu bindenden und lockernden Orbitalen führen. Der Grund für die Bezeichnung dieser Orbitale als bindend und lockernd ist in der Tatsache zu suchen, daß die Elektronen in diesen Orbitalen bei Annäherung der Liganden an das Metallion eine Erniedrigung (bindend) bzw. Erhöhung (lockernd) der Energie des Systems verursachen.

Ein einfaches Beispiel zeigt Abb. III, 4.3. Hier sind die bindenden und lockernden Molekülzustände schematisch dargestellt:

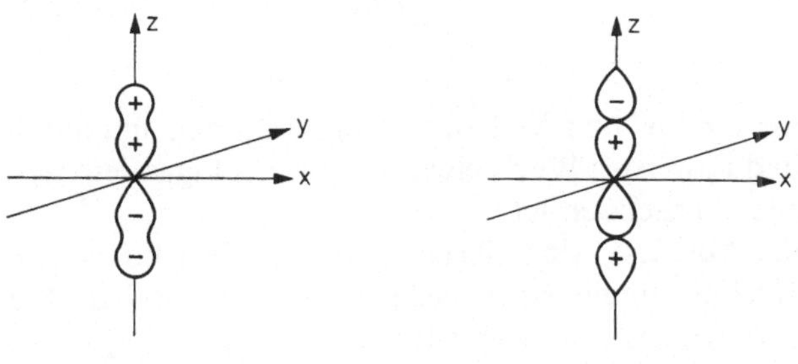

$$\psi \text{ (bindend)} = N'_{t_{1u}} \left(\varphi_{4p_z} + \mu' \chi_{t_{1u},z} \right) \qquad \psi \text{ (lockernd)} = N''_{t_{1u}} \left(\chi_{t_{1u},z} - u'' \varphi_{4p_z} \right)$$

Abb. III, 4.3. Schematische Zeichnung der bindenden und lockernden Molekülzustände der z-Komponenten eines t_{1u}-Satzes

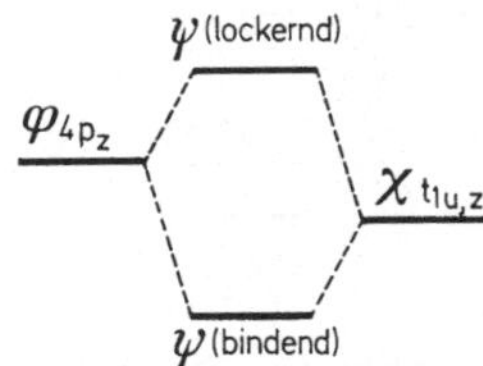

Abb. IV, 4.3. Energieniveaudiagramm der hier gewählten Bahnfunktionen

Dazu gehört dann ein entsprechendes Energieniveaudiagramm, das die Energieverhältnisse der Bahnfunktionen verdeutlicht.

Die Molekülorbitale für oktaedrische Komplexe sind im Folgenden zusammengefaßt [3]:

Molekülorbitale für oktaedrische Komplexe (unter Vernachlässigung von π-Bindungen).
(Nach Orgel)

Symmetrieklasse	Bindende Orbitale	Nichtbindende Orbitale	Lockernde Orbitale
a_{1g}	$N'_{a_{1g}}(\varphi_{4s} + \lambda' \chi_{a_{1g}})$		$N''(\chi_{a_{1g}} - \lambda'' \varphi_{4s})$
t_{1u}	$N'_{t_{1u}}(\varphi_{4p_x} + \mu' \chi_{t_{1u,\,x}})$ $N'_{t_{1u}}(\varphi_{4p_y} + \mu' \chi_{t_{1u,\,y}})$ $N'_{t_{1u}}(\varphi_{4p_z} + \mu' \chi_{t_{1u,\,z}})$		$N''_{t_{1u}}(\chi_{t_{1u,\,x}} - \mu'' \varphi_{4p_x})$ $N''_{t_{1u}}(\chi_{t_{1u,\,y}} - \mu'' \varphi_{4p_y})$ $N''_{t_{1u}}(\chi_{t_{1u,\,z}} - \mu'' \varphi_{4p_z})$
e_g	$N'_{e_g}(\varphi_{3d_{x^2-y^2}} + v' \chi_{e_{g,\,x^2-y^2}})$ $N'_{e_g}(\varphi_{3d_{z^2}} + v' \chi_{e_{g,\,z^2}})$		$N''_{e_g}(\chi_{e_{g,\,x^2-y^2}} - v'' \varphi_{3d_{x^2-y^2}})$ $N''_{e_g}(\chi_{e_{g,\,z^2}} - v'' \varphi_{3d_{z^2}})$
t_{2g}		$\varphi_{3d_{xy}}$ $\varphi_{3d_{xz}}$ $\varphi_{3d_{yz}}$	

Dabei sind N' und N'' Normierungsfaktoren, und durch λ', μ', v', λ'', μ'' und v'' werden Wechselwirkungen von Liganden- und Metallfunktionen berücksichtigt.

In der Abb. V, 4.3 sind alle energetischen Beziehungen der einzelnen Molekülorbitale eines gedachten oktaedrischen Komplexes unter Vernachlässigung von π-Bindungen gezeigt [3]:

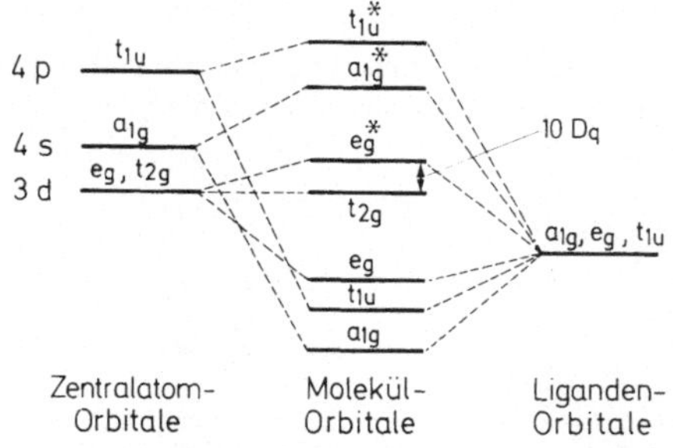

Abb. V, 4.3. Die energetischen Beziehungen der Molekülorbitale eines oktaedrischen Komplexes unter Vernachlässigung von π-Bindungen

Man sieht, daß in diesem Fall die t_{2g}-Metallorbitale mit keinen Funktionen der Liganden übereinstimmen. Die Elektronen in diesen Orbitalen sind deshalb bei der Annäherung der Liganden verhältnismäßig ungestört. Man bezeichnet diese Orbitale, die weder antibindend noch bindend sind, als nichtbindend.

Bei einem Molekülorbital, das aus zwei Orbitalen gleicher Energie gebildet wurde, sind die Koeffizienten in der bindenden und in der lockernden Funktion zahlenmäßig gleich. Wenn die lokalen Orbitale aber energetisch verschieden sind, so ist im bindenden Molekülorbital der Koeffizient des Orbitals von niedriger Energie größer als der desjenigen mit höherer Energie. Im lockernden Orbital liegen die Verhältnisse umgekehrt, d.h. das Orbital mit höherer Energie hat den größeren Koeffizienten.

Wie oben gezeigt wurde, gibt es eine bindende a_{1g}-Funktion, drei entartete bindende t_{1u}-Funktionen und zwei entartete, also gleichwertige e_g-Funktionen. Die 12 Elektronen von 6 Liganden können also gerade in diesen bindenden Orbitalen untergebracht werden, während vorhandene d-Elektronen des Metall-Zentralions die nichtbindenden t_{2g}- und die lockernden e_g-Orbitale besetzen müssen. Diese beiden Orbitale fungieren genauso wie in der einfachen Ligandenfeld-Theorie. Ihre Aufspaltung ist mit 10 Dq bezeichnet.

Die t_{2g}-Orbitale, die bei Vernachlässigung von π-Bindungen nichtbindend sind, stimmen nun in ihrer Symmetrie zwar mit keinem Ligandenorbital vom σ-Typ überein; aber mit Molekülorbitalen vom π-Typ sind sie kombinierbar. Die t_{2g}-Orbitale werden dann in diesem nicht seltenen Fall in zwei dreifach degenerierte Gruppen bindender und lockernder Orbitale aufgespalten wie dies in der nächsten Tabelle und in Abb. VI, 4.3 gezeigt ist [3]:

Die t_{2g}-Molekülorbitale. (Nach Orgel)

$$\left. \begin{array}{l} N'_{t_{2g}}(\varphi_{3d_{xy}} + k'\,\pi_{t_{2g,\,xy}}) \\[4pt] N'_{t_{2g}}(\varphi_{3d_{xz}} + k'\,\pi_{t_{2g,\,xz}}) \\[4pt] N'_{t_{2g}}(\varphi_{3d_{yz}} + k'\,\pi_{t_{2g,\,yz}}) \end{array} \right\}$$

$$\left. \begin{array}{l} N''_{t_{2g}}(\pi_{t_{2g,\,xy}} - k''\,\varphi_{3d_{xy}}) \\[4pt] N''_{t_{2g}}(\pi_{t_{2g,\,xz}} - k''\,\varphi_{3d_{xz}}) \\[4pt] N''_{t_{2g}}(\pi_{t_{2g,\,yz}} - k''\,\varphi_{3d_{yz}}) \end{array} \right\}$$

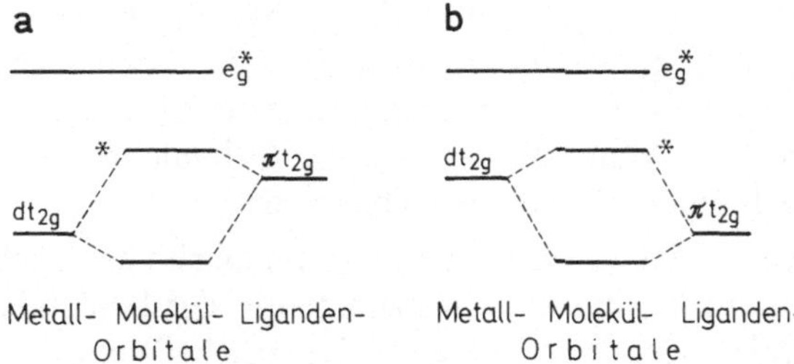

Abb. VI, 4.3 a u. b. Die Energieniveaus von t_{2g}-Orbitalen, a wenn das t_{2g}-Orbital des Metalls stabiler als das Ligandenorbital, b wenn das t_{2g}-Orbital des Liganden stabiler als das Metallorbital ist

Anders als bei der in Abb. V, 4.3 gegebenen Darstellung, liegt dann die erste Gruppe relativ zum unbeeinflußten lockernden e_g^*-Orbital niedriger als es der Aufspaltung von 10 Dq entspricht. Dies bedeutet etwa in der Sprache der Ligandenfeldtheorie, daß der Ligand „stärker" ist, weil er zur Bildung von π-Bindungen befähigt ist. Tatsächlich spielen immer, wenn π-Orbitale eines Liganden leer sind, solche π-Bindungen eine große Rolle.

Wenn die π-Orbitale der Liganden stabil und besetzt sind, wie z. B. bei den Halogenatomen, herrschen in den bindenden Orbitalen die Ligandenfunktionen vor, d. h. die Elektronen halten sich hauptsächlich bei den Liganden auf. d-Elektronen des Metalls haben das lockernde t_{2g}^*-Orbital zu besetzen, da das bindende t_{2g}-Orbital von Elektronen der Liganden eingenommen wird. Dies führt zu einer Verringerung von 10 Dq. Man kann auf diese Weise die oben angegebene Reihenfolge der Ligandenfeldstärke der Halogene (s. S. 186) erklären. Je größer die Ionisierungsenergie des Halogens ist, desto größer ist die Aufspaltung des Ligandenfeldes ($e_g^* - t_{2g}^*$). Dies zeigt Abb. VI, 4.3 [3]:

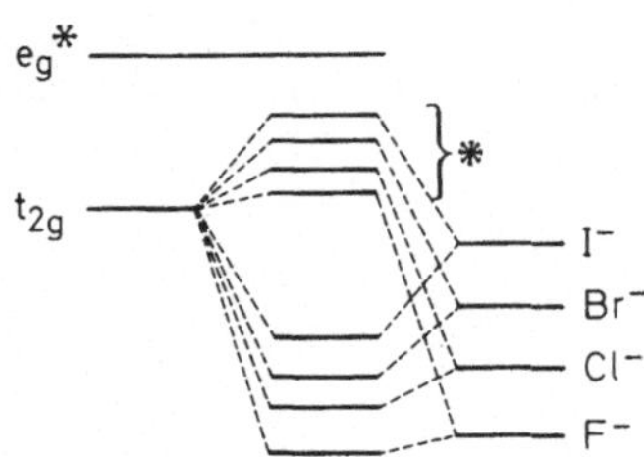

Abb. VII, 4.3. Die t_{2g}-Molekülorbitale für ein Metallion und verschiedene Halogenionen

204

Die Existenz von π-Bindungen zwischen Zentralion und Liganden wird auch durch folgende einfache Überlegungen deutlich.

Stellt man sich auf den Standpunkt, daß die Komplex-Bindung eine Donor-σ-Bindung ist, so würde das bedeuten, daß z.B. in [Ni(CO)$_4$] vier solcher Donor-σ-Bindungen vorhanden sind. Bei der Knüpfung dieser Bindung sollte das CO-Molekül eine formale positive Ladung erhalten. Dagegen sollte das Nickelatom vier negative formale Ladungen durch die vier Donorbindungen erhalten. Eine solche Ladungsverteilung ist natürlich mit der Lage der Elektronegativitäten von Zentralatom und Liganden kaum zu vereinbaren. Insbesondere die Form A ist recht unwahrscheinlich; etwas günstiger erscheint schon die Form B. Aber in der Form B hat der Kohlenstoff nur ein Elektronensextett. Der Gedanke liegt also nahe, daß freie d-Elektronenpaare, die im Nickel zur Verfügung stehen, zur Verbindungsbildung herangezogen werden und daß Formen wie C eine Rolle spielen.

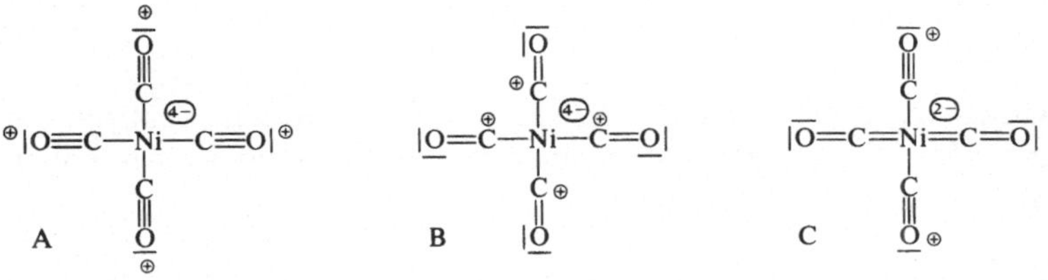

Dabei werden also Elektronen vom Metallion zum Liganden gewissermaßen „zurückgegeben". Man spricht deshalb oft von „back donation".

Man kann sich eine anschauliche qualitative Vorstellung von der Natur dieser Doppelbindungen zwischen Metall und Ligand machen.

Als ersten Schritt können wir uns vorstellen, daß ein besetztes σ-Orbital des Kohlenstoffs eine Donor-σ-Bindung mit einem leeren Orbital des Metalls ergibt:

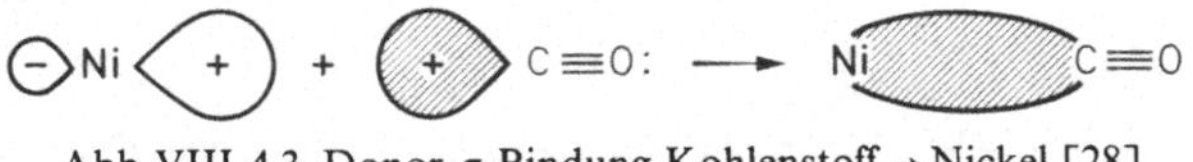

Abb. VIII, 4.3. Donor-σ-Bindung Kohlenstoff $\to$ Nickel [28]

Als zweiten Schritt können wir uns vorstellen, daß eine Donor-π-Bindung vom Metall zum Kohlenstoff ausgebildet wird. Um dies zu verstehen, müssen wir die π-Orbitale im CO betrachten. Im CO-Molekül ist das bindende Molekül-Orbital mit zwei Elektronen besetzt; das lockernde ist nicht besetzt. Dadurch wird eine Donor-

Bindung durch ein besetztes d-Orbital des Metalls zu dem unbesetzten, lockernden π-Orbital des CO-Moleküls möglich

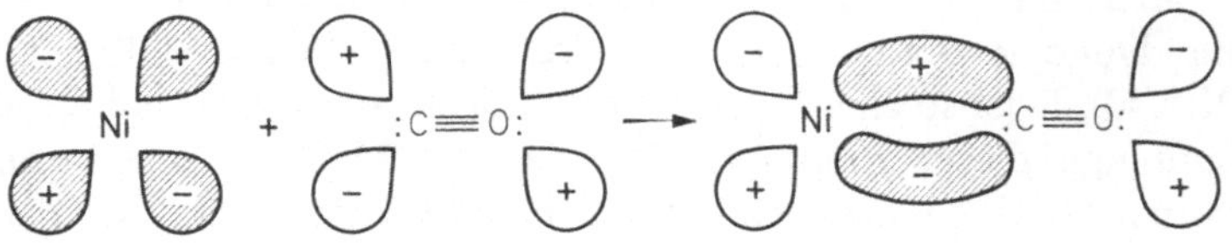

Abb. IX, 4.3. π-Bindung Nickel $\rightarrow$ Kohlenstoff [28]

Die π-Bindungen sind — wie bereits erwähnt — zu verstehen, wenn man bedenkt, daß die t_{2g}-Metallorbitale in ihrer Symmetrie mit Molekülorbitalen vom π-Typ übereinstimmen.

Die gleiche Form der π-Bindung haben wir auch mit CN^- als Ligand anzunehmen. Formen, wie

$$
\begin{array}{c}
N\equiv C \diagdown \quad \overset{4-}{} \quad \diagup C\equiv N \\
N\equiv C - Fe - C\equiv N \\
N\equiv C \diagup \qquad \diagdown C\equiv N
\end{array}
$$

würden zu hohe negative Ladungen auf dem Metall-Zentralatom anhäufen. Durch Ausbilden einer π-Bindung wird diesen hohen negativen Ladungen entgegengewirkt.

$$
\diagup\!\!\!\overset{\diagdown}{Fe}\!=\!C\!=\!\overline{N}|
$$

Abb. X, 4.3 zeigt das unbesetzte d_π-Molekülorbital des Cyanidions [3]:

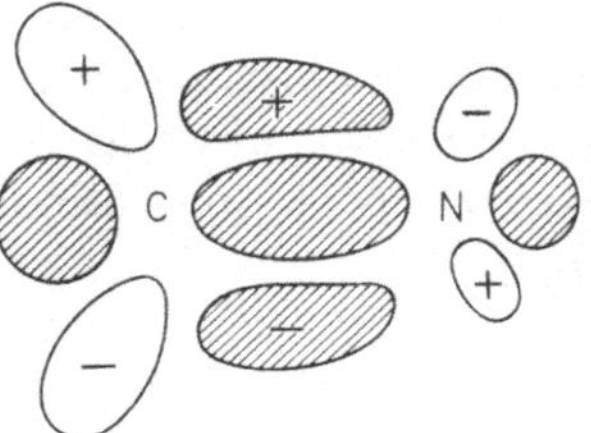

Abb. X, 4.3. Graphische Darstellung des d_π-Molekülorbitals des Cyanidions. Die schraffierten Orbitale sind besetzt

Nach Ausbildung einer σ-Donor-Bindung vom C der CN^--Gruppe zum Metall kann durch back donation eine π-Bindung unter Benutzung eines gefüllten d-Orbitals des Metalls und des unbesetzten d_π-Molekülorbitals des Cyanidions eintreten.

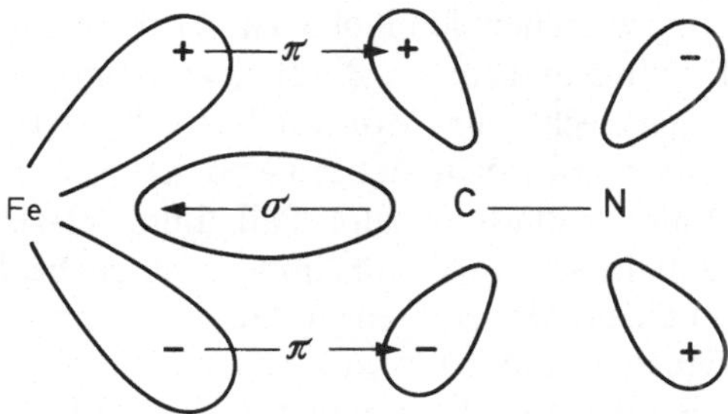

Abb. XI, 4.3. Bindungsverhältnisse in komplexen Eisencyaniden

Diese Theorien machen nun auch die Natur der Bindung in Metall-Olefin-, Metall-Acetylen- und Metall-Stickstoff-Komplexen verständlich [29 – 32].

Wie bereits in Abschnitt 2.11 beschrieben wurde, ist es seit langem bekannt, daß Äthylen mit Platin oder Palladium Komplex-Verbindungen zu bilden vermag. So existiert z.B. folgende Verbindung:

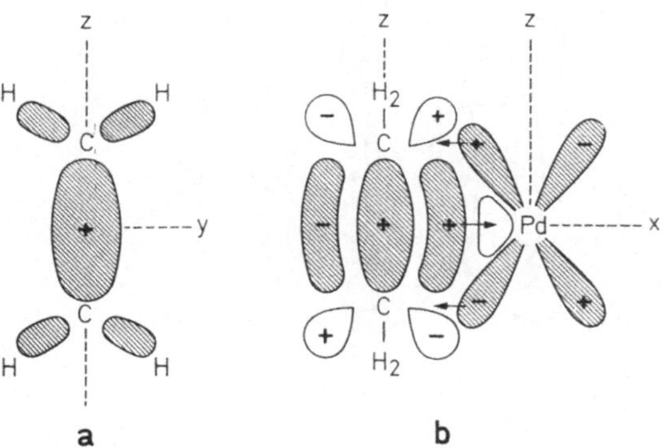

Die Bindung hat man sich in einem solchen Komplex folgendermaßen vorzustellen. Die Molekülorbitale des Äthylens sind so wiederzugeben, wie es Abb. XII, 4.3 zeigt [3]:

a   b

Abb. XII, 4.3. a Das Äthylenmolekül, senkrecht zur Molekülebene, d.h. in Richtung der x-Achse gesehen. b Das Äthylenmolekül und das Palladiumatom, in Richtung der y-Achse gesehen

Die Bindung zwischen den Kohlenstoffatomen im Äthylen kann aus einer σ-Bindung und einer π-Bindung zusammengesetzt betrachtet werden. Senkrecht zur Molekülebene des Äthylens hat die π-Bindung eine quasi-σ-Symmetrie (Abb. XII, 4.3.a). Es kann deshalb eine Donor-σ-Bindung zum Palladium ausgebildet werden (Abb. XII, 4.3.b). In Wirklichkeit befinden sich die beiden bindenden Elektronen in einem Dreizentrenorbital, das aus p-Funktionen der beiden Kohlenstoffatome und aus einem dsp^2-Hybridorbital des Metalls aufgebaut wird. Die zweite Kombination von p-Orbitalen im Äthylen ist antibindend und daher im freien Molekül nicht von Elektronen besetzt. Dies ist durch die nicht schraffierten Orbitallappen in Abb. XII, 4.3.b angedeutet. Die Symmetrie dieses Orbitals stimmt jedoch für die beschriebene Struktur mit der eines aufgefüllten d-Orbitals des Palladiums überein. Es kann deshalb angenommen werden, daß das Palladium eine Donor-π-Bindung zum Äthylen ausbilden kann („back donation"). So gibt es im ganzen gesehen eine Art Doppel-Dreizentrenbindung zwischen dem Palladiumatom und dem Äthylenmolekül.

Das Metall-Orbital kann auch anderer Natur sein. Im Falle von Silber-Olefin-Komplexen, kann diese σ-Donor-Bindung z. B. das leere s-Orbital des Silbers benutzen [29, 33]. Das nicht gefüllte, lockernde π-Orbital des Äthylens stimmt nun wieder in seiner Symmetrie mit dem gefüllten dsp^2-Orbital des Metalls überein. Es kann daher ebenfalls eine π-ähnliche Donor-Bindung vom Metall zum Äthylen eintreten. Dies ist in Abb. XIII, 4.3 schematisch gezeigt [33]:

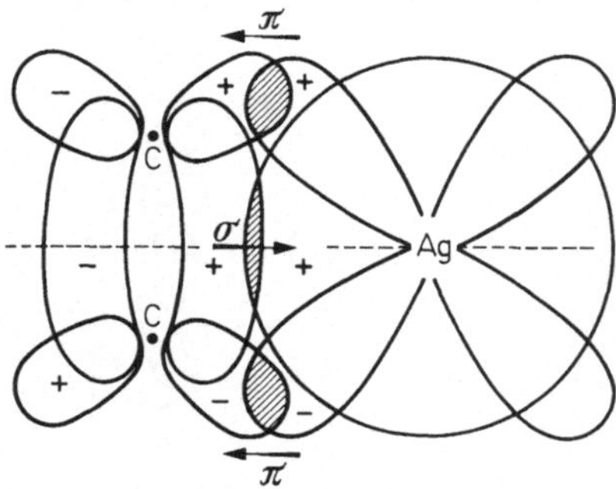

Abb. XIII, 4.3. Äthylenmolekül und Silberatom in einem Olefin-Komplex

Ähnlich liegen die Verhältnisse bei den Aromaten-Komplexen. Der bekannteste Aromaten-Komplex ist das Ferrocen (s. Abschnitt 2.11). Man kann die Bindung in diesem Molekül zu verstehen versuchen, indem man annimmt, daß der Komplex aus einem Eisen(II)-ion und zwei C_5H_5-Anionen aufgebaut wird. Wenden wir zunächst die Valenzbindungs-Theorie an, so sehen wir folgendes: Eisen der Oxydationszahl $+2$ besitzt die Elektronenanordnung d^6. Für die Verbindungsbildung sind zwei d-Orbitale, ein s-Orbital und drei p-Orbitale frei. Von den zwei Cyclopentadienylresten ausgehend haben wir zwei normale σ-Bindungen und insgesamt vier σ-Donor-Bindungen, wie wir sie bei den Olefin-Komplexen kennengelernt haben. Es ergibt sich also mit zwei Cyclopentadienylresten (cp) die Abb. XIV, 4.3.

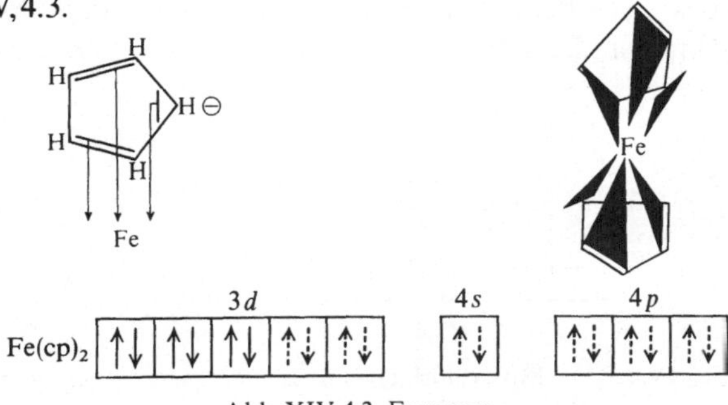

Abb. XIV, 4.3. Ferrocen

Die entsprechende Eisen(III)-Verbindung muß analog gebaut, sollte aber paramagnetisch sein.

Vergleicht man die gefundenen magnetischen Eigenschaften der Cyclopentadienyl-Verbindungen, so ergibt sich nach der Valenz-bindungs-Behandlung folgende Tabelle [34]:

Verbindung	Zentralion	Anzahl der ungepaarten Elektronen	Magnetisches Moment	
			berechnet [BM]	gefunden [BM]
$Fe\,cp_2$	Fe^{II}	0	0	0
$Fe\,cp_2^+$	Fe^{III}	1	1,73	2,26
$Co\,cp_2$	Co^{II}	1	1,73	1,76
$Co\,cp_2^+$	Co^{III}	0	0	0
$Ni\,cp_2$	Ni^{II}	2	2,83	2,86
$Ni\,cp_2^+$	Ni^{III}	1	1,73	
$Mn\,cp_2$	Mn^{II}	1	1,73	
$Cr\,cp_2$	Cr^{II}	2	2,83	3,02
$V\,cp_2$	V^{II}	3	3,87	3,78
$V\,cp_2^+$	V^{III}	2	2,83	2,86

Wie man sieht, ist die Valenzbindungs-Theorie durchaus geeignet, die magnetischen Momente der Cyclopentadienyl-Komplexe zu deuten.

Man kann aber die Bindung in diesen Komplex-Verbindungen auch mit Hilfe der Molekül-Orbital-Theorie zu deuten versuchen. Diesen Versuch unternahmen Dunitz und Orgel, Jaffé und Moffitt [35 – 37, 3].

Qualitativ beruhen diese Deutungen etwa auf Folgendem:

Es werden zunächst aus den fünf $2p_\pi$-Orbitalen der Kohlenstoffatome jedes Cyclopentadienylringes vereinigte Orbitale hergestellt. Das Ergebnis sind die folgenden schematisierten Molekülorbitale:

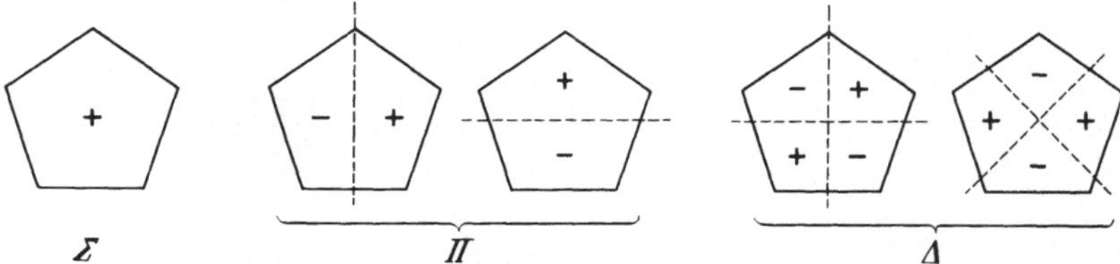

Abb. XV, 4.3. Die Molekülorbitale für die Cyclopentadienylgruppe

Wie man sieht, besitzen die Molekülorbitale der Ligandengruppe sehr verschiedene Symmetrie.

Die vereinigten Orbitale für jeden Ring werden dann miteinander zu Molekülorbitalen, die das gesamte Ringsystem mit einbeziehen, kombiniert. Schließlich kann man diese Orbitale wieder mit den Orbitalen des Metallatoms kombinieren und daraus Molekülorbitale für das ganze Molekül bilden. Einige der so gebildeten Molekülorbitale sind dann wieder bindend, andere sind lockernd.

Im Falle der Eisen(II)-Cyclopentadienyl-Verbindung können sämtliche Elektronen, die von den Cyclopentadienylringen und dem Eisenatom zur Verfügung gestellt werden — das sind 18 Elektronen —, in bindenden oder nichtbindenden Orbitalen untergebracht werden. Es brauchen keine lockernden Orbitale besetzt werden. Damit hängt die große Stabilität des Ferrocens zusammen. Die Nickel-Verbindung enthält zwei Elektronen mehr, die in lockernden Orbitalen untergebracht werden müssen. Dementsprechend ist dann die Nickel-Verbindung weniger beständig als die Eisen-Verbindung. Die in den lockernden Orbitalen untergebrachten Elektronen besitzen ungepaarte Spins. Die Verbindung ist deshalb paramagnetisch.

Literatur

1. Sidgwick, N. V.: The electronic theory of valency. Oxford: Clarendon Press 1927.
2. Spice, J. E.: Chemical bonding and structure, S. 34. Oxford-London etc.: Pergamon Press 1964.
3. Sutton, L. E.: Chemische Bindung und Molekülstruktur. Berlin-Göttingen-Heidelberg: Springer 1961.
4. Kimball, G. E.: J. Chem. Phys. **8**, 188 (1940).
5. Hieber, W., Brück, R.: Z. Anorg. Allgem. Chem. **269**, 13, 27, 16 (1952).
6. Balch, A. L., Röhrscheid, F., Holm, R. H.: J. Am. Chem. Soc. **87**, 2301 (1965).
7. Bellucci, I., Corelli, R.: Z. Anorg. Allgem. Chem. **86**, 88 (1914).
8. Nast, R., Pfab, W.: Naturwissenschaften **39**, 300 (1952); — Z. Naturforsch. **12b**, 122 (1957); Jarchow, O., Schulz, H., Nast, R.: Angew. Chem. **82**, 43 (1970).
9. Amr El Sayed, M. F., Sheline, R. K.: J. Am. Chem. Soc. **78**, 702 (1956).
10. Orgel, L. E.: An introduction to transition-metal-chemistry, Ligand-field theory. London: Methuen & Co. Ltd.; New York: John Wiley & Sons Inc. 1960.
11. Schläfer, H. L., Gliemann, G.: Einführung in die Ligandenfeldtheorie. Frankfurt/M.: Akad. Verlagsgesellschaft 1967.
12. Harker, D.: Z. Krist. **93**, 136 (1936).
13. Pauling, L.: Die Natur der chemischen Bindung, S. 153. Weinheim/Bergstraße: Verlag Chemie GmbH., 1962.
14. Peterson, S. W., Levy, H. A.: J. Chem. Phys. **26**, 220 (1957).
15. Chrobak, L.: Z. Krist. **88**, 35 (1934).
16. Elliot, N., Pauling, L.: J. Am. Chem. Soc. **60**, 1846 (1938).
17. Hepworth, M. S., Jack, K. H.: Acta Cryst. **10**, 345 (1957).
18. Venanzi, L. M.: J. Chem. Soc. **1958**, 719.
19. Furlani, C.: Coord. Chem. Rev. **3**, 141 (1968).
20. Schläfer, H. L.: Kling, O.: Z. Anorg. Allgem. Chem. **287**, 296 (1956).
21. Linhard, M., Weigel, M.: Z. Physik. Chem. (Frankfurt) **5**, 20 (1955).
22. Edelson, M. R., Plane, R. A.: J. Phys. Chem. **63**, 327 (1959).
23. Linhard, M.: Z. Elektrochem. **50**, 224 (1944).
24. Kling, O., Woldbye, F.: Acta Chem. Scand. **15**, 704 (1961).
25. Hartmann, H., Buschbeck, K. Ch.: Z. physikal. Chem. (Frankfurt) [2] **11**, 120 (1957).
26. — Z. Elektrochem. **61**, 908 (1957).
27. Vleck, J. H. van: J. Chem. Phys. **3**, 803, 807 (1935).
28. Cotton, F. A., Wilkinson, G.: Anorganische Chemie, S. 678. Weinheim/Bergstraße: Verlag Chemie GmbH. 1967.
29. Dewar, M. J. S.: Bull. Soc. Chim. France **18**, C 79ff. (1951).
30. Chatt, J., Duncanson, L. A.: J. Chem. Soc. **1953**, 2939.
31. Orgel, L. E.: An introduction to transition-metal-chemistry, S. 137f. London-New York 1960.
32. Ruch, E.: Festschrift „10 Jahre Fonds der chemischen Industrie", 1960, S. 163.
33. Guy, R. G., Shaw, B. L.: Advanc. Inorg. Chem. Radiochem. **4**, 77 (1962).
34. Fischer, E. O., Fritz, H. P.: Advan. Inorg. Chem. Radiochem. **1**, 55 (1959).
35. Dunitz, J. D., Orgel, L. E.: Nature **171**, 121 (1953); — J. Chem. Phys. **23**, 954 (1955).
36. Jaffé, A. H.: J. Chem. Phys. **21**, 156 (1953).
37. Moffitt, W.: J. Am. Chem. Soc. **76**, 3386 (1954).

5. Reaktionen komplexer Verbindungen

5.1. Substitutionsreaktionen an oktaedrisch gebauten Komplexen

Die Koordinationssphären von Komplexen werden vielfach durch Substitutionsreaktionen verändert.

Man kann zwischen stabilen Komplexen, die langsam oder gar nicht zu substituieren sind, und labilen Komplexen, d. h. solchen, an denen Substitutionsreaktionen schneller verlaufen, unterscheiden. Die Halbwertszeiten solcher Reaktionen können Wochen oder auch nur Bruchteile von Sekunden betragen. Da man aus Reaktionsgeschwindigkeiten Rückschlüsse auf mögliche Reaktionsmechanismen ziehen kann, sind Geschwindigkeitsmessungen recht wichtig. Dabei müssen sich die anzuwendenden Untersuchungsmethoden nach den Halbwertszeiten der jeweils betrachteten Reaktionen richten. Wenn die Halbwertszeit einer Reaktion größer ist als etwa eine Minute, kann man klassische Untersuchungsmethoden anwenden, so etwa die Beobachtung der zeitlichen Veränderungen physikalischer und chemischer Eigenschaften der Reaktionslösungen. Bei Reaktionshalbwertszeiten bis herab zu 10^{-3} sec bedarf es besonderer Methoden (Strömungs- oder Schnellmischmethoden). Bei noch schneller verlaufenden Reaktionen bedient man sich der Relaxationsmethoden, bei denen man ein in einem Gleichgewichtszustand befindliches System etwa durch eine plötzliche Temperaturänderung stört und dann die Auswirkungen einer solchen Maßnahme beobachtet. Man erhält aus solchen Beobachtungen die Geschwindigkeitskonstanten der untersuchten Reaktionen und die Abhängigkeiten der Reaktionsgeschwindigkeiten von bestimmten Konzentrationsverhältnissen der einzelnen Reaktionspartner, woraus dann wiederum bestimmte Reaktionsmechanismen abgeleitet werden können.

In der Hauptsache kommen bei Ligandensubstitutionen in Komplexen zwei Mechanismen in Frage.

Bei der Reaktion

$$Y + [MX_6] \rightarrow [MYX_5] + X$$

besteht die Möglichkeit, daß zuerst der zu substituierende Ligand X abdissoziiert und dann die entstandene Koordinationslücke durch den neuen Liganden Y besetzt wird. Der Reaktionsverlauf wäre dann folgender:

$$[MX_6] \xrightarrow{\text{langsam}} X + [MX_5] \xrightarrow[+Y]{\text{schnell}} [MYX_5].$$

Wenn bei einer solchen Reaktion die Bildung der fünffach koordinierten Zwischenstufe langsam verläuft, wird sie zum geschwindigkeitsbestimmenden Schritt der Reaktion. Wenn die anschließende Addition des neuen Liganden Y augenblicklich verläuft, erhält man für die Reaktionsgeschwindigkeit dieser Substitutionsreaktion folgende Gleichung:

$$\frac{dc}{dt} = v = k\, c_{[MX_6]}.$$

Dabei bedeuten $v = $ Reaktionsgeschwindigkeit, $k = $ Geschwindigkeitskonstante und $c_{[MX_6]} = $ die Konzentration an $[MX_5]$.

Wenn also eine Ligandensubstitution bei einem sechsfach koordinierten Komplex nach dem oben geschilderten Mechanismus über eine fünffach koordinierte Zwischenstufe verläuft, beobachtet man eine Abhängigkeit der Reaktionsgeschwindigkeit von der Konzentration des Ausgangskomplexes $[MX_6]$, nicht aber eine Abhängigkeit von der Konzentration des neuen Liganden Y. Eine solche Reaktion ist als eine nukleophile Substitution anzusehen, die monomolekular verläuft; dies wird durch das Symbol S_{N1} angedeutet. Das nukleophile Reagenz Y ist ein Elektronendonator, der als Ligand in den Komplex eintreten kann. Das Gegenteil zur nukleophilen ist die elektrophile Substitution. Als elektrophile Substanzen bezeichnet man Elektronenacceptoren. In einem Komplex stellt z.B. das Zentralion ein elektrophiles Reagenz dar. Als elektrophile Substitution S_E würde dann die Verdrängung eines Zentralions in einem Komplex durch ein anderes zu bezeichnen sein.

Für den Ablauf der Reaktion

$$Y + [MX_6] \rightarrow [MYX_5] + X$$

ist nun aber auch ein zweiter Reaktionsweg möglich. Die Substitution kann nämlich auch über eine quasi siebenfach koordinierte Zwischenstufe verlaufen. Dabei greift der neu eintretende Ligand Y den Komplex $[MX_6]$ seinerseits an und bildet die erwähnte Zwischenstufe, die dann einen Liganden X verliert. Eine solche Substitution würde folgendermaßen verlaufen:

$$Y + [MX_6] \xrightarrow{\text{langsam}} [MYX_6] \xrightarrow{\text{schnell}} [MYX_5] + X.$$

Die Geschwindigkeit einer Reaktion, die einem solchen Mechanismus gehorcht, wäre dann sowohl der Konzentration von Y als auch der Konzentration des Komplexes $[MX_6]$ proportional; für die Reaktionsgeschwindigkeit würde folgende Gleichung gelten:

$$\frac{dc}{dt} = v = k\, c_Y\, c_{[MX_6]}.$$

Es handelt sich hier um eine nukleophile, bimolekulare Substitution, S_{N^2}.

Leider kann man in der Praxis oft nicht so schön zwischen diesen beiden Reaktionsarten unterscheiden, da die fünf- oder siebenfach koordinierte Zwischenstufe meist nicht so sauber gebildet wird. Es ist denkbar, daß bei Annäherung des neuen Liganden Y ein Ligand X im Komplex nur gelockert wird und sich etwas vom Koordinationszentrum entfernt, ohne jedoch ganz abgespalten zu werden.

$$Y + [MX_6] \xrightarrow{\text{langsam}} Y \dots MX_5 \dots X \xrightarrow{\text{schnell}} [MYX_5] + X.$$

Es ist dann nicht mehr möglich, von einer reinen S_{N^1}- oder S_{N^2}-Reaktion zu sprechen. Auch Lösungsmitteleinflüsse und anderes wirken sich oft auf die Reaktionsgeschwindigkeit aus.

Auf jeden Fall ist es recht schwierig festzustellen, welcher Reaktionsmechanismus für die einzelne zu betrachtende Reaktion der richtige ist.

Zunächst sollen Substitutionen an oktaedrischen Komplexen etwas genauer betrachtet werden. Man kann hier versuchen, durch stereochemische Analyse den Reaktionsmechanismus festzustellen. Dazu ist es nötig, daß der Reaktant entweder durch cis-trans-Isomerie oder durch optische Isomerie gekennzeichnet ist. Im folgenden soll besprochen werden, inwiefern die stereochemische Analyse zur Deutung des Substitutionsmechanismus beitragen kann.

Betrachtet man eine Komplex-Verbindung $[MX_4AB]$ und die Substitution des Liganden B durch einen neuen Liganden Y, so wird, wenn die Substitution nach einem S_{N^1}-Mechanismus verläuft, der Ausgangskomplex zunächst dissoziieren.

$$[MX_4AB] \rightarrow [MX_4A] + B.$$

Das Zwischenprodukt dieser Reaktion mit der Koordinationszahl 5 kann tetragonal pyramidal oder aber trigonal bipyramidal gebaut sein.

Falls der Zwischenzustand mit der Koordinationszahl 5 die Form einer Pyramide mit quadratischer Grundfläche hat, kann nach der anschließenden Reaktion mit Y der neue Ligand Y prinzipiell die leere Stelle von B einnehmen. Damit ist die Anordnung (cis- oder trans-Anordnung) von Y in bezug auf A die gleiche wie es die von B war. Mit anderen Worten, die Konfiguration bleibt erhalten; aus einem trans-Komplex entsteht wieder eine trans-Verbindung, während ein cis-Reaktant ein cis-Produkt liefert. Man bezeichnet eine derartige Reaktion als S_{N1}-Reaktion ohne Neuordnung.

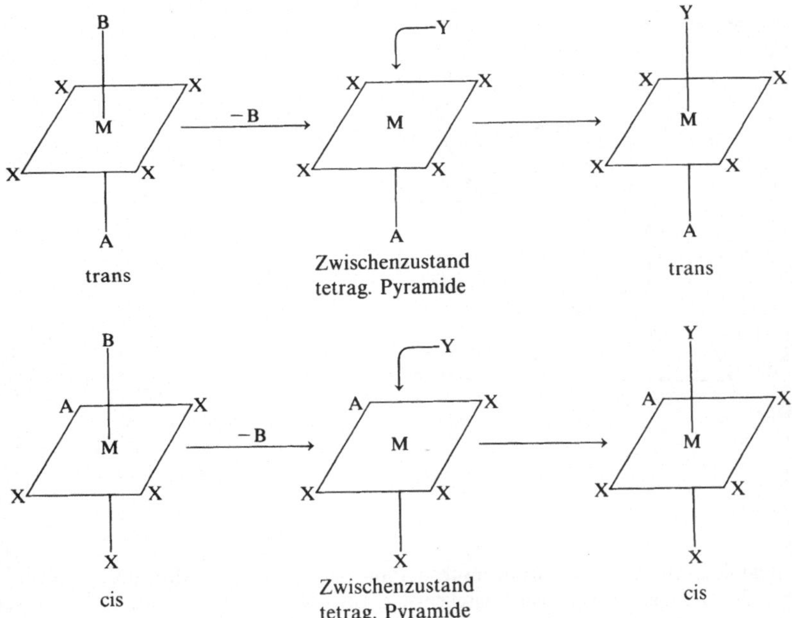

Reaktionsschema einer Ligandensubstitution nach einem S_{N1}-Mechanismus über eine tetragonal pyramidale Zwischenstufe

Es ist aber — wie bereits erwähnt — auch denkbar, daß der Zwischenkomplex mit der Koordinationszahl 5 einer trigonalen

215

Bipyramide entspricht. Das folgende Schema zeigt, wie ein Angriff von Y auf die trigonale Bipyramide zur neuen Komplex-Verbindung der Koordinationszahl 6 führt. Man sieht aus dem Bild ohne weiteres, daß hier sowohl die Entstehung von cis- wie auch von trans-Isomeren aus einer trans-konfigurierten Verbindung möglich ist.

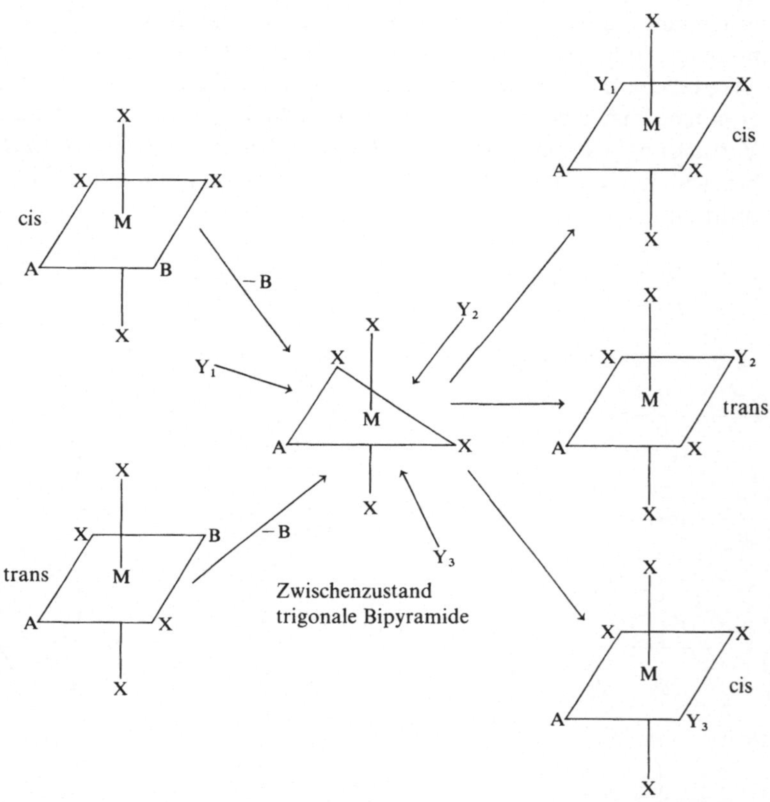

Reaktionsschema einer Ligandensubstitution nach einem S_{N^1}-Mechanismus über eine trigonal bipyramidale Zwischenstufe, ausgehend von cis- und trans-Form

Es würde nach diesem Schema bei der Substitution eines trans-Isomeren die Bildung von 66,6 % eines cis-Produkts und von 33,3 % eines trans-Produkts zu erwarten sein. Da jedoch hier nicht berücksichtigte sterische und elektrostatische Gegebenheiten eine ganz wesentliche Rolle beim Eintritt des neuen Liganden Y spielen, kommt dieser nach statistischen Gesichtspunkten berechneten relativen Menge der gebildeten Isomeren kaum praktische Bedeutung zu. Mögliche Folgerungen aus diesen Überlegungen sind die, daß bei einem Reaktionsverlauf einer S_{N1}-Substitution über eine tetragonale Pyramide keine Neuordnung im Substitutionsprodukt bezüglich des Ausgangskomplexes möglich ist, daß dagegen beim Reaktionsverlauf über einen trigonal bipyramidaler Zwischenzustand aus einer trans-Verbindung sowohl cis- als auch trans-Isomere gebildet werden können. Weiter kann gefolgert werden, daß man ausgehend von einem cis-Isomeren beim Durchlaufen eines trigonal bipyramidalen Zwischenzustandes mehr cis-Isomere im Reaktionsprodukt zu erwarten hat, als wenn man bei der Substitution von dem entsprechenden trans-konfigurierten Komplex ausgeht. Bei Verwendung einer cis-Verbindung als Ausgangssubstanz kann man nämlich noch ein trigonal bipyramidal gebautes Zwischenprodukt formulieren, dessen Reaktion mit dem neuen Liganden Y immer zu einem cis-Produkt führen muß:

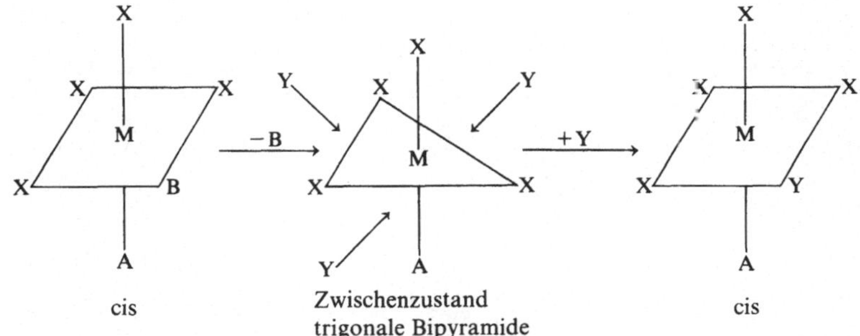

Reaktionsschema einer Ligandensubstitution nach einem S_{N1}-Mechanismus über eine trigonal bipyramidale Zwischenstufe, ausgehend von einer cis-Form

Anders ist der Reaktionsablauf, wenn ein S_{N2}-Mechanismus in Frage kommt. Hier ist — wie bereits erwähnt — die vorübergehende Bildung einer siebenfach koordinierten Zwischenstufe erforderlich. Für diese Zwischenstufe kann man einen pentagonal bipyramidalen Bau annehmen. Wenn sich der neue Ligand Y einem oktaedrischen Komplex [MX$_4$AB] nähert, so kann der Eintritt von Y sowohl in cis-Stellung zum anschließend aus der Koordinationssphäre austretenden Liganden B erfolgen (cis-Angriff) als auch in trans-

Stellung zu diesem (trans-Angriff). Wie oben kann man sich leicht überlegen, welche Produkte jeweils zu erwarten sind:

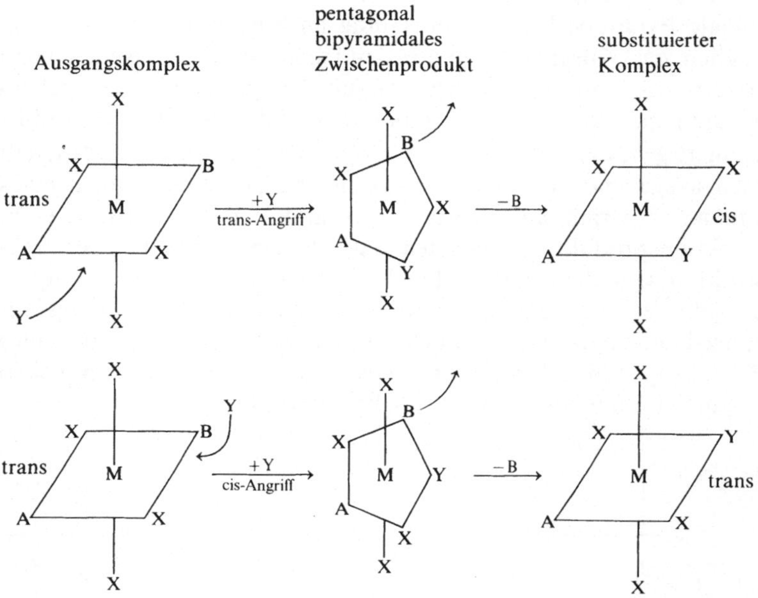

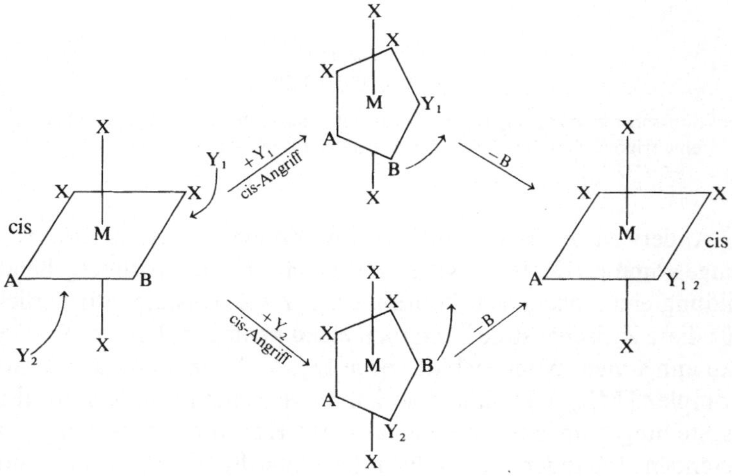

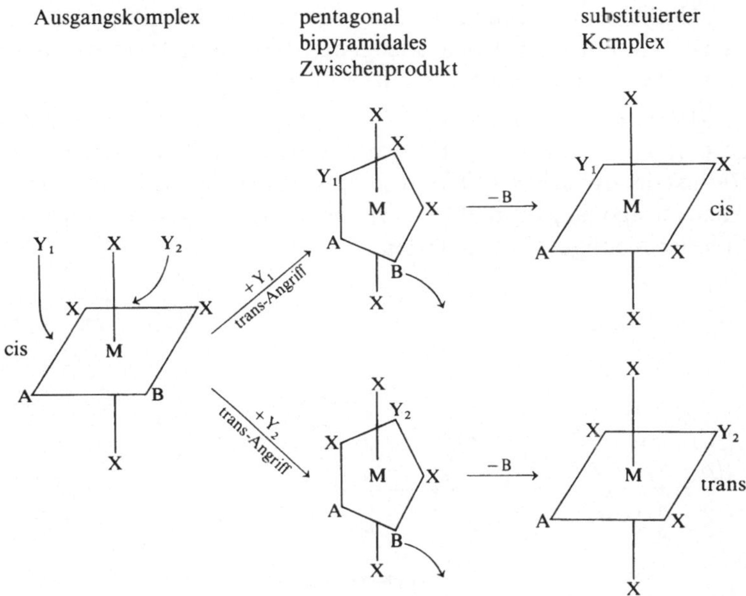

Reaktionsschema einer Ligandensubstitution nach einem S_{N2}-Mechanismus
für cis- und trans-Angriff des Substituenten

Man kann aus diesem Schema sehen, daß bei einem cis-Angriff
ein cis-Isomeres wieder einen cis-Komplex ergibt und ein trans-
Isomeres einen trans-Komplex. Bei einem trans-Angriff eines Substituenten entsteht aus einem cis-Isomeren ein Gemisch von cis-
und trans-Formen, aus einem trans-Isomeren jedoch lediglich ein
cis-Komplex.

Wenn auf diese Weise eine Aussage über den Reaktionsmechanismus einer solchen Reaktion gemacht werden soll, muß man sich
zunächst die Ausgangs- und die Endprodukte ansehen. Hat man
z. B. ausgehend von einem trans-Komplex wieder ausschließlich ein
trans-konfiguriertes Substitutionsprodukt erhalten, so kann die
Reaktion nach einem S_{N1}-Mechanismus über eine tetragonal
pyramidale Zwischenstufe verlaufen sein oder aber nach einem S_{N2}-
Mechanismus mit einem cis-Angriff des neuen Liganden. Zusammen
mit kinetischen Messungen zur Ermittlung der Molekularität der
Reaktion kann demnach eine der beiden Möglichkeiten als die
zutreffende ermittelt werden.

Ähnliche Überlegungen kann man für die Substitution optisch aktiver Komplexe anstellen. Hier galten die meisten Untersuchungen Komplex-Verbindungen wie z. B. cis-[M(en)$_2$AB].

Bei einer nach einem S_{N1}-Mechanismus verlaufenden Reaktion ist eine Inversion nicht zu erwarten; lediglich Retention oder ein Verlust der optischen Aktivität ist möglich. Wenn die Reaktion über einen tetragonal pyramidalen Zwischenzustand verläuft, muß Retention der Konfiguration eintreten:

Reaktionsschema einer Ligandensubstitution an einem optisch aktiven Komplex nach einem S_{N1}-Mechanismus über eine tetragonal pyramidale Zwischenstufe

Wenn die Reaktion über eine trigonal bipyramidale Zwischenstufe verläuft, hat man als Substitutionsprodukt ein Gemisch mehrerer Isomerer zu erwarten, wie man dies aus dem folgenden Reaktionsschema ersehen kann (s. gegenüberstehende Formel).

Bei einer nach einem S_{N2}-Mechanismus verlaufenden Substitution eines optisch aktiven Komplexes vom Typ cis-[M(en)$_2$AB] erhält man bei einem cis-Angriff des neuen Liganden Y lediglich eine Retention der Konfiguration. Bei einem trans-Angriff dagegen ist sowohl Retention wie Inversion und auch die Bildung eines trans-konfigurierten Substitutionsproduktes möglich, wie das Schema auf S. 222 zeigt.

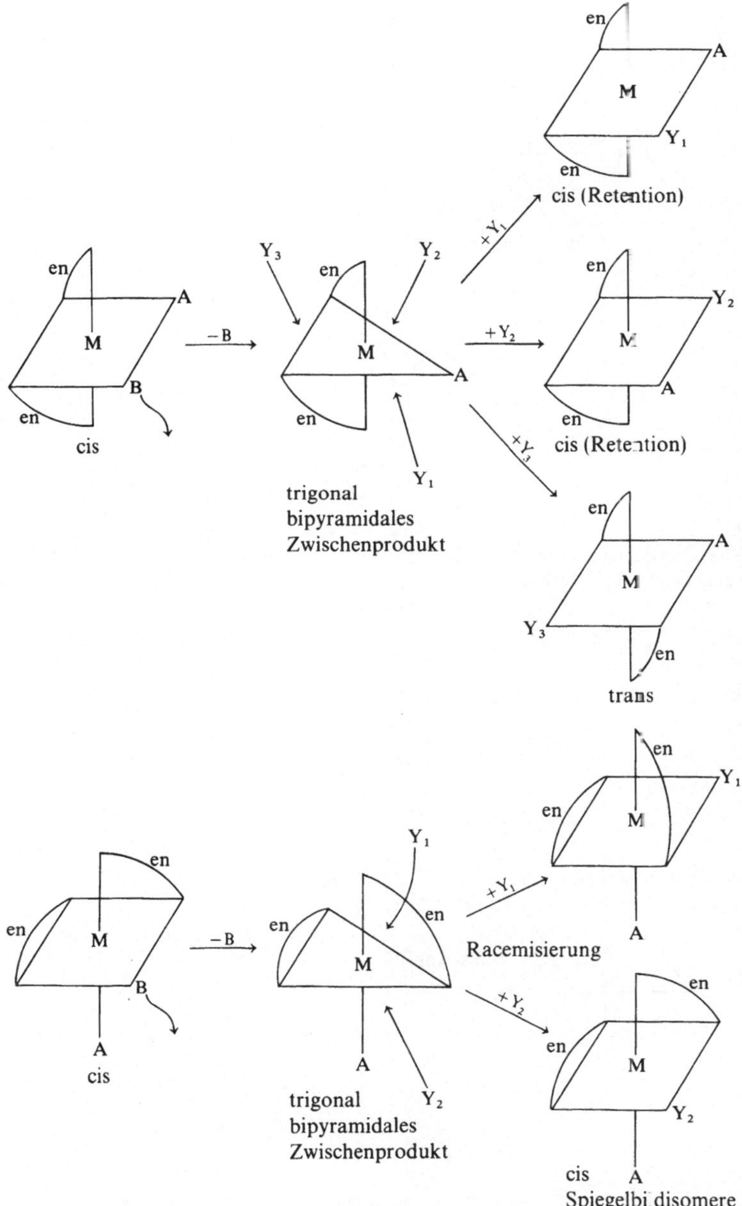

Reaktionsschema einer Ligandensubstitution an einem optisch aktiven Komplex nach einem S_{N1}-Mechanismus über eine trigonal bipyramidale Zwischenstufe

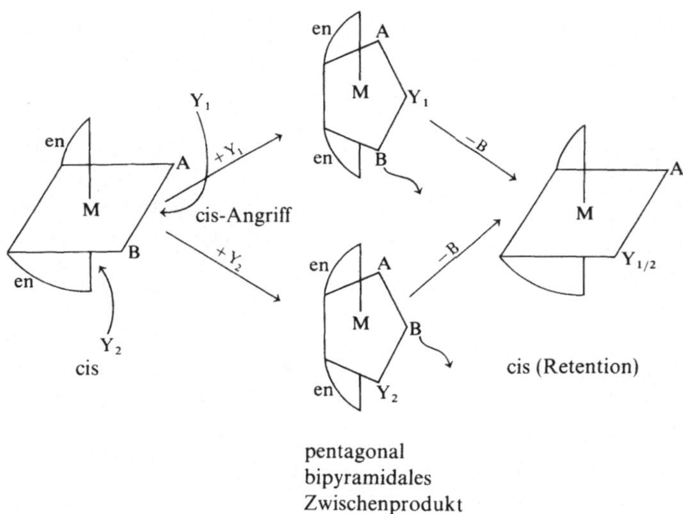

Reaktionsschema einer Ligandensubstitution an einem optisch aktiven Komplex nach einem S_{N2}-Mechanismus mit cis-Angriff über ein pentagonal bipyramidales Zwischenprodukt

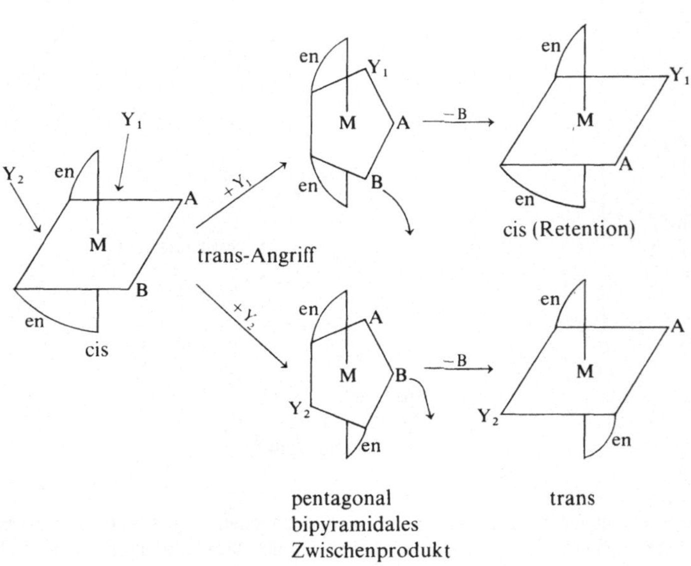

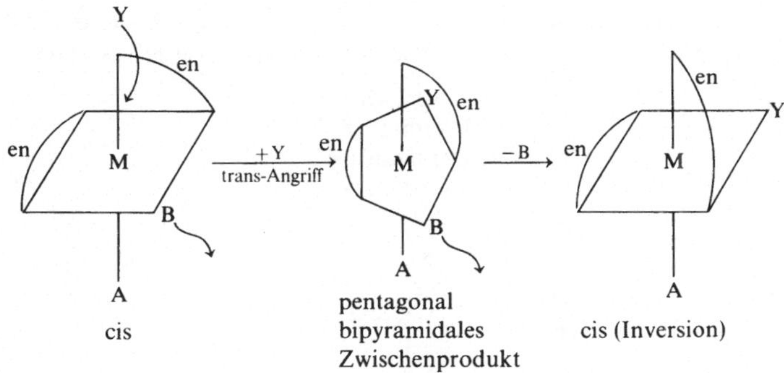

Reaktionsschema einer Ligandensubstitution an einem optisch aktiven Komplex nach einem S_{N2}-Mechanismus mit trans-Angriff über ein pentagonal bipyramidales Zwischenprodukt

Es sei noch erwähnt, daß viele Hydrolysenreaktionen in der Komplexchemie über einen S_{N1}-Mechanismus gedeutet werden [1–3]. Solche Reaktionen gehen meistens mit einer raschen Abspaltung von Protonen einher; dann entsteht ein Komplex niederer Koordinationszahl unter Abspaltung des einen Liganden, der dann mit Wasser schnell den Hydroxokomplex liefert, z.B.:

$$[CoCl(NH_3)_5]^{2+} + OH^- \underset{}{\overset{schnell}{\rightleftharpoons}} [CoCl(NH_2)(NH_3)_4]^+ + H_2O$$

$$[CoCl(NH_2)(NH_3)_4]^+ \xrightarrow{langsam} [Co(NH_2)(NH_3)_4]^{2+} + Cl^-$$

$$[Co(NH_2)(NH_3)_4]^{2+} + H_2O \xrightarrow{schnell} [Co(OH)(NH_3)_5]^{2+}.$$

Daß dieser Vorschlag für eine derartige Hydrolysereaktion richtig ist, wird dadurch erhärtet, daß Komplexe, die keine protonenhaltigen Liganden besitzen, bei der alkalischen Hydrolyse nur recht langsam reagieren.

In selteneren Fällen werden allerdings Hydrolysereaktionen auch über einen S_{N2}-Mechanismus gedeutet, z.B. in dem Fall der Hydrolyse des Äthylendiamintetraacetatokobaltats $[Co(\text{ädt})]^-$ [4, 5]. Hier in dieser Verbindung besetzt der eine Ligand sämtliche sechs Koordinationsstellen, und es sind keine sauren Wasserstoffatome vorhanden. Man bemerkte, daß dieser Komplex in saurem Medium nur langsam, aber bei Anwesenheit von OH^--Ionen in Abhängigkeit von diesen nach erster Ordnung racemisierte. Die Geschwindigkeit der Racemisierung ist dabei größer als die der Hydrolyse. Man postulierte deshalb eine siebenfach koordinierte

Zwischenstufe, über die sowohl die Hydrolyse als auch die Rückbildung von [Co(ädt)]$^-$ unter Racemisierung möglich ist [6].

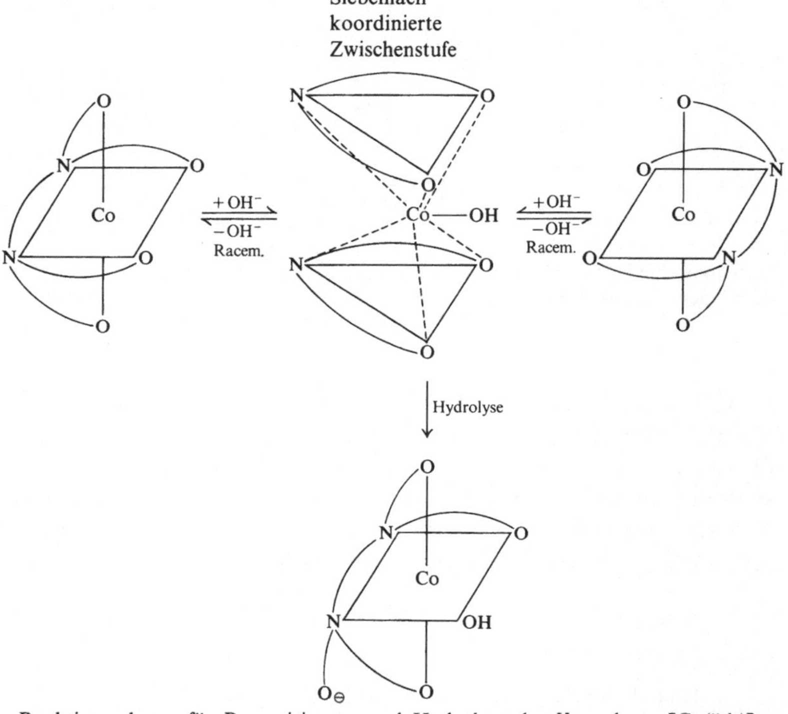

Reaktionsschema für Racemisierung und Hydrolyse des Komplexes [Co(ädt)]$^-$
in alkalischem Medium

5.2. Substitutionen an quadratisch eben gebauten Komplexen. Der trans-Effekt

Sehr interessant sind auch die Substitutionsreaktionen, die an eben gebauten Komplexen der Koordinationszahl 4 stattfinden. Es gibt dort eine interessante Erscheinung, die als „trans-Effekt" bekanntgeworden ist [7]. Chernyaev machte darauf aufmerksam, daß bei Substitutionsreaktionen an Platin(II)-Komplexen der Ort der Substitution von den bereits im Komplex vorhandenen Liganden abhängt und nicht von der neu eintretenden Gruppe. Betrachtet man folgende Reaktionen [8−11]

224

so sieht man, daß es offensichtlich Liganden gibt – in unserem Beispiel ist das die C_2H_4-Gruppe –, die bewirken, daß die trans-Stelle reaktionsfähiger wird als die cis-Stellen.

Der trans-Effekt kann allgemein durch das folgende Schema beschrieben werden:

Dabei ist L ein Ligand, der einen großen trans-Effekt bewirkt. Viele qualitative und quantitative Untersuchungen haben dazu geführt, daß es möglich ist, eine Reihenfolge der Liganden anzugeben, in der die Liganden nach der Größe des durch sie hervorgerufenen trans-Effektes geordnet sind.

$$CN^-, \; CO, \; C_2H_4, \; NO > PR_3, \; SR_2, \; SC(NH_2)_2 > NO_2^- > SCN, \; J^- > Br^- > Cl^- >$$
$$> NH_3, \; py, \; RNH_2 > OH^- > H_2O.$$

Da der trans-Effekt, der von dem Liganden Cl^- hervorgerufen wird, größer ist als der durch NH_3 bewirkte Effekt, kann man nun z. B. verstehen, wie es zur Bildung der beiden cis- und trans-isomeren Komplexe $[PtCl_2(NH_3)_2]$, Peyrones und Reisets Chlorid, kommt, wie es in dem Reaktionsschema in Abschnitt 2.3.8.3 beschrieben ist.

Peyrones Ausgangssubstanz ist der Platintetrachloro-Komplex, der mit Ammoniak umgesetzt wird:

Peyrones Chlorid
cis-Form

Infolge des größeren trans-dirigierenden Einflusses des Chlorid-Liganden, d. h. infolge der größeren Reaktivität der beiden einander

225

gegenüberliegenden Chloratome, muß im letzten Schritt der Reaktion das zweite Ammoniakmolekül in cis-Stellung zum bereits vorhandenen NH_3-Liganden und in trans-Stellung zum Chlor in den Komplex eintreten.

Bei der Synthese von Reisets Chlorid, der trans-Form des Komplexes $[PtCl_2(NH_3)_2]$, geht man von dem Platintetrammin-Komplex aus.

Reisets Chlorid
trans-Form

Der Reaktionsablauf und die zwangsläufige Entstehung des trans-Isomeren folgt zwingend aus dem größeren trans-dirigierenden Einfluß des Chloratoms verglichen mit Ammoniak als Ligand.

Der trans-Effekt hat natürlich große Bedeutung für die gezielte Synthese bestimmter Komplex-Verbindungen. Man kann mitunter auch bei oktaedrischen Komplexen, besonders des vierwertigen Platins, den trans-Effekt beobachten. Hier sei z. B. die Synthese von cis-$[PtCl_2(NH_3)_4]Cl_2$ erwähnt. Durch Oxydation von $[Pt(NH_3)_4]Cl_2$ mit Chlor entsteht die trans-Verbindung:

Will man die cis-Verbindung erhalten, so geht man von $[PtCl(NH_3)_3]Cl$ aus. Oxydiert man diese Substanz mit Chlor, so erhält man den Komplex $[PtCl_3(NH_3)_3]Cl$:

In dieser Verbindung ist ein in trans-Stellung zu einem Chloratom sitzendes zweites Chloratom labil und kann leicht mit Am-

226

moniak substituiert werden. Es entsteht dann die gesuchte cis-Verbindung:

$$\left[\begin{array}{c} NH_3 \\ H_3N \diagdown \!\!\!\! \diagup NH_3 \\ Pt \\ H_3N \diagup \!\!\!\! \diagdown Cl \\ Cl \end{array}\right] Cl_2$$

Wie kommt nun der trans-Effekt zustande? Man hat viele Jahre lang versucht, eine Theorie für diese Erscheinung aufzustellen.

Eine der ersten Vorstellungen über die Ursachen des trans-Effektes stammt von A. A. Grinberg [12, 13]. Es fiel auf, daß in teilweise recht guter Übereinstimmung die Anordnung der Liganden nach der Stärke des durch sie hervorgerufenen trans-Effektes die gleiche ist wie die Reihenfolge der Polarisierbarkeit (z B.: $J^- > Br^- > Cl^-$). Es lag deshalb nahe, die Polarisierbarkeit eines Liganden für seinen trans-Effekt verantwortlich zu machen. Bei einem Komplex

$$\begin{array}{ccc} L & & X \\ & \diagdown \diagup & \\ & Pt & \\ & \diagup \diagdown & \\ X & & X \end{array}$$

wird nach dieser Theorie zunächst durch das Pt-Zentralion ein Dipol in die Liganden induziert. Sind alle Liganden wie im Komplex $[PtX_4]$ gleich, so werden sich diese Dipole gegenseitig aufheben und das Gesamtdipolmoment wird 0 sein (Abb. I, 5.2a). Wenn jedoch ein Ligand L stärker polarisierbar ist als die anderen, wird dieser Ligand seinerseits in das Zentralion einen Dipol induzieren. Die Orientierung dieses neuen Dipols ist so, daß dadurch gerade die Bindung zum gegenüberliegenden, trans-ständigen Liganden geschwächt werden muß (Abb. I, 5.2b) [14].

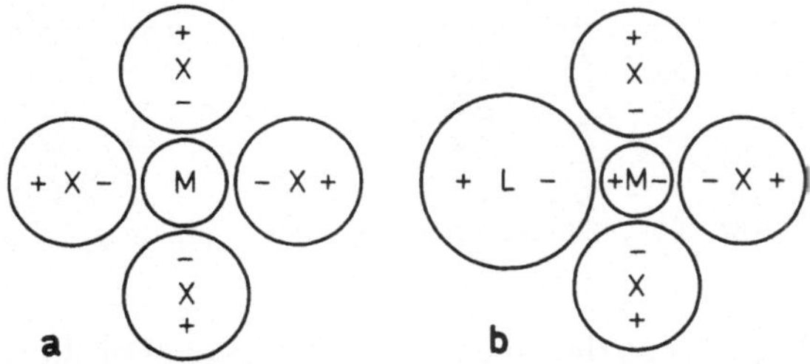

Abb. I, 5.2. Polarisierungs-Theorie des trans-Effektes

Die Vorteile dieser Theorie sind die Erklärung der Parallelität der Stärke des trans-Effektes und der Polarisierbarkeit eines Liganden und der Tatsache, daß der trans-Effekt auch von der Polarisierbarkeit des Zentralions abhängig ist. Dementsprechend ist z. B. in Komplexen mit dem gut polarisierbaren Pt^{2+} als Zentralion der trans-Effekt größer als bei Komplexen mit den weniger gut polarisierbaren Zentralionen Pd^{2+} und Pt^{4+}.

Andererseits sollte der trans-Effekt auch stark von der Ladung des Liganden L abhängen und auch vom Abstand L—Pt. Je kleiner der Abstand L—Pt ist, desto größer sollte der von L verursachte trans-Effekt sein. Da dies nicht in dem Maße zutrifft, war es nötig, nach einer besseren Erklärung für den trans-Effekt zu suchen.

Chatt [8] und Orgel [15] fanden, daß eine Beziehung besteht zwischen der Größe des trans-Effektes und der Möglichkeit eines Liganden, d-Elektronen eines Zentralatoms unter Bildung von π-Bindungen nach Art der back donation aufzunehmen. Entwickelt ein Ligand L in einem quadratisch eben gebauten Komplex eine starke Neigung zur Aufnahme von Elektronen aus einem d_{xz}- oder d_{yz}-Orbital des Zentralatoms, so vermindert sich dadurch die Elektronendichte in der Nähe des zu L trans-ständigen Liganden. Dies hat zur Folge, daß der betreffende Komplex gerade dort wegen der verminderten Elektronendichte für einen Angriff nukleophiler Reagenzien prädestiniert ist. Dies wird in den nächsten Abbildungen deutlich. Man kann sich vorstellen, daß die π-Bindungen hier zustande gekommen sind durch Überlappung eines p-Orbitals des Liganden und eines hybridisierten $p-d$-Orbitals des Zentralatoms. Das hybridisierte Orbital wird in dem folgenden Bild gezeigt [9]:

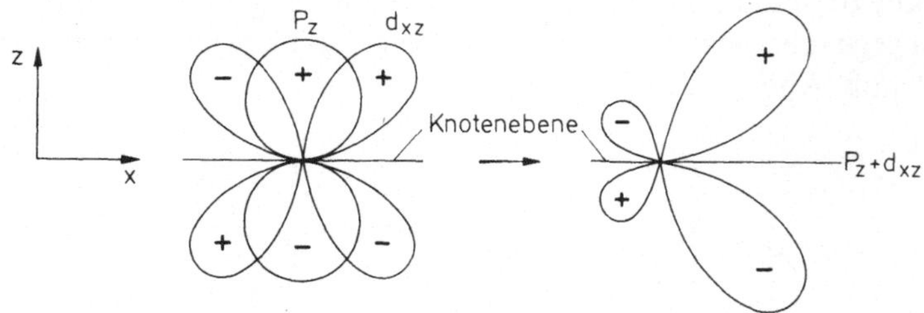

Abb. II, 5.2. Bildung der hybridisierten Funktion $(p_z + d_{xz})$

Abb. III, 5.2 zeigt die Überlappung von Metallorbital und Ligandenorbital. Man sieht, daß der Angriff des nukleophilen Reagenzes Y

228

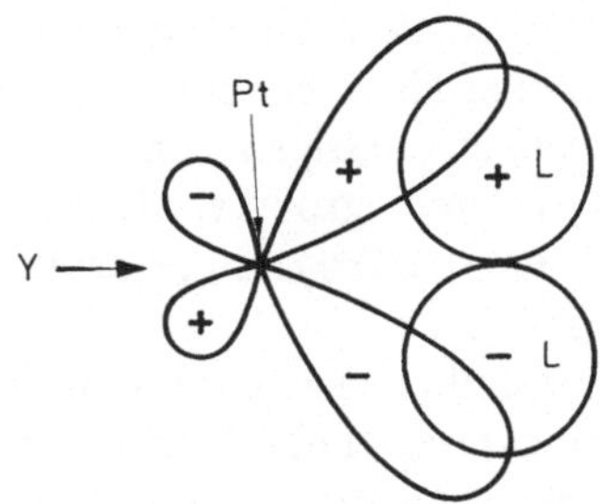

Abb. III, 5.2. Überlappung von Metall- und Ligandenorbital

in der Pfeilrichtung infolge der hier herrschenden geringeren Elektronendichte leichter möglich ist.

Die Substitution an quadratisch eben gebauten Komplexen hat S_{N^2}-Charakter. Es ist also die vorübergehende Bindung eines fünffach koordinierten Zwischenproduktes anzunehmen:

L   X   +Y   X X   −X   L   X

Ausgangskomplex   fünffach koordiniertes   Substitutionsprodukt

Zwischenprodukt

Man kann sich denken, daß das fünffach koordinierte Zwischenprodukt dadurch stabilisiert wird, daß Elektronen aus der d-Bahnfunktion abgezogen werden. Dadurch wird die Aktivierungsenergie für diese Reaktion vermindert und der oben gezeigte Reaktionsablauf und damit die Substitution in trans-Stellung zu einem π-gebundenen Liganden begünstigt.

5.3. Der Chelateffekt

Bereits im Abschnitt 2.4 und 2.17 wurde auf die große Stabilität der Chelatkomplexe und der inneren Komplexe hingewiesen. Es ist z.B. eine Tatsache, daß Komplexe mit dem zweizähnigen Liganden Äthylendiamin weit hydrolysebeständiger sind als die entsprechenden Komplexe mit Ammoniak. Eine besondere Stabilität erreichen Komplexe, in denen fünfgliedrige Ringsysteme ausgebildet werden können. So sind Komplexe mit Äthylendiamin stabiler als analoge

Verbindungen mit Propylendiamin, und Komplexe mit α-Amino-
carbonsäuren sind stabiler als solche mit β-Aminosäuren als Liganden. Komplexe mit siebengliedrigen Ringsystemen sind nur noch
sehr wenig zahlreich; mit noch größeren Ringen sind keine bekannt.

Natürlich drängt sich die Frage auf, warum Chelatkomplexe so
relativ stabil sind [16].

Die gegenüber gewöhnlichen Komplexen sehr kleinen Dissoziationskonstanten der entsprechenden Chelatkomplexe sind ein Maß
für die Freien Enthalpien. Es gilt die Gleichung:

$$\Delta G = -RT \ln K.$$

Die Freie Enthalpie ändert sich mit der Enthalpie und der Entropie:

$$\Delta G = \Delta H - T\Delta S.$$

Wie schwierige Messungen gezeigt haben, können Enthalpie-
differenzen zwischen Komplexen mit und ohne Chelatringen nicht
für die Stabilität der letzteren verantwortlich gemacht werden. Demnach hängt — wie bereits in Abschnitt 2.17 erwähnt — der Chelateffekt hauptsächlich mit einer Änderung der Entropie des Systems
zusammen. Eine Erklärung hierfür ist z. B. die folgende:

Die Entropie ist bekanntlich ein Maß für die „Unordnung"
eines Systems. Wenn man nun sich vorstellt, daß die Wassermoleküle
der Hydrathülle eines Metallkations in wäßriger Lösung bei Annäherung eines anderen Liganden aus der Koordinationssphäre
verdrängt werden, so sieht man, daß von jedem einzähnigen Liganden ein solches Koordinationswassermolekül verdrängt wird. Die
Zahl der frei beweglichen Teilchen ändert sich dabei also nicht. Von
jedem zweizähnigen Liganden werden jedoch zwei Wassermolekeln
der Hydrathülle verdrängt, so daß die Zahl der freien Teilchen
während einer solchen Reaktion anwächst. Dies hat eine Vergröße-
rung der „Unordnung" im System zur Folge und damit auch ein
Anwachsen der Entropie.

Eine andere Vorstellung geht davon aus, daß man die stufenweise
Annäherung eines zweizähnigen Liganden an ein Zentralatom mit
der Annäherung von zwei einzähnigen Liganden vergleicht. Wenn
ein zweizähniger Ligand mit einem Donoratom an das Zentralion
gebunden ist, dann ist sein zweites noch freies Ende durch seine
Fixierung im Molekülverband gezwungen, sich ebenfalls in der Nähe
des Zentralatoms aufzuhalten. Daß es dann zur Ausbildung einer

230

zweiten Bindung zu diesem Liganden kommt, ist viel wahrscheinlicher als bei zwei einzähnigen Liganden, die sich ja im ganzen Lösungsvolumen unabhängig voneinander verteilen können. Auch kann bei einer Dissoziation — also bei einer Lösung einer Bindung zwischen Ligand und Zentralion — sich ein einzähniger Ligand sofort aus der Koordinationssphäre entfernen, während bei einem zweizähnigen Liganden hierzu gleichzeitig beide Bindungen gelöst werden müßten, was wahrscheinlich seltener vorkommen dürfte.

Die Vorstellung von der stufenweisen Annäherung eines zweizähnigen Liganden an ein Zentralatom läßt verstehen, daß der Chelateffekt mit zunehmender Ringgröße (sechsgliedrig oder mehr) abnimmt. Mit zunehmender Größe eines zweizähnigen Liganden nimmt nämlich die Wahrscheinlichkeit zu, daß dieser Ligand zu zwei diskreten Metallionen Bindungen herstellt, statt daß er unter Ringbildung mit beiden Enden zum gleichen Zentralatom findet.

5.4. Stabilisierung durch Symbiose: Harte und weiche Säuren und Basen

Komplexe können auch durch einen Vorgang stabilisiert sein, den man nach Jørgensen [21] als Symbiose bezeichnet. Um diese Art der Stabilisierung verstehen zu können, muß der Unterschied zwischen harten und weichen (Lewis-)Säuren und (Lewis-)Basen kurz erläutert werden. Bekanntlich wurde 1923 von G. N. Lewis eine Erweiterung des Säure-Base-Begriffs vorgeschlagen, dergestalt, daß eine (Lewis-)Säure als ein Elektronenpaaracceptor, also als ein elektrophiles Molekül oder Ion mit einer Elektronenlücke definiert wird und eine (Lewis-)Base als ein Elektronenpaardonator oder als ein nukleophiles Molekül oder Ion mit einem freien Elektronenpaar. 1963 hat dann R. G. Pearson vorgeschlagen, zwischen harten und weichen Säuren und Basen zu unterscheiden [17—20].

Eine kleine Auswahl in der Komplex-Chemie wichtiger harter und weicher Säuren und Basen ist auf S. 232 zusammengestellt.

Harte Säuren sind — vereinfachend ausgedrückt — kleine und hoch geladene Kationen. Weiche Säuren sind durch großen Radius, niedrige positive Ladungen, Polarisierbarkeit und besetzte äußere Orbitale charakterisiert. Bei Elementen mit veränderlicher Oxydationsstufe ist die Steigerung der Härte im allgemeinen dem Anwachsen der Oxydationsstufe proportional. So ist etwa Ni^0 in $[Ni(CO)_4]$ eine weiche Säure, Ni^{2+} liegt zwischen hart und weich,

Harte Säuren	Übergänge	Weiche Säuren
H^+, Li^+, Na^+, K^+,	Fe^{2+}, Co^{2+},	Cu^+, Ag^+, Au^+, Tl^+,
Be^{2+}, Mg^{2+}, Ca^{2+},	Ni^{2+}, Cu^{2+},	Pd^{2+}, Cd^{2+}, Pt^{2+},
Sr^{2+}, Mn^{2+},	Zn^{2+}, Pb^{2+},	Hg^{2+}, Pt^{4+}, Te^{4+},
Al^{3+}, Ga^{3+}, In^{3+},	Sn^{2+}, Sb^{3+},	Tl^{3+},
Sc^{3+}, La^{3+}, Cr^{3+},	Bi^{3+}, Rh^{3+},	RS^+, RSe^+, RTe^+,
Fe^{3+}, Co^{3+}, As^{3+},	Ir^{3+}, Ru^{2+},	J^+, Br^+, HO^+,
Si^{4+}, Ti^{4+}, Zr^{4+},	Os^{2+}, NO^+	J_2, Br_2, JCN,
Th^{4+}, U^{4+}, Pu^{4+},		BH_3
Ce^{4+}, Hf^{4+},		Me^0
J^{7+}, J^{5+}, Cl^{7+},		
Cr^{6+}, Ni^{4+},		
BF_3		

Harte Basen	Übergänge	Weiche Basen
H_2O, OH^-, F^-,	$C_6H_5NH_2$, C_5H_5N,	R_2S, RSH, RS^-, J^-,
CH_3COO^-, PO_4^{3-},	N_3^-, Br^-, NO_2^-,	SCN^-, $S_2O_3^{2-}$,
SO_4^{2-}, Cl^-, CO_3^{2-},	SO_3^{2-}, N_2	R_3P, R_3As, $(RO)_3P$,
ClO_4^-, NO_3^-,		CN^-, RNC, CO, C_2H_4,
R_2O, NH_3, N_2H_4		C_6H_6, H^-, R^-

$$R = CH_3 \ \text{oder} \ C_2H_5$$

und Ni^{4+} ist eine harte Säure. Harte Basen sind hauptsächlich solche Ionen oder Moleküle, die sich von den Donoratomen F, O oder N ableiten. Zu den weichen Basen zählen Moleküle mit S, C, P und As-Atomen als Donatoren.

Eine harte Säure bevorzugt nach Pearson stets Bindungen mit harten (nicht polarisierbaren) Basen. Eine weiche Säure bildet starke Bindungen vorzugsweise mit einer weichen (polarisierbaren) Base aus.

Die Bindungen in Komplexen, die aus harten Säuren als Zentralatomen und aus harten Basen als Liganden zusammengesetzt sind, sind vorwiegend elektrovalent, während die Bindungen weicher Zentralatom-Säuren zu weichen Liganden-Basen mehr kovalenten Charakter haben. Schwächere Bindungen können meist auf Wechselwirkungen zwischen einer harten Säure und einer weichen Base oder zwischen einer weichen Säure und einer harten Base zurückgeführt werden.

Nicht nur das Acceptoratom selbst ist bei der Abschätzung des harten oder weichen Charakters einer Säure von Bedeutung, sondern auch die Natur der bereits vorhandenen Bindungspartner. Wie man der Tabelle entnehmen kann, zählt BF_3 zu den harten und BH_3 zu den weichen Säuren. Dies stimmt mit dem experimentellen Befund überein, daß der Komplex $F_3B \cdot OR_2$ stabiler ist als $F_3B \cdot SR_2$, während für BH_3 als Säure die Stabilitätsverhältnisse genau umgekehrt liegen. Obwohl also sowohl in BF_3 als auch in BH_3 das Acceptoratom die Oxydationsstufe $+3$ besitzt, beobachtet man unterschiedliches Verhalten der beiden Moleküle. Die Anwesenheit sehr harter F^--Ionen in BF_3 erhöht offenbar die Bereitschaft des Boratoms, harte Basen zu binden, während die Gegenwart weicher H^--Ionen die Bevorzugung weicher Basen als zusätzliche Liganden vermittelt. C. K. Jørgensen hat für diese Erscheinung den Namen „Symbiose" eingeführt [21]. Es möchten also — anders ausgedrückt — um ein gegebenes Zentralatom harte und weiche Liganden jeweils unter sich bleiben.

Eine mögliche Erklärung für diese Symbiose ist folgende:

BF_3 ist weitgehend ionisch gebaut. Das Boratom liegt dementsprechend fast als B^{3+}-Ion vor und ist damit als hart zu bezeichnen. Im BH_3 fließt von den weichen H^--Ionen durch Kovalenz oder Polarisation negative Ladung zum zentralen Boratom, welches dadurch fast neutral und damit weich wird. Man kann so auch die Existenz von Komplexen wie $[AsS_4]^{3-}$ und $[Mo(SCN)_6]^-$ trotz der formal sehr hohen Oxydationsstufe des Zentralatoms verstehen.

Auch bei Substitutionsreaktionen an Komplexen spielt naturgemäß die Symbiose eine Rolle. Wenn eine Substitution etwa nach einem S_{N1}-Mechanismus verläuft, wird ein durch Symbiose stabilisierter Ausgangskomplex nur langsam dissoziieren. Gemischte Systeme, d. h. solche, in denen harte und weiche Liganden zugegen sind, werden dagegen reaktiver sein. Dies wird deutlich bei Substitutionen an oktaedrischen Carbonylen des Cr(0), Mo(0) und Mn(I). Wie bei S_{N1}-Mechanismen üblich, dissoziieren diese Carbonyle wie z. B. $[Cr(CO)_6]$ langsam unter Abspaltung von CO, wonach dann schnell ein neuer Ligand in die Koordinationssphäre eingebaut wird. Wenn nun eine oder mehrere schwache CO-Gruppen durch starke Basen wie O- und N-Elektronendonatoren ersetzt sind, führt dies zu einer Destabilisierung des Komplexsystems und damit zu einem schnellen weiteren Verlust von CO. Der Ersatz von CO-Gruppen durch andere schwache Basen wie z. B. Elektronendonatormoleküle mit C, P, S oder As als Donatoratome führt dagegen nicht zu einer solchen Destabilisierung. Offensichtlich ist dies auf eine Stabilisierung durch Symbiose zurückzuführen.

Ein weiteres Beispiel hierfür findet man in der folgenden Reihe von Carbonylkomplexen: $[Mn(CO)_6]^+$, $[Mn(CO)_5H]$, $[Mn(CO)_5J]$, $[Mn(CO)_5Br]$ und $[Mn(CO)_5Cl]$. In dieser Reihe ist der Komplex $[Mn(CO)_6]^+$ am stabilsten. Bei den anderen Verbindungen wächst die Anfälligkeit für eine Substitution mit der Härte des zusätzlich anwesenden Liganden. Lediglich das Carbonylhydrid fällt aus der Reihe, was auf einen anderen Reaktionsablauf zurückzuführen sein dürfte.

Literatur

1. Garrick, F. J.: Trans. Faraday Soc. **33**, 486 (1937).
2. — Nature **139**, 507 (1937).
3. Pearson, R. G., Schmidtke, H. H., Basolo, F.: J. Am. Chem. Soc. **82**, 4434 (1960).
4. Cooke, D. W., Im, Y. A., Busch, D. H.: Inorg. Chem. **1**, 13 (1962). Vgl. Cooke, D. W.: Diss. Ohio State University 1959, S. 77.
5. Basolo, F., Pearson, R. G.: Advan. Inorg. Chem. Radiochem. **3**, 1, 28 (1961).
6. Bailar, J. C. Jr.: J. Inorg. Nucl. Chem. **8**, 165, 172 (1958).
7. Chernyaev, I. I.: Ann. Inst. Platine USSR **4**, 243 (1926); **5**, 118 (1927).
8. Chatt, J., Duncanson, L. A., Venanzi, L. M.: J. Chem. Soc. **1955**, 4456.
9. Sutton, L. E.: Chemische Bindung und Molekülstruktur. Berlin-Göttingen-Heidelberg: Springer 1961.
10. Basolo, F., Pearson, R. G.: Mechanisms of inorganic reactions, 2. Aufl., S. 351 ff. New York-London-Sydney: John Wiley & Sons Inc. 1958, 1967.
11. — — Progress Inorg. Chem. **4**, 381 (1962).
12. Grinberg, A. A.: Ann. Inst. Platine USSR **10**, 47 (1932).
13. — Acta Physicochim. USSR **3**, 573 (1935).
14. Edwards, J. O.: Inorganic reaction mechanisms, S. 66. New York-Amsterdam: W. A. Benjamin Inc. 1964.
15. Orgel, L. E.: J. Inorg. Nucl. Chem. **2**, 137 (1956).
16. Schwarzenbach, G.: Helv. Chim. Acta **35**, 2344 (1952).
17. Pearson, R. G.: J. Am. Chem. Soc. **85**, 3533 (1963).
18. — Science **151**, 172 (1966).
19. Saville, B.: Angew. Chem. **79**, 966 (1967).
20. Pearson, R. G.: Surv. Progr. Chem. **5**, 1 (1969).
21. Jørgensen, C. K.: Inorg. Chem. **3**, 1201 (1964).

Weitere Literatur über Komplexchemie

1. Werner, A.: Neuere Anschauungen auf dem Gebiet der anorganischen Chemie (neu bearbeitet von P. Pfeiffer). Braunschweig: F. Vieweg & Sohn 1923.
2. Weinland, R.: Einführung in die Chemie der Komplex-Verbindungen, 2. Aufl. Stuttgart: Ferd. Enke 1924.
3. Hein, F.: Chemische Koordinationslehre. Leipzig: S. Hirzel 1950.
4. Martell, A. E., Calvin, M.: Chemistry of the metal chelate compounds. New York: Prentice Hall 1952; — Die Chemie der Metallchelatverbindungen. Weinheim/Bergstraße: Verlag Chemie GmbH. 1958.
5. Grinberg, A. A.: Einführung in die Chemie der Komplex-Verbindungen. Berlin: VEB Verlag Technik 1955.

234

6. Bailar, J. C., Busch, D. H.: The chemistry of the coordinate compounds. New York: Reinhold Publ. Corp.; London: Chapman & Hall Ltd. 1956.

7. Chaberek, S., Martell, A. E.: Organic sequestering agents. New York: John Wiley & Sons Inc.; London: Chapman & Hall Ltd. 1959.

8. Lewis, J., Wilkins, R. G.: Modern coordination chemistry. New York-London: Interscience Publishers 1960.

9. Orgel, L. E.: An introduction to transition-metal chemistry, Ligand-field theorie. London: Methuen & Co Ltd.; New York: John Wiley & Sons Inc. 1960.

10. Zeiss, H.: Organometallic chemistry. New York: Reinhold Pub.. Corp.; London: Chapman & Hall Ltd. 1960.

11. Sutton, L. E.: Chemische Bindung und Molekülstruktur. Berlin-Göttingen-Heidelberg: Springer 1961.

12. Rossotti, F. J. C., Rossotti, H.: The determination of stability constants and other equilibrium constants in solution. New York-Toronto-London: McGraw-Hill 1961.

13. Schläfer, H. L.: Komplexbildung in Lösung, Methoden zur Bestimmung der Zusammensetzung und der Stabilitätskonstanten gelöster Komplex-Verbindungen. Berlin-Göttingen-Heidelberg: Springer 1961.

14. Graddon, D. P.: An introduction to co-ordination chemistry. Oxford-London-New York-Paris: Pergamon Press 1961.

15. Ballhausen, C. J.: Introduction to Ligand-field theory. New York-San Francisco-Toronto-London: McGraw-Hill 1962.

16. Jørgensen, C. K.: Absorption spectra and chemical bonding in complexes. Oxford-London-New York-Paris: Pergamon Press 1962.

17. Cotton, F. A., Wilkinson, G.: Advanced inorganic chemistry. New York: Interscience Publishers; John Wiley & Sons 1962; Deutsche Übersetzung von H. P. Fritz, Anorganische Chemie. Weinheim/Bergstraße: Verlag Chemie GmbH. 1967.

18. Fischer, E. O., Werner, H.: Metall-π-Komplexe mit di- und oligoolefinischen Liganden. Weinheim/Bergstraße: Verlag Chemie GmbH. 1963.

19. Jørgensen, C. K.: Inorganic complexes. New York-London: Academic Press Inc. 1963.

20. Basolo, F., Johnson, R. C.: Coordination chemistry. The chemistry of metal-complexes. New York-Amsterdam: W. A. Benjamin Inc. 1964.

21. — Pearson, R. G.: Mechanisms of inorganic reactions. A study of metal-complexes in solution, 2. Aufl. New York-London-Sydney: John Wiley & Sons, Inc. 1967.

22. Schläfer, H. L., Gliemann, G.: Einführung in die Ligandenfeldtheorie. Frankfurt/Main: Akademische Verlagsgesellschaft 1967.

23. Candlin, J. P., Taylor, K. A., Thompson, D. T.: Reactions of transition-metal complexes. Amsterdam-London-New York: Elsevier Publishing Company 1968.

24. Schneider, W.: Einführung in die Koordinationschemie. Berlin-Heidelberg-New York: Springer 1968.

25. Benson, D.: Mechanisms of inorganic reactions in solution. London: McGraw-Hill 1968.

26. Gutmann, V.: Coordination chemistry in non-aqueous solutions. Wien-New York: Springer 1968.

27. Nakamoto, K., McCarthy, P. J.: Spectroscopy and structure of metal chelate compounds. New York-London-Sidney: John Wiley & Sons Inc. 1968.

28. Sutton, D.: Electronic spectra of transition metal complexes. London: McGraw-Hill 1968.

Autorenverzeichnis

239

244

Heidelberger Taschenbücher